建设工程合同管理的风险防范与控制

李　斌　宋娟／著

吉林科学技术出版社

图书在版编目（CIP）数据

建设工程合同管理的风险防范与控制 / 李斌，宋娟著. -- 长春：吉林科学技术出版社，2018.6（2024.1重印）
ISBN 978-7-5578-4634-3

Ⅰ. ①建… Ⅱ. ①李… ②宋… Ⅲ. ①建筑工程－经济合同－风险管理 Ⅳ. ① TU723.1

中国版本图书馆 CIP 数据核字 (2018) 第 142487 号

建设工程合同管理的风险防范与控制

著　　李　斌　宋　娟
出 版 人　李　梁
责任编辑　孙　默
装帧设计　孙　梅
开　　本　850mm×1168mm　1/32
字　　数　220千字
印　　张　16.5
印　　数　1-3000册
版　　次　2019年5月第1版
印　　次　2024年1月第3次印刷

出　　版　吉林出版集团
　　　　　吉林科学技术出版社
发　　行　吉林科学技术出版社
地　　址　长春市人民大街4646号
邮　　编　130021
发行部电话/传真　0431-85635177　85651759　85651628
　　　　　　　　　85677817　85600611　85670016
储运部电话　0431-84612872
编辑部电话　0431-85635186
网　　址　www.jlstp.net
印　　刷　三河市天润建兴印务有限公司

书　　号　ISBN 978-7-5578-4634-3
定　　价　98.00元
如有印装质量问题　可寄出版社调换

作者简介

李斌，出生于1981年09月20日，籍贯为湖南双峰，研究生学历，讲师。毕业于天津大学，现任职于邵阳学院。主要研究方向为土木工程和工程管理。曾参与研究省级课题多项，主持研究省厅级课题一项，本书系省教育厅科研项目“建筑工程项目的合同管理研究(立项编号：17C1443)”的研究成果。曾发表《土木工程专业实践性教学改革要点阐述》等多篇学术论文。

宋娟，出生于1977年12月，湖南娄底人。硕士学位，副教授职称。毕业于湖南大学，现任职于邵阳学院。主要研究方向为土木工程和工程管理。主持、参与多项科研、教改课题，主编教材2部，发表论文20余篇。

前言

随着社会经济的快速发展，各项经济活动的规范性正在逐步提升，而对于工程项目，施工企业多采用合同方式进行管理，但是由于建筑工程项目建设周期长，实际因素多，其合同管理工作较为复杂，且易受多方因素影响，很容易出现风险问题。建筑工程项目合同管理风险防范与控制工作水平的高低，对企业市场竞争优势、自身经济效益都存在影响，实施合同管理风险防范与控制是降低经营风险、提高经济效益、增强竞争力的关键环节，需要在合同管理的全过程进行风险防范与控制。

在建设工程市场竞争日益激烈的今天，合同管理已成为工程项目管理的主要内容，作者以“建设工程合同管理的风险防范与控制”为选题，从不同的方面和角度，对工程合同管理的风险防范与控制进行了全面系统的分析和探究。全书共分为五章，其中第一章建设工程合同管理分析对建设工程合同概述和分类做了详细的解读，探讨了建设工程合同管理的任务、目标和方法等；第二章、第三章和第四章从整体上对建设工程合同管理风险的运用，法律风险防范，和各阶段合同管理的风险防范与控制进行了探讨；第五章从建设工程合同的索赔方面进行了仔细的剖析和解读。

本书的撰写涵盖了几个方面的特色：一是结构合理，作者全面地对建设工程合同管理的风险管理、风险防范、风险控制、索赔管理进行了系统的探讨和解读，从多个方面和角度结合实际状况做出了相关阐述；二是强调理论性，书中引入了大量的建设工程合同管理理论和风险防范处理方法；三是着重实践性，作者对书中的理论和专业内容都不同程度地通过相关事例进行了补充说明，便于读者更好地理解和阅读。本书内容新颖层次清晰，可供工程管理类及相关专业人士参考。

本书在写作过程中参考和借鉴了国内外学者的相关理论和研究，在此深表谢意。由于时间紧迫，书中不足之处在所难免，烦请提出宝贵意见，以便修正。

作者

2018年5月

目录

第一章　建设工程合同管理分析

很多建筑企业在建设工程施工合同签订后，一般将施工合同放在抽屉里或锁在档案柜子里，在工程实施过程中中一旦发生争议和纠纷，才将施工合同拿出来看一下。殊不知建设工程项目施工实际上就是施工合同的履行过程，离不开合同中的内容，需要对施工合同进行动态管理。

第一节　建设工程合同概述

一、建设工程合同

根据《中华人民共和国合同法》(以下简称《合同法》)第二百六十九条规定，建设工程合同是承包人进行工程建设，发包人支付价款的合同。建设工程合同包括工程勘察、设计、施工合同。《合同法》第二百七十六条规定，建设工程实行监理的，发包人应当与监理人采用书面形式订立委托监理合同。

建设工程合同是一种诺成合同，合同订立生效后双方应当严格履行。同时，建设工程合同也是一种双务、有偿合同，当事人双方在合同中都有各自的权利和义务，在享有权利的同时必须履行相应的义务。建设工程合同的双方当事人分别称为承包人和发包人。承包人是指在建设工程合同中负责工程的勘察、设计、施工任务的一方当事人，承包人最主要的义务是进行工程建设，即进行工程的勘察、设计、施工等工作。发包人是指在建设工程合同中委托承包人进行工程的勘察、设计、施工任务的建设单位(或业主、项目法人)，发包人最主要的义务是向承包人支付相应的价款。由于建设工程合同涉及的工程量通常较大，履行周期长，当事人的权利、义务关系复杂，因此，《合同法》第二百七十条明确规定，建设工程合同应当采用书面形式。

二、建设工程合同的特征

(一)合同主体的严格性

建设工程的主体一般只能是法人，发包人、承包人必须具备一定的资格才能成为建设工程合同的合法当事人，否则，建设工程合同可能因主体不合格而导致无效。发包人对需要建设的工程，应经过计划管理部门审批，落实投资计划，并且应当具备相应的协调能力。承包人是有资格从事工程建设的企业，而且应当具备相应的勘察、设计、施工等资质，没有资格证书的一律不得擅自从事工程勘察、设计业务；资质等级低的，不能越级承包工程。

(二)形式和程序的严格性

一般合同当事人就合同条款达成一致，合同即告成立，不必一律采用书面形式。建设工程合同履行期限长、工作环节多、涉及面广，应当采取书面形式，双方权利、义务应通过书面合同形式予以确定。此外，由于工程建设对于国家经济发展、公民工作生活有重大影响，国家对建设工程的投资和程序有严格的管理程序，建设工程合同的订立和履行也必须遵守国家关于基本建设程序的规定。[①]

(三)合同标的特殊性

建设工程合同的标的是各类建筑产品，建设产品是不动产，与地基相连，不能移动，这就决定了每项工程的合同的标的物都是特殊的，相互间不同并且不可替代。另外，建筑产品的类别庞杂，其外观、结构、使用目的、使用人都各不相同，这就要求每一个建筑产品都需要单独设计和施工，建筑产品单体性生产也决定了建设工程合同标的的特殊性。

---

① 李丽红，李朔.工程招投标与合同管理[M].北京：化学工业出版社，2016.

(四) 合同履行的长期性

建设工程由于结构复杂、体积大、建筑材料类型多、工作量大，使得合同履行期限都较长。而且，建设工程合同的订立和履行一般都需要较长的准备期。在合同的履行过程中，还可能因为不可抗力、工程变更、材料供应不及时等原因导致合同期限顺延。所有这些情况决定了建设工程合同的履行具有长期性。

三、建设工程合同体系及合同管理原则

工程建设是一个极为复杂的社会生产过程，它分别经历可行性研究、勘察、设计、工程施工和运行等阶段；有土建、水电、机械设备、通信等专业设计和施工活动；需要各种材料、设备、资金和劳动力的供应。由于现代的社会化大生产和专业化分工，一个稍大一点的工程，其参加单位就有十几个、几十个，甚至成百上千个，它们之间形成各式各样的经济关系。由于工程中维系这种关系的纽带是合同，所以就有各式各样的合同。工程项目的建设过程实质上又是一系列经济合同的签订和履行过程。

(一) 建设工程合同体系

1. 建设工程中的主要节点

建设方和施工单位是建设工程合同中的最主要的节点。首先，建设方(甲方) 的主要合同关系有勘察设计合同、工程施工合同、物资采购合同、监理合同等。其次，承包商的主要合同关系有施工分包合同、物资采购合同、运输合同、加工合同、租赁合同 (设备)、保险合同等。

2. 建设工程项目管理的重点

建设工程施工合同是最有代表性、最普遍、最复杂的合同类型，是整个建设工程项目管理的重点。

3. 建设工程项目合同体系对项目管理运作的影响

建设工程项目合同体系在项目管理中是一个非常重要的概念。它从一个角度反映了项目的形象，对整个项目管理的运作有很大的影响，具体表现为以下几个方面：①它反映项目任务的范围和划分方式；②它反映了项目所

采取的管理模式，如总包方式或平行承包方式；③它在很大程度上决定了项目的组织形式，因为不同层次的合同常常决定了该合同的实施者在项目组织结构中的地位和作用，如监理合同与施工合同。[①]

（二）建设工程合同管理的原则

1. 合同第一位的原则

合同第一位的原则包含以下内容：①在合同所定义的经济活动中，合同是当事人双方的最高行为准则。合同一经签订就成为一个法律文件，双方必须按合同规定承担相应的法律责任，同时享有相应的法律权利。合同双方都必须用合同规范自己的行为，同时利用合同保护自己。②在工程建设过程中，合同具有法律上的最高优先地位。任何工程问题和争议首先要按照合同解决，只有当法律判定合同无效或争议超过合同范围时才按相应的法律解决。

2. 合同自愿原则

合同的自愿原则包含以下内容：①合同自愿构成。合同的形式、内容、范围由双方商定。合同的签订、修改、变更、补充、解释及合同争议等均由合同双方当事人商定，只要双方当事人意见一致即可，他人不得随便干预。②不得利用权力、暴力或其他手段胁迫对方当事人签订违背其意愿的合同。

3. 合同的法制原则

合同的法制原则包含以下内容：①合同不能违反法律也不能与法律相抵触，否则合同无效。②合同自愿原则受法律原则的限制。工程实施和合同管理必须在法律所限定的范围内进行。③法律保护合法合同的签订和实施。签订合同是一个法律行为，合同一经签订，合同及合同双方当事人的权益即受法律保护。如果合同一方不履行合同或不正确履行合同致使对方利益受到损害，则必须赔偿对方的经济损失。

4. 诚实信用原则

承包商、业主和监理工程师的紧密协作、互相配合、互相信任将使工程建设能够顺利地实施，风险和误解就会较少，工程花费也会较少。诚实信

---

① 赵浩. 建设工程索赔理论与实务 [M]. 北京：中国电力出版社，2006.

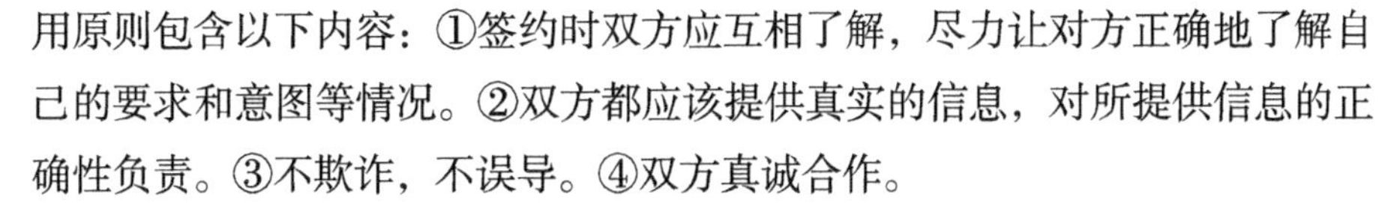

用原则包含以下内容：①签约时双方应互相了解，尽力让对方正确地了解自己的要求和意图等情况。②双方都应该提供真实的信息，对所提供信息的正确性负责。③不欺诈，不误导。④双方真诚合作。

5. 公平合理原则

公共合理原则包含以下内容：①承包商提供的工程（或服务）与业主支付的价格之间应体现公平的原则。②合同中责任和权利应平衡。③风险的分担应公平合理。④工程合同应体现工程惯例。

第二节　建设工程合同的分类

一、按照工程建设阶段分类

（一）建设工程勘察合同

建设工程勘察合同是承包方进行工程勘察，发包人支付价款的合同。建设工程勘察单位称为承包方，建设单位或者有关单位称为发包方（也称为委托方）。建设工程勘察合同的标的是为建设工程需要而做的勘察成果。工程勘察是工程建设的第一个环节，也是保证建设工程质量的基础环节。为了确保工程勘察的质量，勘察合同的承包方必须是经国家或省级主管机关批准、持有《勘察许可证》、具有法人资格的勘察单位。建设工程勘察合同必须符合国家规定的基本建设程序，勘察合同由建设单位或有关单位提出委托，与勘察部门协商，双方取得一致意见即可签订，任何违反国家规定的建设程序的勘察合同均是无效的。①

（二）建设工程设计合同

建设工程设计合同是承包方进行工程设计，委托方支付价款的合同。

① 宋春岩.建设工程招投标与合同管理3版 [M].北京：北京大学出版社，2014.

建设单位或有关单位为委托方，建设工程设计单位为承包方。

建设工程设计合同的标的是为建设工程需要而做的设计成果。工程设计是工程建设的第二个环节，是保证建设工程质量的重要环节。工程设计合同的承包方必须是经国家或省级主要机关批准、持有《设计许可证》、具有法人资格的设计单位。只有具备了上级批准的设计任务书，建设工程设计合同才能订立；小型单项工程必须具有上级机关批准的文件方能订立。如果单独委托施工图设计任务，应当同时具有经有关部门批准的初步设计文件方能订立。

(三) 建设工程施工合同

建设工程施工合同是工程建设单位与施工单位（也就是发包方与承包方），以完成商定的建设工程为目的、明确双方相互权利义务的协议。建设工程施工合同的发包方可以是法人，也可以是依法成立的其他组织或公民，而承包方必须是法人。

二、按照计价方式分类

(一) 总价合同

总价合同适用于工程量不太大且能精确计算，工期较短，技术不太复杂，风险不大，设计图纸准确、详细的工程。总价合同又分为固定总价合同与可调总价合同。固定总价合同指承包整个工程的合同价款总额已经确定，在工程实施中不再因物价上涨、工程量的变化而变化，工期一般不超过一年。[①] 可调总价合同指合同条款中双方商定由于通货膨胀引起工料成本增加或达到某一限度时，合同总价相应调整，在工程全部完成后以竣工图的工程量最终结算工程总价款。由于项目工期一般较长，各项单价在施工实施期间不因价格变化调整，而在每月（或每阶段）工程结算时根据实际完成的工程量结算，在工程全部完成后以竣工图的工程量最终结算工程总价款。

---

① 张李英.工程招投标与合同管理 [M].厦门：厦门大学出版社，2016.

（二）单价合同

单价合同适用于招标文件已列出分部、分项工程量，但合同整体工程量界定由于建设条件限制尚未最后确定的情况，签订合同时采取估算工程量，估算时采用实际工程量结算的方法。单价合同又分为固定单价合同和可调单价合同。其中，固定单价合同指单价不变、工程量调整时按单价追加合同价款、工程全部完工时按竣工图工程量结算工程款。可调单价合同指签约时因某些不确定性因素存在暂定某些分部、分项工程单价，实施中根据合同约定调整单价；另根据约定，如在施工期内物价发生变化等，单价可做调整。在合同中签订的单价，根据约定，如在施工期内物价发生变化等，可做调整。有的工程在招标或签约时，因某些不确定性因素而在合同中暂定某些分部、分项工程的单价，在工程结算时再根据实际情况和合同约定对合同单价进行调整，确定实际结算单价。

三、按建设工程承包合同的主体分类

（一）国内工程承包合同

国内工程承包合同是指合同双方都属于同一国的建设工程合同。

（二）国际工程承包合同

国际工程承包合同是指一国的建筑工程发包人与他国的建筑工程承包人之间为承包建筑工程项目就双方权利义务达成一致的协议。国际工程承包合同的主体一方或双方是外国人，其标的是特定的工程项目，如道路建设，油田、矿井的开发，水利设施建设等。合同内容是双方当事人依据有关国家的法律和国际惯例、依据特定的为世界各国所承认的国际工程招标投标程序确立的，为完成本项特定工程的双方当事人之间的权利义务。这一合同又可分为工程咨询合同、建设施工合同、工程服务合同及提供设备和安装合同。[①]

---

① 王平.工程招投标与合同管理 [M].北京：清华大学出版社，2015.

四、与建设工程有关的其他合同

（一）建设工程委托监理合同

建设工程委托监理合同简称监理合同，是指工程建设单位聘请监理单位代其对工程项目进行管理，明确双方权利、义务的协议。建设单位称委托人，监理单位称受托人。

（二）建设工程物资采购合同

建设工程物资采购合同是指具有平等主体的自然人、法人、其他组织之间，为实现建设工程物资的买卖设立的变更、终止相互权利义务关系的协议，它属于买卖合同，依照协议，出卖人转移建设工程物资的所有权于买受人，买受人接受建设工程物质并支付价款。建设工程物资采购合同一般分为材料采购合同和设备采购合同。它具有买卖合同的一般特点，即以转移财产的所有权为目的，以支付价款为结价；是双务、有偿合同；是诺成合同；是不要式合同。

（三）建设工程保险合同

建设工程由于涉及的法律关系较为复杂，风险也较为多样，因此，建设工程涉及的险种也较多。狭义的工程险则是针对工程的保险，只有建筑工程一切险（及第三者责任险）和安装工程一切险（及第三者责任险），其他险种并非专门针对工程的。

（四）建设工程担保合同

工程担保是指担保人受合同一方的委托（申请）向另一方保证如果被担保人未能履行其对债权人的责任和义务，使债权人遭受损失，则担保人承担继续履行合同或偿付所有可能发生的费用（在一定的担保金额和担保期限内）。

第三节　建设工程合同管理的任务与方法

一、建设工程合同管理的任务

建筑工程合同管理的任务是指在合同目的的指导下落实合同中需要实现的各项任务，从而确保自己利益的最大化。其具体任务就是如何使合同目的细化，如果说合同的目的是使合同的成立有一个明确的方向，那么合同的具体任务则是使合同成立的一个具体的路线图。通过明确合同管理的具体任务，使开发各方更能明确开发行为中的各项细节问题，保证在签订合同时万无一失。[①]

(一) 推行各项科学管理制度

改革开放以来，我国的建筑企业同发达国家的建筑企业的一个重要差距就是在管理模式上不科学、不规范、水平低，不能激发员工的积极性，防范风险能力差，不能保证企业的长久发展，因此合同管理的第一要务就是要健全并落实各项科学管理制度，具体来说就是项目法人制度、招标投标制度、工程监理和合同管理制度。这些制度在国际建筑市场上已经被普遍运用。实践证明，这些制度的运用对于保证开发项目顺利进行、保证工程质量、防范开发风险起到了强有力的保驾护航作用。

(二) 提高工程建设管理水平

建筑市场经济是我国社会主义市场经济中的重要组成部分，培育和发展建筑市场经济是一项科学、复杂并艰巨的经济活动。建筑市场行政监督管理关系、建筑市场主体地位关系、建筑市场商品交易关系、建筑市场主体行为关系等都直接决定着建筑市场经济关系的健康发展和壮大。

建筑市场经济是一项综合的系统工程，其中的合同管理只是一项子工程，但是建设工程合同管理是建筑行业科学管理的重要组成部分和特定的法律形式。它贯穿于建筑市场交易活动的全过程，众多建设工程合同的规范、全面履行是

① 中国建设监理行业协会.建设工程合同管理 [M].北京：知识产权出版社，2009.

建立一个完善的建筑市场的基本规范和法律保护措施。因此，加强建设工程合同的科学管理，全面提高工程建设管理水平，必将在建立统一的、开放的、现代化的、机制健全的社会主义建筑市场经济体制中发挥重要的作用。

(三) 控制项目工程质量、进度和造价

质量控制、进度控制和造价控制是工程项目的“三大控制”。质量控制要求运用科学管理方法和质量保证措施，严格约束承包方按照图纸和技术规范中写明的各项指标、精度、要求进行科学施工，消除隐患，防止事故发生。进度控制则要求发包人接到承包人提交的工程施工进度计划后，对进度计划进行认真的审核，检查计划是否合理，是否符合合同的工期规定。合同管理中的投资造价控制则要求对开发项目中的各项费用加强监督与管理，此外，还要按照合同的约定，制定工程计量与支付程序，使工程各项费用的支出都有明确的规则可以遵循。

(四) 避免和克服建筑领域中经济违法和犯罪

腐败的产生是法律法规和各方面的制度不健全及监管不力造成的，健全的法律法规是避免和治理腐败的首要条件。建设工程周期长，涉及的工程项目多、人员多、资金多，如果没有科学、严谨、全面的合同作为保障，就不可避免地会在工程建设过程中产生贪污、腐败现象。因此，避免和克服建筑领域中经济违法和犯罪是建设工程合同管理任务中的一项重要任务。①

二、建设工程合同管理的方法

(一) 健全建设工程合同管理法规，依法管理建筑行业

市场经济健康发展的必要条件是要有健全的法律法规，并充分发挥和运用法律手段来调整和促进建筑市场的正常运行。

在工程建设管理活动中，要确保工程建设项目可行性研究、工程项目

① 何红锋.建设工程施工合同纠纷案例评析 [M].北京：知识产权出版社，2005.

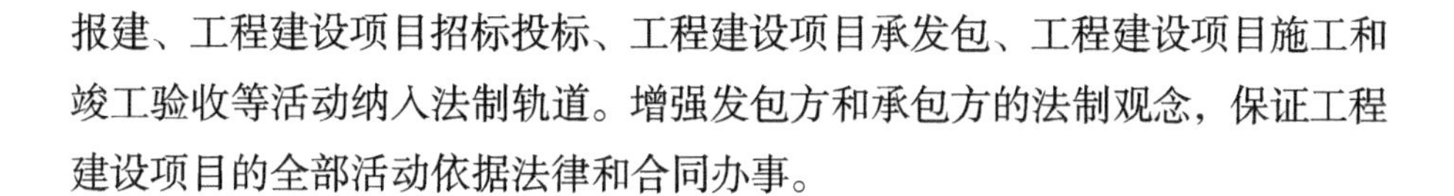
报建、工程建设项目招标投标、工程建设项目承发包、工程建设项目施工和竣工验收等活动纳入法制轨道。增强发包方和承包方的法制观念，保证工程建设项目的全部活动依据法律和合同办事。

（二）建立和发展有形建筑市场

有形建筑市场必须具备三个基本功能，即及时收集、存贮和公开发布各类工程信息，为工程交易活动（包括工程招标、投标、评标、定标和签订合同）提供服务，以便于政府有关部门行使调控、监督的职能。建立和发展有形建筑市场也是对我国社会主义市场经济体制的完善和补充，从而保证我国的建筑行业中建设工程发包承包活动健康发展。

（三）建立建设工程合同管理评估制度

合同管理制度是合同管理活动及其运行过程的行为规范，合同管理制度是否健全是合同管理的关键所在。因此，建立一套对建设工程合同管理制度有效性的评估制度是十分必要的。

建设工程合同管理评估制度的主要项目如下：①合法性，指工程合同管理制度符合国家有关法律、法规的规定；②规范性，指工程合同管理制度具有规范合同行为的作用，对合同管理行为进行评价、指导、预测，对合法行为进行保护奖励，对违法行为进行预防、警示或制裁等；③实用性，指建设工程合同管理制度能适应建设工程合同管理的要求，以便于操作和实施；④系统性，指各类工程合同的管理制度是一个有机结合体，互相制约、互相协调，在建设工程合同管理中能够发挥整体效应的作用；⑤科学性，指建设工程合同管理制度能够正确反映合同管理的客观经济规律，保证人们运用客观规律进行有效的合同管理。

（四）推行合同管理目标制

合同管理目标是各项合同管理活动应达到的预期结果和最终目的。建设工程合同管理的目的是项目法人通过自身在工程项目合同的订立和履行过程中所进行的计划、组织、指挥、监督和协调等工作，促使项目内部各部门、各环节互相衔接、密切配合，验收合格的工程项目。同时，它也能够保证项目经营管理活动的顺利进行，提高工程管理水平，增强市场竞争能力，从而达到高质量、高效益，满足社会需要，更好地发展和繁荣建筑业市场经济。①

（五）合同管理机关严肃执法

当前，建筑市场中利用签订建设工程合同进行欺诈的违法活动时有发生，其主要表现形式如下：①无合法承包资格的一方当事人与另一方当事人签订工程承发包合同，骗取预付款或材料费；②虚构建筑工程项目预付款；③本无履约能力、弄虚作假蒙骗他人签订合同或是约定难以完成的条款，当对方违约之后向其追偿违约金等。对因上述违法行为引发的严重工程质量事故或造成其他严重经济损失的，应依法追究责任者的经济责任、行政责任，构成犯罪的依法追究其刑事责任。

第四节　建设工程合同管理的目标与特点

一、建设工程合同管理的目标

建设工程合同管理直接为项目总目标和企业总目标服务，要保证它们的顺利实现。所以建设工程合同管理不仅是建设项目管理的一部分，也是企业管理的一部分。具体来说，合同管理目标包括以下两个方面。②

（一）保证项目三大目标的实现

使整个工程在预定的成本（投资）、预定的工期范围内完成，达到预定的质量和功能要求。由于合同中包括了进度要求、质量标准、工程价格，以及双方的责权利关系，所以它贯穿了项目的三大目标。在一个建筑工程项目中，有几份、十几份甚至几十份互相联系、互相影响的合同，一份合同至少

① 宋宗宇.建设工程法规 [M].重庆：重庆大学出版社，2006.
② 张正勤. 建设工程施工合同（示范文本）解读大全 [M]. 北京：中国建筑工业出版社，2012.

涉及两个独立的项目参加者。通过合同管理可以保证各方都圆满地履行责任，进而保证项目的顺利实施。最终业主按计划获得一个合格的工程，实现投资目的，承包商获得合理的价格和利润。

(二) 合同各方就项目的总目标达成共识

一个成功的合同管理，还要在工程结束时使双方都感到满意，合同争执较少，合同各方面能互相协调。业主对工程、对承包商、对双方的合作感到满意；而承包商不但取得了利润，而且赢得了信誉，建立了双方友好的合作关系。工程问题的解决公平合理，符合惯例。这是企业经营管理和发展战略对合同管理的要求。在工程中要能同时达到上述目标是十分困难的。在国际上，人们曾总结许多成功的案例，将项目成功的因素进行分析，其中最重要的因素是通过合同明确项目目标，合同各方在对合同统一认识、正确理解的基础上，就项目的总目标达成共识。

二、建设工程合同管理的特点

建设合同管理作为规范建设管理和建设协作关系的规范文件，除具备一般合同管理特征外，还具有以下不同于其他合同管理的特点。

(一) 建设项目周期长

由于建筑工程项目是一个渐进的过程，工程持续时间长，这使得相关的合同，特别是工程承包合同周期长。它不仅包括施工期，而且包括招标投标和合同谈判及保修期，所以一般至少 2 年，长的可达 5 年或更长时间。合同管理必须在这么长时间内连续地、不间断地进行，从领取标书直到合同完成并失效。

(二) 工程价格高

由于工程价值量大，合同价格高，使合同管理对工程经济效益影响很大。合同管理得好，可使承包商避免亏本，并获取利润，否则承包商要蒙受较大的经济损失，这已为许多工程实践所证明。在现代工程中，由于竞争激烈，合同价格中包括的利润减少，合同管理中稍有失误就会导致工程亏本。

(三) 合同变更频繁

常常一个稍大的工程，合同实施中的变更能有几百项。合同实施必须按变化了的情况不断地调整，这要求合同管理必须是动态的，必须加强合同控制和变更管理工作。

(四) 合同管理工作复杂

合同管理是高度准确、严密和精细的管理工作。[①] 这是由如下几方面原因造成的：①现代工程体积庞大，结构复杂，技术标准、质量标准高，要求相应的合同实施的技术水平和管理水平高。②由于现代工程资金来源渠道多，有许多特殊的融资方式和承包方式，使工程项目合同关系越来越复杂。③现代工程合同条件越来越复杂，这不仅表现在合同条款多，所属的合同文件多，还表现在与主合同相关的其他合同多。例如，在工程承包合同范围内可能有很多分包、供应、劳务、租赁、保险合同，它们之间存在极为复杂的关系，形成一个严密的合同网络。复杂的合同条件和合同关系要求高水平的项目管理，特别是合同管理相配套，否则合同条件没有实用性，项目不能顺利实施。④工程的参加单位和协作单位多，通常涉及业主、总包、分包、材料供应商、设备供应商、设计单位、监理单位、运输单位、保险公司等十几家甚至几十家。各方面责任界限的划分，合同的权利和义务的定义异常复杂，合同文件出错和矛盾的可能性加大。合同在时间上和空间上的衔接和协调极为重要，同时又极为复杂和困难。合同管理必须协调和处理各方面的关系，使相关的各合同和合同规定的各工程活动之间不相矛盾，在内容上、技术上、组织上、时间上协调一致，形成一个完整的、周密的、有序的体系，以保证工程有秩序、按计划地实施。⑤合同实施过程复杂，从购买标书到合同结束必须经历许多过程。签约前要完成许多手续和工作，签约后进行工程实施，要完整地履行一个承包合同，必须完成几百个甚至几千个相关的合同事件，从局部完成到全部完成。在整个过程中，稍有疏忽就会导致前功尽弃，导致经济损失。所以必须保证合同在工程的全过程和每个环节上都顺利实施。⑥在合同管理

---

① 中国法制出版社.建设工程案件 [M].北京：中国法制出版社，2005.

中，必须做好取得、处理、使用、保存合同相关文件和各种工程资料。

（五）合同实施风险大

由于合同实施时间长、涉及面广，项目在实施过程中受外界环境如经济条件、社会条件、法律和自然条件的影响，业主和承包商均有各自的风险。业主的风险主要来自于项目决策阶段和项目实施阶段，而承包商的风险则来自于政治风险、经济风险、技术风险、商务及公共关系风险和管理风险。这些风险都难以预测和有效地控制，有时会妨碍合同的正常实施，造成经济损失。

第五节　建设工程合同管理的手段

一、普及合同法制教育，培训合同管理人才

《合同法》是调整自然人、法人、其他组织之间设立、变更、终止民事权利义务关系的基本法律。建设工程合同是《合同法》中15种列名合同之一，作为建筑市场主体的法定代表人或负责人及各级管理人员，都应认真学习和熟悉必要的合同法律知识，以便合法地参与建筑市场经济活动；《中华人民共和国建筑法》(以下简称《建筑法》) 明确规定，建筑工程的发包单位与承包单位应当依法订立书面合同，明确双方的权利和义务。发包单位和承包单位应当全面履行合同约定的义务，不按照合同约定履行义务的，依法承担违约责任。

二、设立专门合同管理机构和配备合同管理人员

加强工程合同管理工作，应当设立专门的合同管理机构。全国各地区根据本地区的具体情况和特点，经有关建设主管机关批准，设立地区性的建设工程合同管理机构，承担建设工程合同的登记、审查等监督工作任务。上述合同管理机构的职能具有服务性和监督性双重属性，能为建设工程合同主体订立、履行、协调合同有关事宜做出十分有益的工作。为了做好建设工程

合同监督管理工作，建立切实可行的建设工程合同审计工作制度，强化建设工程合同的审计监督，为维护建筑市场秩序，确保建设工程合同当事人的合法权益是十分必要的。

项目法人单位和建筑企业内部的合同管理工作，是工程建设项目全面管理的重要组成部分。因此，设立工程建设项目的合同管理机构或者配备合同管理专职人员，建立合同台账、统计、检查和报告制度，发挥合同管理的纽带作用，从而使得工程建设合同的订立、履行、变更和终止等活动的结果，成为法定代表人做出工程建设项目管理决策的科学依据。

三、积极推行合同示范文本制度

推行合同示范文本制度，是贯彻执行《合同法》，加强建设工程合同监督，提高合同履约率，维护建筑市场秩序的一项重要措施。为了进一步贯彻治理整顿建筑业和开拓建筑市场的方针，完善建设工程合同制度，规范建设工程合同各方当事人行为，维护正常的经济秩序，国家工商行政管理总局与住房和城乡建设部颁布了《建设工程施工合同（示范文本）》和《建设工程监理合同（示范文本）》，其他部委（如水利部、交通运输部等）也都有相应的合同示范文本，如《水利水电土建工程施工合同条件》等。推行合同示范文本制度，一方面有助于当事人了解、掌握有关法律、法规，使建设工程合同的签订符合规范，避免缺款少项和当事人意思表示不真实，防止出现显失公平和违法条款；另一方面有利于合同管理机关加强监督检查，也有利于仲裁机构或人民法院及时裁判纠纷，维护当事人的合法权益，保障国家和社会公共利益。

四、积极开展“重合同，守信用”的评比活动

建筑企业应牢固地树立“重合同，守信用”的观念。在发展社会主义市场经济，开拓建筑市场的氛围中，为了提高竞争能力，建筑企业家应该认识到“企业的生命在于信誉，企业的信誉高于一切”原则的重要性。因此，企业各级管理者应该经常教育全体成员认真贯彻岗位责任制，使每一名员工都来关心工程项目的合同管理，认识到自己的每一项具体工作都是在履行合同中约定的义务，从而保证工程项目合同的全面履行。多年来，在国家各级工

商行政管理机关组织各行各业开展的“重合同，守信用”的活动中，涌现出众多的建设工程合同管理先进单位，对提高我国建筑市场经济的管理水平做出了贡献。

五、建立合同管理的计算机信息系统

合同管理在工程建设项目管理中具有十分重要的作用，随着工程建设项目规模扩大，涉及合同的内容、条款日益复杂，国内采用的传统合同管理手段和方法，已经无法适应现代化大、中型工程项目动态管理的要求。因此，借助于计算机处理系统为合同管理人员提供支持，已经成为必然趋势，且颇有成效。建立以计算机数据库系统为基础的合同管理。在数据收集、整理、存储、处理和分析等方面，建立工程项目管理中的合同管理系统，可以满足决策者在合同管理方面的信息需求，提高管理水平。

此外，在工程建设项目管理中，能运用计算机信息系统对合同管理组织机构及功能模块划分等提供科学管理的方案和数据。总之，合同管理计算机信息系统在现代合同管理中有其独特的优势，是应当广泛采用的科学管理手段。

六、借鉴和采用国际通用规范和先进经验

现代工程建设活动，正处在日新月异的新时期，工程承发包活动的国际性是一项重要特征，国际工程市场吸引着各国的业主和承包商参与其流转活动。这就要求我国工程建设项目的当事人学习、熟悉国际工程市场的运行规范和操作惯例。①

---

① 王兆俊. 国际建筑工程项目索赔案例详解 [M]. 北京：海洋出版社，2007.

第二章　建设工程合同风险管理

建设工程由于自身特点给承包人带来许多不确定的风险，如何有效防范和控制施工合同风险，是承包人面临的紧迫问题。本章从合同管理过程分析风险的对策方面提出一些设想和建议。

第一节　风险的概念解读

一、风险的概念

在现实生活中，“风险”一词使用频繁，举凡日常交流、报纸杂志、政府规范性文件等，均经常发现“风险”这个词眼。然而，风险究竟为何意，却众说纷纭。有的学者认为，风险是损害或损失发生的可能性。此种观点在德国和日本几乎已成通说。在保险学的教科书中，风险常常被解释为损失的不确定性。有的学者认为，风险是指在给定情况下和特定时间内，那些可能发生的结果间的差异。有的学者认为，风险是实际结果与预期结果的偏差。还有的学者认为，在以特定利益为目标的行动过程中，若存在与初衷利益相悖的可能损失即潜在损失，则由该潜在损失所引致的对行动主体造成危害的事态，便称为该项行动所面对的风险。①

一般认为，风险是指在给定的条件下损失发生的可能性。对这一定义，可以从以下几个方面来理解：风险须在特定的条件下来讨论，离开了一定的

① 张艾.建设工程风险防范与裁判规则 [M].北京：法律出版社，2017.

条件来讨论风险是没有意义的。这个特定的条件包括时间条件和空间条件，换句话说，就是某一事物或某一活动的时空条件。譬如，建设工程合同的风险，须针对建设工程这一活动而言。有风险，并不必然有损失，但是有损失，必然有风险。有风险并不意味着有损失，损失是否发生是不确定的。譬如，某一建筑设备存在发生火灾的风险，但是火灾是否发生并不确定，从而损失的发生与否也不确定。有风险虽不意味着有损失，但是风险事故的发生必然意味着损失。又譬如，火灾的发生必然意味着财产所有人或管理人的损失，财产所有人或管理人不可能从火灾的事故中获得利益。风险中存在两个变量，一个是损失的可能性，一个是损失的程度或后果。低可能性与轻微后果则为低风险，高可能性与严重后果则为高风险，高可能性与轻微后果则为低风险。

二、风险的构成

（一）风险因素

风险因素是指引起风险事故发生的条件，以及风险事故发生时致使损失增加或扩大的条件。风险因素是风险事故发生的直接原因，是损失发生的间接原因。例如，建筑材料本身、干燥的气候、强劲的风力等，对于火灾这一风险事故来说是风险因素；合同主体不合格、意思表示不一致、内容不合法等，对于合同无效这一风险事故来说是风险因素。根据性质的不同，通常将风险因素分为实质风险因素、道德风险因素及心理风险因素三种。

1. 实质风险因素

实质风险因素是指引起风险事故发生的以及致使损失扩大的有形的物质条件。例如，汽车刹车系统对于交通事故、建筑材料对于建筑物的倒塌或火灾、环境污染对于人体健康的危害等均是实质风险因素。

2. 道德风险因素

道德风险因素是指与人的道德修养相联系的一种无形的风险因素。通常表现为恶意行为或不良企图，故意使风险事故发生或使损失扩大。例如，恶意串通致使合同无效、偷工减料致使建设工程倒塌、投保之后故意使保险事故发生等，均是道德风险因素。

3. 心理风险因素

心理风险因素是指由于人的疏忽或过失致使风险事故发生或损失扩大的风险因素。这也是一种无形的风险因素，但与道德风险因素不同，这种风险因素与人的道德修养无关。例如，工程设计的疏忽而致建设工程项目失败、建筑工人操作不当而受伤、出门忘记锁门而致被盗等均是心理风险因素。针对心理风险因素，在保险上通常设计有责任保险，譬如建设工程设计责任险，即针对心理风险因素而设置的险种。道德风险因素与心理风险因素虽同为无形风险因素，但是前者强调故意，而后者强调过失。

在保险业中，实质风险因素与心理风险因素通常为可保风险因素，而道德风险因素则为不可保风险因素，故“当事人之故意”通常在保险单中被规定为除外责任。由于道德风险因素与心理风险因素均与人密切相关，所以有学者主张将二者合并为人为风险因素。该主张认为，道德风险因素与心理风险因素在实务中确有难以区分之处，但是，故意和过失在法律上是两个含义明确的概念，针对故意行为和过失行为，法律具有不同的评价，因此，在研究风险因素时，仍有必要将它们区别开来。

（二）风险事故

风险事故是指引起损失发生的直接原因，是将损失发生的可能性转化为现实性的媒介，也可以说，风险因素是通过风险事故来产生破坏力，进而造成损失的。仅有风险因素并不必然导致损失的发生，风险因素要产生破坏，须经由风险事故这一媒介。例如，某建筑材料存在引起火灾发生的风险因素，但仅有这些风险因素并不必然引起建筑材料损失的发生，建筑材料损失与否，须待火灾这一事实的发生，这里的“火灾”，即风险事故，它是联系风险因素和建筑材料损失之间的媒介，也就是将建筑材料损失的可能性转化为现实性的媒介。其他风险事故者，如地震、爆炸、盗窃等，均是如此。

（三）损失

所谓损失，是指非故意的、非计划的、非预期的经济价值的减少。此定义包含两个重要的要素：该损失是非故意的、非计划的、非预期的；该损失体现为经济价值的减少。任何“价值”的减少，若缺乏以上两个要素，均不是此处所言的“损失”。例如，折旧或馈赠均可表现为价值的减少，但是，折旧属资产的自然损耗，而馈赠则属故意的行为，故折旧和馈赠不是此处所言的损失。又如，在建设工程招标投标过程中，若中标人不与招标人签订合同，招标人的经济价值显然是减少了，而且这种经济价值的减少对于招标人来说不是故意的、计划中的及预期的，所以，此时招标人的损失即属风险管理学上所谓的损失。

第二节 建设工程合同风险

建设工程合同风险是指在建设工程活动中一切与建设工程合同有关的损失发生的可能性。

一、建设工程合同风险的含义

在《合同法》中，在合同成立之前、合同成立之后及合同履行完毕之后，合同当事人承担的合同义务，分别被称为前合同义务、合同义务和后合同义务。与此相应，建设工程合同风险不仅是指合同履行过程中合同当事人损失发生的可能性，而且还包括合同订立过程中及合同履行完毕之后合同当事人损失发生的可能性。建设工程合同风险是建设工程活动中所涉及的与建设工程合同有关的风险，而不是指建设工程活动中的一切风险。例如，市场行情的变化导致建筑材料价格的涨落便不在建设工程合同风险的研究范围之内。①

建设工程合同风险中的风险因素既有实质风险因素，又有道德风险因素和心理风险因素。所谓实质风险因素者，如由于不可抗力导致合同不能履行；所谓道德风险因素者，如当事人欺诈行为而使合同无效；所谓心理风险因素者，如建筑设计师疏忽导致工程项目的失败。建设工程合同风险中的风险事故一般表现为合同的不履行、不完全履行及瑕疵履行等。不履行者，如

① 黄文杰.建设工程合同管理 [M].北京：知识产权出版社，2009.

由于承包人无相应资质而使合同无效，进而导致建设工程合同的不履行；不完全履行者，如承包人应完成的工作量而未完成导致发包人的损失；瑕疵履行者，如承包人交付的建筑物存在结构问题，导致业主的人身伤害等。

建设工程合同风险中的损失是合同主体非故意的、非计划的、非预期的损失。义务的不履行、不完全履行或者瑕疵履行，对于合同主体的一方来说，可能是故意的，但对受损失的一方来说，则是非故意的。例如，发包人不支付工程款，对于发包人来说，可能是故意的，但是对于受到损失的承包人来说，则是非故意的。如果承包人免除了发包人的部分债务，这个损失则被认为是承包人故意的、计划中的或预期的，这样的损失不属于建设工程合同风险研究的范围。

二、建设工程合同风险的特征

(一) 建设工程合同风险多属社会风险

社会风险是由于人的故意、过失或疏忽所形成的风险。简而言之，合同法就是人们的合同行为规则，建设工程合同风险也就是由于合同主体的民事行为所形成的风险，所以，建设工程合同风险属于社会风险。建设工程合同风险也有属于自然风险和政治风险的情形，比如不可抗力导致合同的不履行。不可抗力是指不能避免并不能控制的事实，不可抗力多与自然原因和政治原因有关，如地震、战争等。建设工程合同风险不属于经济风险，如市场价格的变化导致建筑材料价格的涨落，这样的经济风险与建设工程合同无关。

(二) 建设工程合同风险属静态风险

建设工程合同风险是在正常的社会经济条件下产生的风险，至于在社会经济变动的条件下，由于人的欲望、生产技术及生产方式等的变化所引起的风险，不在建设工程合同风险的研究范围。在建设工程合同中，当事人一般要约定工程活动中使用的建筑技术，如果承包人擅自改变建筑技术导致发包人损害的，从法律上讲，这是由于承包人不严格按照合同约定履行合同义务的违约行为所致，这种风险显然属于静态风险，也就是建设工程合同风险。但是，如果承包人按照合同约定的建筑技术进行施工，由于该建筑技术本身的缺陷导致发包人损害的，这种风险与合同当事人的行为无关，属于动态风险，这种风险不属于建设工程合同风险。

(三) 建设工程合同风险属纯粹风险

建设工程合同风险的表现形式主要是合同的不履行、不完全履行或者瑕疵履行等，无论哪一种情形，建设工程合同当事人都不可能从这些风险事故中获得利益，而只有损失的可能，故建设工程合同风险属于纯粹风险。也正是由于建设工程合同风险属于纯粹风险，对建设工程合同风险进行管理才成为可能。

(四) 建设工程合同风险属特定风险

订立和履行建设工程合同，是民事主体的私人行为，建设工程合同风险的发生与合同主体的行为有因果关系，所以，建设工程合同风险属于特定风险。正因为建设工程合同风险属于特定风险，因而是可以采取措施进行控制和转移的。至于那些合同主体不能控制和预防的基本风险，如政治运动和地震等，则不属于建设工程合同风险的范围。[①]

(五) 建设工程合同中的其他风险

建设工程合同风险中既有财产风险，又有人身风险和责任风险。由于发包人不按照合同约定支付工程款，造成承包人的经济损失，这显然属于财产风险。建设工程合同风险中的损失，并不只有财产损失一种。例如，由于承包人交付的工程本身存在质量问题，造成业主的人身伤残或者死亡，这就是人身风险。而由于监理工程师的疏忽或者过失导致工程出现质量问题的，这显然属于责任风险。

---

① 汪金敏，朱月英.工程索赔100招 [M].北京：中国建筑工业出版社，2009.

三、建设工程合同风险的分类

①按照合同类型的不同，建设工程合同风险可以分为建设工程勘察设计合同风险、建设工程施工合同风险、建设工程监理合同风险、建设工程物资买卖合同风险等。②按照风险承担者的不同，建设工程合同风险可以分为发包人的建设工程合同风险、总承包人的建设工程合同风险、分包人的建设工程合同风险等。③按照因风险事故而受损失的形态的不同，建设工程合同风险可以分为财产型的建设工程合同风险、人身型的建设工程合同风险和责任型的建设工程合同风险。④按照工程进度的不同，以建设工程施工合同为例，建设工程合同风险可以分为勘察设计阶段的合同风险、施工合同订立阶段的合同风险、建设工程施工阶段的合同风险、建设工程竣工验收阶段的合同风险、建设工程结算阶段的合同风险、建设工程保修阶段的合同风险等。本书将根据建设工程的进程，对建设工程各个阶段的合同风险进行分析。

第三节　风险管理在建设工程合同中的运用

一、建设工程合同风险识别

建设工程合同主体运用各种方法，系统地、连续地认识所面临的各种风险，以及对引起风险事故发生的风险因素进行分析的过程，叫作建设工程合同风险识别。

建设工程合同风险识别包含两个环节：①感知风险，即了解客观存在的各种风险。例如，在建设工程合同中可能存在合同无效、发包人不支付工程款、承包人不按照约定工期完工、承包人不履行保修义务等风险，这一认识可能发生的风险事故的环节，就是感知风险。②分析风险，即分析引起风险事故的各种风险因素。引起建设工程合同无效的风险因素有很多，如承包人不具备相应资质、合同当事人意思表示不一致、合同当事人恶意串通等。引起发包人不支付工程款的风险因素可能是发包人自身资信水平较低、建设工程资金未到位、承包人未按照约定履行建设工程合同等。研究各种导致风险事故发生的风险因素的环节就是分析风险。①

可见，了解客观存在的可能发生的风险事故，是感知风险，而研究引发风险事故的风险因素，则是分析风险。在这两个环节中，感知风险是风险识别的基础，分析风险是风险识别的关键。这是因为只有通过感知风险，才能进一步分析引起风险事故的风险因素，为选择恰当的风险处理措施服务。例如，建设工程合同风险中存在合同无效的风险，而引发合同无效的风险因素有很多，如果是由于承包人不具备相应资质的，则发包人应采取资格预审的措施，以消除或者减少合同无效这一风险事故发生的可能。本书为了表述方便，在对各个阶段的建设工程合同风险进行识别时，分别按照该阶段存在的主要风险（及其特征）和该阶段风险的成因分析来进行讨论，这与感知风险和分析风险的两个环节是相符合的。

建设工程合同风险识别是一项系统性、连续性的工作。所谓系统性，是指不应局限于某个部门或者某个部分，而要将风险单位和风险管理单位作为一个完整的系统予以对待。例如，关于承包人资质的问题，不能仅仅考察承包人的资质证书，因为有的施工单位早已人去楼空，事实上并不符合相应资质应当具备的条件。所谓连续性，是因为事物总是处于运动变化中，风险因素的量和质也处于不断的变化中，若非连续性的工作，实难及时而全面地识别建设工程合同主体所面临的潜在风险。

二、建设工程合同风险衡量

建设工程合同风险衡量是指在风险识别的基础上，对某种特定的建设工程合同风险，测定其风险事故发生的概率及其损失程度的过程。风险衡量是在风险识别的基础上进行的。通过风险识别，建设工程合同主体弄清了在建设工程合同中存在的风险因素，明确了风险的性质，并获得了有关数据。建设工程合同风险衡量主要是对这些资料和数据的处理，得出关于风险事故发生的概率及损失的程度的有关信息，为选择风险处理措施和进行风险管理决策提供依据。可见，风险识别是对风险进行定性分析，而风险衡量则是对

① 梁振田.建设工程合同管理与法律风险防范[M].北京：知识产权出版社，2012.

风险进行定量分析。

建设工程合同风险衡量以合同风险事故发生的概率和损失程度为主要测算指标，并据以确定风险的大小，因此，风险衡量须借助概率和统计分析工具来完成。风险衡量须回答这样几个问题：风险事故发生的可能性有多大；风险事故发生的预期时间；风险事故发生的频率有多高；损失的程度可能有多大；等等。值得注意的是，风险衡量与风险识别和风险处理在时间上不能截然分开。事实上，由风险识别向风险衡量的转移，以及由风险衡量向风险处理的转移，都是逐渐进行的，彼此之间并无严格的界限。

三、建设工程合同风险运用

建设工程合同风险运用是指在风险识别和风险衡量之后，针对建设工程合同采取行动或者不采取行动的过程。在建设工程合同主体进行风险识别和风险衡量之后，所要解决的问题就是如何减少风险事故发生的概率和降低损失的程度，建设工程合同风险处理就要解决这个问题，它是建设工程合同风险管理程序中的一个关键性阶段。建设工程合同主体通过风险识别和风险衡量，弄清了风险的性质和大小，此后就须采取有效的措施对风险进行处理，可见建设工程合同风险处理的核心在于风险处理措施的选择。

(一) 风险避免

风险避免是一种拒绝或放弃承担风险的风险控制措施。采用风险避免措施将建设工程合同主体面临的合同风险发生的概率降低为零，故它是一种回避损失发生的可能性的行动方案。风险避免是各种风险处理措施中最为简单亦最为消极的一种。风险避免的常用形态有两种。

其一，将特定的风险单位予以根本地消除。业主或承包商拒绝签订建设工程合同，则可以从根本上消除了建设工程合同风险。在建设工程合同风险管理中，如果风险管理人员认为风险因素的危险性较大，损失发生的概率较大或损失的程度较高时，可以采用这种措施。例如，在订立合同过程中，业主要求的条件过于苛刻，根本不可能完成，承包人可以不签订该合同，以免损失的发生。须知，合同不利，是法律专家也无能为力的事情。再如，在合同订立过程中，发现承包人不具有相应的资质，或者承包人的报价明显不可能完成工程，发包人也可以不签订该建设工程合同，以免工程利益受损。再如，建设工程转包是我国法律明令禁止的，承包人若将承包工程转包，此风险因素的危险性、损失的概率及损失的程度都较高，故承包人应避免转包，从而避免转包所致的风险。

其二，中途放弃既存的风险单位。例如，在建设工程合同的履行过程中，若承包人发现该合同的履行将给其带来损失，而且继续履行将会导致损失的扩大，或者马上撤出工地所导致的损失比完成工程所导致的损失更小，此时，承包人可以立即撕毁合同，亦避免损失的进一步扩大。在民事合同中，虽然法律规定，不履行合同义务要承担责任，但是，如果果断毁约并承担责任所致损失比履行合同所致损失更小时，完全可以果断毁约。毁约之后，将从根本上避免了继续履行合同的风险。

风险避免是所有风险处理措施中最为消极的一种。承包商存在的目的无非是想赚取利润，若其拒绝签订建设工程合同，虽然可以避免建设工程合同风险所致的损失，但是，承包商将没有营业收入，也就无法赚取利润。因此，在建设工程合同风险管理中，风险避免措施的使用受到很大程度的限制。一般而言，最适合采用风险避免措施的情况有两种：①某种合同风险所致损失概率和损失程度相当大，如合同无效、转包等；②应用其他风险处理措施的成本超过其产生的收益，采用风险避免，可以使合同当事人受到损失的可能性或进一步受到损失的可能性为零。

（二）损失控制

损失控制是指建设工程合同主体对其不愿放弃也不愿转移的风险，通过降低其损失发生的概率或减少损失程度来达到控制目的的各种措施或技术的总称。损失控制的目的在于积极改善风险单位，即建设工程合同的特性，使其能为建设工程合同主体所接受。相对于风险避免而言，损失控制是一种更为积极的风险处理措施，是风险控制措施中更为重要的一种。损失控制和风险避免的区别在于，损失控制不消除损失发生的可能性，而风险避免则使损失发生的概率降为零。采用风险避免措施，消除了所有损失发生的可能性，于是，不再需要其他的风险处理措施，就风险避免这一措施足矣，故风险避免被称为自足型的风险处理措施。而损失控制则不同，采用损失控制措施并不能消除损失发生的可能性，故还可能采用其他的风险处理措施。

根据不同的标准，损失控制措施可以分为不同的种类：①依照损失控制措施执行时间的不同，可以分为损失发生前的损失控制、损失发生时的损失控制和损失发生后的损失控制。②依照损失控制措施侧重点的不同，可以分为工程物理法和人们行为法。工程物理法以风险单位的物理性质为控制侧重点；人们行为法以人们的行为为控制侧重点。前者如安置通风装置，后者如对建筑工人进行安全教育。在建设工程合同风险管理中所采用者，多为人们行为法。③依照目的的不同，可以分为损失预防和损失抑制。损失预防以降低损失概率为目的，而损失抑制以减少损失程度为目的。

第四节　建设工程合同风险管理计划

企业无论大小，均需一套管理制度。所谓管理，简言之，是指经由他人的努力及成就而将事情做好。风险管理自然应属企业管理制度中的一部分，也可以说，它是指经过风险管理人员的努力及成就将事情做好。风险管理人员欲将事情做好，便需有所计划，而不能盲目从事。建设工程合同主体的风险管理人员欲将事情做好，同样需要计划，这个计划就是建设工程合同风险管理计划。所谓建设工程合同风险管理计划，是指一个能提供和调动资源以抵消或减少合同风险所带来的不利影响的系统。建设工程合同风险管理计划是否科学合理，关系到建设工程合同风险管理的效率及其成败。一般而言，建设工程合同风险管理计划包括风险管理的目标、风险管理的组织及风险管理计划书等几个部分。

一、建设工程合同风险管理的目标

建设工程合同风险管理的总目标是以最小的费用支出获得最大的安全保障。所谓费用支出，是指建设工程合同风险管理过程中的各项经济资源的投入，如风险管理部门的组建、风险管理人员的配备、对合同相对人资质的审查、保险费的支出等。所谓安全保障，是指建设工程合同风险管理的效益，即风险识别和风险衡量的准确性及风险处理措施的有效性。建设工程合

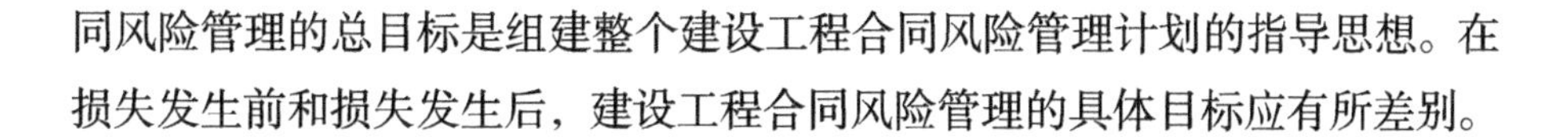

同风险管理的总目标是组建整个建设工程合同风险管理计划的指导思想。在损失发生前和损失发生后，建设工程合同风险管理的具体目标应有所差别。

（一）损前目标

1. 节省经营成本

进行建设工程合同风险管理是为了获得安全保障，但是，风险管理是需要支出成本的。例如，进行投标人资格预审，需要支出一定的费用，购买保险，需要支付保险费。为保证建设工程合同风险管理总目标的实现，须实行经济合理的风险管理。所谓"经济合理"，也就是尽量减少不必要的费用支出，尽可能使风险管理计划成本降低。但是，费用的减少会影响安全保障的程度，因此，如何使费用支出和安全保障程度达到平衡，是风险管理的关键。由于各企业的具体情况不同，应根据不同的情况采取不同的策略。一般认为，不管一个企业是冒险型的还是保守型的，都应当以安全保障为基础。因为，在安全不能保障的情况下，可能会导致企业支出更多的费用，甚至威胁企业的生存。

2. 减少忧惧心理

风险管理人员应当使企业员工认识到风险的存在，而不是隐瞒风险，这样才能提高企业员工的风险意识，主动配合风险管理计划的实施。意识到风险的存在，会使企业员工产生忧惧心理。决策者可能会因此而瞻前顾后，坐失一些良好的发展机会；企业员工也可能会惶恐不安，导致工作质量和工作效率下降。所以，风险管理人员不仅要让企业员工认识到建设工程合同风险的存在，而且还要让企业员工明白，针对这些风险，企业已经采取了有效的措施。这样，才能减少企业员工的忧惧心理，让决策者放手去做，让企业员工安心工作。一个好的风险管理计划，应当避免企业员工过分的谨慎，以及企业毫无意义的费用支出。同时，还要鼓励员工在安全保障的前提下大胆创新，锐意进取。

3. 实现社会责任

企业的存在自然以追求利润为目标，但是，企业生存于社会还须承担一定的社会责任。例如，因承包人偷工减料而致使工程倒塌，可能导致数以亿计的财产损失以及大量的人身伤亡；因一个不利的建设工程合同而威胁到企业的生存，可能导致数万工人失业；因设计者的过失而使工程失败，可能导致生态环境的破坏和耕地的流失；等等。一个优秀的风险管理人员，应当以完成企业的社会责任作为目标。

(二) 损后目标

1. 保证企业生存

当风险事故的发生导致建设工程合同主体的重大损失时，风险管理的首要目标是保证企业的生存，因为只有生存下来，才有希望。例如，当一个不利的建设工程合同威胁到建设工程合同主体的生存时，如果果断毁约尚能保证企业的生存，风险管理人员应当建议企业果断毁约，因为保证企业生存是风险管理计划的基本目标。

2. 保证持续经营

有的风险事故的发生会威胁到企业的生存，要确保企业的生存，便须保证企业持续经营，从这个意义上讲，这一目标是前一目标的继续。有的风险事故的发生并未威胁到企业的生存，但可能会对企业的生产经营活动产生影响，在这种情况下，风险管理人员便须使企业在尽可能短的时间内恢复生产经营。

3. 确保稳定收益

收益的稳定性对于建设工程合同主体来说，无疑是极为重要的，但是，风险事故的发生必然会对合同主体的稳定收益产生影响。一个优秀的风险管理人员，便须在损失发生后，能够使企业的损失得到及时而全面的补偿。例如，如果发包人不支付工程款，承包人的收益必然受到影响。风险管理人员为了确保承包人的损失得到及时而全面的补偿，便须减少对发包人的依赖性，通过发包人工程款支付担保，从保证人那里及时得到全面的补偿，以保证承包人收益的稳定性。确保稳定收益，这是对风险管理人员的更高要求。

4. 促进企业发展

当今我国的建筑市场是卖方市场，建筑企业之间竞争激烈，若一个企业停滞不前，将会被排挤除建筑市场。建设工程合同风险的存在，无疑是建筑企业发展的障碍。一个科学的风险管理计划，不仅可以及时有效地处理各种建设工程合同风险，而且，通过对风险的适当处理，将会证明一个优秀的

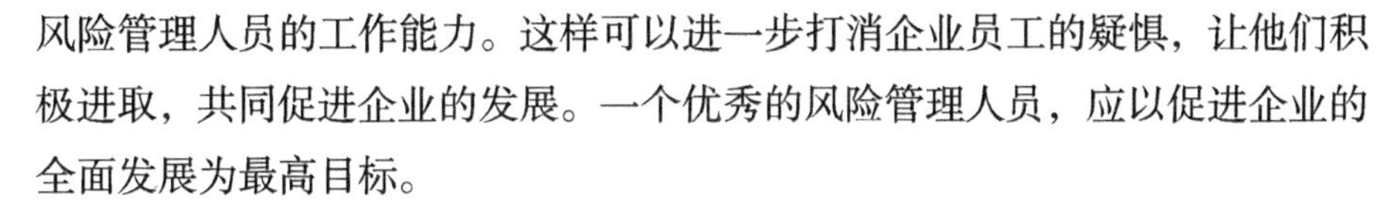

风险管理人员的工作能力。这样可以进一步打消企业员工的疑惧，让他们积极进取，共同促进企业的发展。一个优秀的风险管理人员，应以促进企业的全面发展为最高目标。

5. 实现社会责任

通过采取各种风险处理措施，使企业所受损失得到一个满意的控制和补偿。同时，亦可以减轻工程建设对社会公共利益的损害，这是现代风险管理人员的使命。达成社会责任，不管在损失发生前还是损失发生后，都是风险管理的目标。

二、建设工程合同风险管理的组织

明确了风险管理的目标，还须在该目标的指引下有组织地进行风险管理活动。建设工程合同风险管理组织是建设工程合同风险管理计划的重要组成部分。建设工程合同风险管理的组织是指为协调企业各部门各成员的工作，从而实现建设工程合同风险管理的目标而建立的系统。这个系统包括两个重要的部分：组织结构和组织关系。组织结构是指为实现建设工程合同风险管理目标而设置的部门和机构。组织关系是指风险管理各部门和机构之间的权责关系。

风险管理组织中的负责人，早期多被称为保险经理，现今则多被称为风险管理人员或风险经理。名称的演变体现风险管理学的发展。早期企业认为保险是风险处理的唯一措施，保险经理的工作内容简单而轻松，只需熟悉保险市场上的险种及保单的保险范围即可完成任务。但是，现在的风险经理或风险管理人员则不然，其工作内容较为复杂，而且相关人员亦有资格上的限制。例如，建设工程合同风险管理人员除须具备法律知识外，尚须具备工程建设方面的知识，这些人员一般需要具备一定的资格，如法律执业资格等。

一般而言，风险管理组织的设置，视下列几个因素而定：企业本身的规模及其成长模式；企业本身的营业性质及其法律结构；政府规范性法律文件的要求；风险管理对企业利益贡献的程度；企业最高管理者对风险管理的态度。目前，在发达国家，风险管理已普及到各种规模的企业，风险管理组织相当完善，企业中多设有专门的风险管理机构，并配备风险管理经理、风险管理顾问，负责企业的风险识别、风险衡量、风险处理等工作。

三、建设工程合同风险管理计划书

建设工程合同风险管理计划书是整个风险管理计划的表现形式，它要求将整个建设工程合同风险管理的目标和内容传达给参与工程建设的每一个员工，以便每一个工程建设的参与者都对建设工程合同风险管理活动有所了解，从而提高建设工程合同风险管理的效率。①

对于整个建设工程项目来说，建设工程合同风险管理计划书是整个项目管理的一个重要组成部分。确立风险管理部门责权地位，协调建设工程各部门，对风险暴露单位的风险级别进行评定，建立和完善现有的交流网络和管理信息系统。当风险管理部门人员发生变动时，可保证风险计划的持续性，以及保证物资设备的连续性提供。对于风险管理部门的人员而言，通过对损失暴露单位控制、转移、进行评估，可以为之提供管理框架。

风险管理计划书首先应陈述风险管理的意义和它对组织的重要性。这段陈述说明了风险管理部门在整个组织中的位置和风险经理的权利与义务。该陈述一般应该包括风险管理部门的内部结构，但有的企业将此包含在企业总体管理理念的陈述中，因此有省略的情形。在任何情况下，该计划书应清楚表明高层领导对于建设工程合同风险管理的态度，该计划书应将公司的决策准则表述出来，并陈述在这种准则下风险处理措施的选择。

① 刘伊生.建设工程招投标与合同管理[M]. 2版．北京：北京交通大学出版社，2014.

第三章　建设工程合同法律风险防范

合同的法律风险管理是对潜在的意外损失进行辨识、评估，并根据具体情况采取相应的预防措施和控制手段，以最低的代价把项目中可能发生的风险控制在最低限度，或者风险不可避免时寻求切实可行的补救措施使意外损失降到最小程度。尽可能有效地防范和控制合同风险是每个施工企业应该十分重视的问题。

第一节　合同风险管理任务

一、签订合同前对风险的分析

在合同签订前对风险作全面分析，工程实施中可能出现的风险的类型、种类；风险发生的规律，如发生的可能性，发生的时间及分布规律；风险的影响，即风险如果发生，对承包商的施工过程，对工期和成本（费用）有哪些影响；承包商要承担哪些经济的和法律的责任等。

二、严把签约关

①未经审查的合同不签，每项合同签订前必须报公司合同管理部门，合同管理部门组织相关职能部门对其合法性、完整性、明确性进行评审。如评审人员对合同条款有修改建议，由合同管理部负责协商并征求意见。合同评审后经双方确认无误，由合同管理部出具评审报告，公司法人代表或法人代表授权委托人负责办理，合同正式签订后，正本报合同管理部备案。未经审查的施工合同不签，从程序上保证了施工合同的质量。②不合法的合同不

签，不合法的工程合同不具备法律效力，想跟业主打官司都无从打起，最终大都会蒙受损失。我国法律明确规定低于成本价的合同无效；有失公平的合同无效；不符合招投标程序的合同无效。③制定有效的风险防范对策，即考虑如何规避风险，如果风险发生应采取什么措施予以防止，或降低它的不利影响，为风险防范作组织、技术、资金等方面的准备。④合同实施中的风险控制，在合同实施中对可能发生，或已经发生的风险进行有效的控制：采取措施防止或避免风险的发生；有效地转移风险，争取让其他方面承担风险造成的损失；降低风险的不利影响，减少自己的损失；在风险发生时实施有效的对策，对工程施工进行有效的控制，保证工程顺利实施。

第二节　合同常见的风险

一、业主资信风险

①业主的经济情况变化，如经济状况恶化，濒于倒闭，无力继续实施工程，无力支付工程款，工程被迫中止。②业主的信誉差。不诚实，有意拖欠工程款，或对承包商的合理的索赔要求不作答复，或拒不支付工程价款。③业主为了达到不支付或少支付工程款的目的，在工程施工过程中苛刻刁难承包商，滥用权利，施行罚款或扣款。④业主经常改变设计方案、实施方案，打乱工程施工秩序，但又不愿意给承包商以补偿等。[①]

二、外界环境的风险

①经济环境的变化，如通货膨胀、工资和物价上涨。②合同所依据的法律的变化，如新的法律法规颁布，国家调整税率或增加新税种，新的外汇管理政策等。③自然环境的变化，如百年未遇的洪水、地震、台风等，以及工程水文、地质条件存在不确定性。

---

① 严玲.建设工程合同价款管理及案例分析 [M].北京：机械工业出版社，2017.

三、合同风险

上述风险反映在合同中，则成为合同风险，是进行合同风险分析的重点。合同中一般都有风险条款和一些明显的或隐含着的对承包商不利的条款，处理不当将造成承包商的经济损失。

（一）合同中明确规定的承包商应承担的风险

承包商的合同风险首先与所签订的合同的类型有关。如果签订的是固定总价合同，则承包商承担全部物价和工程量变化的风险；而对成本加酬金合同，承包商不承担任何风险；对常见的可调价款合同，风险由双方共同承担。工程承包合同约定由承包商承担的风险条款有：①工程变更的补偿范围和补偿条件。例如，工程量变更在 ±5% 的范围内，承包商得不到任何补偿。在该范围内工程量增加则是承包商的风险；②合同价格的调整条件。如对通货膨胀、工资和物价上涨、税收增加等，合同规定不予调整，则承包商必须承担全部风险；如果在一定范围内可以调整，则承担部分风险；③工程范围不确定，特别是对于固定总价合同。由于工程范围不确定、投标时设计图纸不完备，承包商无法精确计算工程量，也无法预测物价上涨幅度，将造成承包商严重的经济损失；④业主和工程师对设计、施工、材料供应所享有的认可权和各种检查权必须设置一定的限制条件，应防止写有“严格遵守工程师对本工程任何事项（不论本合同是否提出）所作的指示和指导”。特别当投标时设计深度不够，施工图纸和规范不完备时，如果有上述规定，业主可能使用“认可权”或“满意权”提高工程的设计、施工、材料标准，而不对承包商补偿，则承包商必须承担这方面变更风险；⑤其他形式的风险型条款，如索赔有效期限制等。

（二）合同条文不全面

合同条文不完整，没有将合同双方的责权利关系全面表达清楚，没有预计到合同实施过程中可能发生的各种情况，导致合同履行过程中的激烈争执，最终导致承包商的经济损失。例如，缺少工期拖延违约金的最高限额的条款或限额太高；缺少工期提前的奖励条款；缺少业主拖欠工程款的处罚条款。对工程量变更、通货膨胀、工资和物价上涨等引起的合同价格的调整没有具体规定调整方法、计算公式、计算基础等；对材料价差的调整没有具体说明是否对所有的材料，是否对所有相关费用（包括基价、运输费、税收、采购保管费等）作调整，以及价差支付时间。合同中缺少对承包商权益的保护条款，如在工程受到外界干扰情况下的工期和费用的索赔权等。

由于没有具体规定，如果发生这些情况，业主完全可以以“合同中没有明确规定”为理由，推卸自己的合同责任，使承包商受到损失。

（三）合同条文不清楚，不细致，不严密

承包商不能清楚地理解合同内容，造成失误。通常因招标文件的语言表达方式、表达能力、专业理解能力或工作不细致，以及做标期太短等原因所致。对业主供应的材料和生产设备，合同中未明确规定详细的送达地点，没有“必须送达施工和安装现场”的规定。这样很容易对场内运输，甚至场外运输责任引起争执。

（四）发包商为了转嫁风险提出不合理条款

发包商为了转嫁风险提出单方面约束性的、过于苛刻的、责权利不平衡的、对业主责任开脱的合同条款。通常表现为：“业主对……不负任何责任”，例如：①业主对任何潜在的问题，如工期拖延、施工缺陷、付款不及时等引起的损失不负责；②业主对招标文件中所提供的地质资料、试验数据、工程环境资料的准确性不负责；③业主对工程实施中发生的不可预见风险不负责；④业主对由于第三方干扰造成的工期拖延不负责等。这样将许多属于业主责任的风险推给承包商。与这一类条款相似的表达形式有：“在……情况下不得调整合同价格”或“在……情况下，一切损失由承包商负责”。

第三节　法律风险的控制与防范

一、施工合同谈判前应设立专门的合同管理机构

施工合同谈判前，承包人应设立专门的合同管理机构负责施工合同的审核、监督、管理、控制，要深入了解发包人的资信、经营作风和合同应当具备的相应条件。了解的主要内容应包括有权部门设计的施工图纸，是否有计划部门立项文件、土地、规划、建设许可手续，应拆迁的是否已到位，“三通一平”工作是否已到位等。从侧面调查了解发包人资信情况，特别是该工程的资金到位率，如果是开发单位，应了解其主要业绩。招标工程应在投标之前，对招标文件深入研究和全面分析，正确理解招标文件，吃透业主意图和要求，全面分析投标人须知，详细勘察现场，审查图纸，复核工程量，分析合同条款，制定投标策略，以减少合同签订后的风险。

二、合同谈判或投标时，承包商要对发包人详细了解

合同谈判或投标时，首先，承包商在对发包人详细了解后，认为可以承担这项工程时，才能进行合同实质性谈判。对于投标工程，要对合同条款认真研究，尽可能在投标书中在作出响应投标文件实质性条款的情况下，作出有利的选择。根据发包人提出的要求，逐条进行研究，再做出是否能够承诺的决定。尽可能采用建设工程合同《示范文本》，依据通用条款，结合协议书和专用条款，逐条与发包人谈判、部分发包人提供的非示范文本合同，往往条款不全、不完备、不具体、缺乏对业主的权利限制性条款和对承包商保护性条款，要尽可能地修改完善，这样的合同一旦签订，存在大量的隐含风险，最终将导致施工单位的巨大损失。减少合同签订过程中的漏洞，可以采用施工合同洽谈权、审查权、批准权三权相对独立，相互制约的办法。

在人员配备上，让熟悉业主知识和精通合同的专业人员参加，大中型建设工程合同一般由业主负责起草，业主为了预防承包商的索赔，特意聘请有经验的法律专家和工程技术顾问起草合同，一般质量较高，其中既隐含许多不利于承包人的风险责任条款，又有业主的反索赔的条款。因而要求承包人的合同谈判人员既要懂工程技术，又要懂法律、经营、管理、造价财务

等，因此承包人必须有精干专业的合同谈判小组。

在谈判策略上，承包人应善于在合同中限制风险和转移风险，达到风险在双方之间合理分配，这就要求承包商对于业主在何种情况下，可以免除责任的条款应研究透彻，做到心中有数，切忌盲目接受业主的某种免责条款。否则业主就有可以以缺乏法律和合同依据为借口，对承包人造成的损害拒绝补偿，并引用免责条款推卸法律责任，使承包人蒙受严重经济损失，因此，对业主的风险责任条款一定要规定得具体、明确。

总之，依据国家法律法规对施工合同管理的具体规定，在合同谈判过程中进行有利有节的谈判显得尤为重要。

三、加强合同履行时的管理

由于施工合同管理贯穿于施工企业经营管理的各个环节，因此履行施工合同必然涉及企业各项管理工作。施工合同一经生效，企业的各个部门都要按照各自的职权，按施工合同规定行使权利，履行义务，保证施工合同的圆满实现，这就需要制定完善的合同管理制度。在整个施工合同履行过程中，对于每一项工作，施工企业都要严格管理，妥善安排；记录清楚，手续齐全，否则会造成差错，引起合同纠纷，给企业带来不应有的损失。

四、合理转移风险

对于预测到的合同风险，在谈判和签订施工合同时，采取双方合理分担的方法。但由于一些不可预测的风险总是存在的，因而合同中始终存在一定的缺陷，双方的责权利不可能绝对平衡，承包人就存在一定的风险。因此，对不可预测风险的发生，在合同履行过程中，推行索赔制度是转移风险的有效方法，尽可能把风险降到最低程度。在实际工程中，索赔是双向的，承包人可以向业主索赔，业主也可以向承包人索赔，但业主索赔处理比较方便。它可以通过扣拨工程款的方法及时解决索赔问题；相反，承包人向业主索赔处理较为困难。或因工程索赔制度问题未普遍推广，承发包双方对索赔的认识都不够深刻，作为承包人要增强市场意识、法律意识、合同意识、管理意识、经济效益意识外，更关键的是要学会科学的索赔方法。科学的索赔方法在于承包人必须熟悉索赔业务，注意索赔策略和方法，严格按合同规定

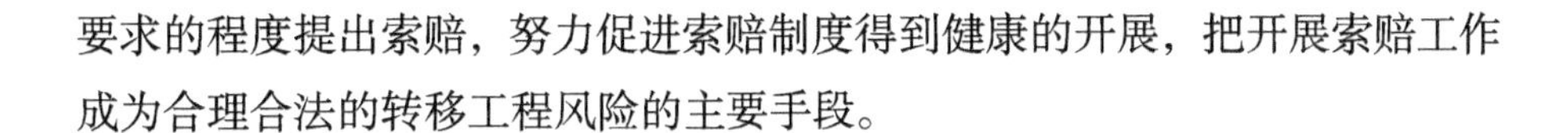

要求的程度提出索赔，努力促进索赔制度得到健康的开展，把开展索赔工作成为合理合法的转移工程风险的主要手段。

第四节　法律风险的分析识别与规避

一、风险识别

法律风险识别是指找出工程潜在的影响项目质量、工期、工程款等合同目标顺利实现的主要风险。风险识别步骤是将项目状态的分析，项目合同状态与项目现实状态、项目发展趋势进行对比分析，从而找出差别、变化；进行分析分类，建立分析清单。①

风险识别的办法是对风险识别的结果进行因果分析，以原因预见结果，以结果分析原因。

二、风险的规避

对于承包商，在任何一份工程承包合同中，问题和风险总是存在的，没有不承担风险，绝对完美的合同（除了成本加酬金合同）。对分析出来的合同风险必须进行认真的研究，设计相应的防范对策。任何承包商都不能忽视这个问题，对合同风险的处置一般有如下几种对策。

（一）风险回避

风险所导致的损失过大，采取其他规避措施的成本超过该风险可能形成的经济损失时，承包商应及时并主动放弃该项目或者果断终止合同的履行。

（二）风险控制

采取预防措施，使风险发生的概率和风险导致的损失降到最低程度。

---

① 张广兄.建设工程合同纠纷诉讼指引与实务解答）[M].北京：2版．法律出版社，2017.

具体措施有：①熟悉并掌握相关的法律法规，提高依法保护自身利益的意识；②深入研究、全面分析、正确理解招标文件，吃透业主意图和要求，以减少签约后的风险；③认真对待合同，通过分析和谈判，对合同条款拾遗补缺，制定相应的风险防范对策；④掌握要素市场价格动态，使报价准确合理，减少风险潜在因素；⑤加强履约管理，分析并及时处理潜在风险，实施有效的风险控制；⑥强化分包商管理，减少风险事件的发生；⑦制定技术的、经济的和组织的措施等办法，提高应变能力和对风险的抵抗能力。

（三）风险转移

风险转移的方法有以下几种：①购买保险：工程保险是业主和承包商转移风险的一种重要手段。当出现保险范围内的风险，并造成经济损失时，承包商可以向保险公司索赔，以获得一定数量的赔偿。一般在招标文件中，业主都已指定承包商投保的种类，并在工程开工后就承包商的保险作出审查和批准。通常承包工程保险有工程一切险、施工设备保险，第三方责任险、人身伤亡保险等。②要求业主提供付款担保，将业主支付风险转移给担保人。③将一些风险较大的合同责任推给业主，以减少风险。例如，让业主负责提供价格变动大，供应渠道难以保证的材料。④将风险较大的分项工程分包出去，向分包商转移风险。⑤组建联营体，与其他承包商建立联营体，联营承包，共同承担风险。⑥加强索赔管理，用索赔来弥补或减少损失。通过索赔可以提高合同价格，增加工程收益，补偿由风险造成的损失。

第四章　建设工程各阶段合同管理的风险防范与控制

近年来，由于合同风险分配不合理、合同文件不规范等原因，合同纠纷案件逐渐增多，给建筑施工企业的合同风险管理带来巨大的挑战。施工合同是施工企业从事生产经营活动并取得经济效益的基本保证，也是双方联系的桥梁和纽带。因此，尽可能有效地防范和控制施工合同的风险、防止企业利益受损，是每个施工企业都应十分重视的问题。施工合同涉及的面很广，除了工程发包方、承包方，还有地方政府主管部门及各分包方等多方利益。本章主要介绍建设工程各阶段合同管理的风险防范与控制。

第一节　建设工程勘察设计阶段的市场风险管理

一、建设工程勘察设计阶段的概念

“先勘察、后设计、再施工”是工程建设的一般规律，必须严格执行。按照基本建设程序，建设项目的兴建，通常要经过计划、可行性研究、项目决策、勘察设计、施工和竣工验收等阶段。在勘察、设计之前所进行的项目可行性研究与经济评价，是对拟建项目进行技术、经济和项目布局等方面的技术经济分析和科学论证，提出最优的决策方案，经过审批后，即作为项目勘察设计的依据。勘察工作在工程建设各环节中居先行者地位。勘察成果资料是进行规划、设计、施工必不可少的基本依据，对工程建设的经济效益有着直接影响。设计工作是工程建设的关键环节。设计文件是安排建设项目和组织工程施工的主要依据。一般建设项目（包括民用建筑）设计文件的编制，分为初步设计与施工图设计两个设计阶段。重大项目和特殊项目，可增加技术设计阶段。对于一些大型联合企业、矿区和水利水电枢纽，为解决总体部署和开发问题，还需进行总体规划设计或总体设计。

建设工程勘察是指根据建设工程的要求，查明、分析、评价建设场地的地质、地理环境特征和岩土工程条件后编制建设工程勘察文件的活动。建设工程设计是指根据建设工程的要求，对建设工程所需的技术、经济、资源、环境等条件进行综合分析、论证后编制建设工程设计文件的活动。建设工程勘察和建设工程设计是工程建设中的两个重要环节，可以说，勘察是工程建设的基础，而工程设计是工程建设的灵魂。在工程建设过程中，应严格按先勘察、后设计、再施工的顺序进行。工程的勘察、设计应当做到与社会、经济发展水平相适应，国家鼓励在工程勘察、设计活动中采用先进技术、先进工艺、先进设备、新型材料和现代化管理办法，提倡和推广标准设计，以达到缩短建设周期、节约材料、降低能耗和提高工程质量的目的，做到经济效益、社会效益、环境效益相统一。

建设工程勘察设计阶段就是指对根据建设工程的要求，查明、分析、评价建设场地的地质、地理环境特征和岩土工程条件，编制建设工程勘察文件，并对建设工程所需的技术、经济、资源、环境等条件进行综合分析、论证，编制建设工程设计文件的一个阶段。建设工程勘察设计阶段是工程建设的先行环节，是建设工程合同中的重要组成部分，这一阶段的勘察、设计工作的好坏，将直接影响到最终的工程质量，直接关系到建设项目的经济效益和社会效益。因此，建设工程勘察设计阶段在工程建设的过程中有着举足轻重的作用。

二、建设工程勘察设计合同订立阶段的风险识别

建设工程勘察设计合同的订立是指合同当事人就建设工程勘察设计合同的主要条款进行协商谈判、签订建设工程勘察设计合同的过程。这一阶段是建设工程勘察设计合同的首要环节，它关系着建设工程勘察设计合同的成立与生效，对建设工程勘察设计合同有着十分重要的意义。

根据相关法律的规定，订立建设工程勘察设计合同应当具备以下条件：①建设工程勘察设计合同的主体一般应是法人。②承包人承揽建设工程勘察、设计任务必须具有相应的权利能力和行为能力，必须持有国家颁发的勘

察、设计证书。国家对设计市场实行从业单位资质，个人执业资格准入管理制度。③发包人应当持有上级主管部门批准的设计任务书等合同文件。④委托工程设计任务的建设工程项目应当符合国家的相关规定，包括建设工程项目可行性研究报告或项目建议书已获批准，已经办理了建设用地规划许可证等手续，以及法律、法规规定的其他条件。同时，发包人在委托业务中还不得有下列行为：收受贿赂、索取回扣或者其他好处；指使承包人不按法律、发规（法规）、工程设计强制性标准和设计程序进行勘察设计；不执行国家的勘察设计收费规定，以低于国家规定的最低收费标准支付勘察设计费或不按合同约定支付勘察设计费；未经承包人许可，擅自修改勘察设计文件，或将承包人的专有技术和设计文件用于本工程以外的工程以及法律、法规禁止的其他行为。

在工程项目勘察设计的过程中，建设工程勘察设计合同订立纠纷主要表现为对建设工程勘察设计合同效力的纠纷，本阶段可能发生的风险事故主要是合同无效，对于合同的效力问题，我国《合同法》和《建筑法》都作出了相应的规定。在实务中，导致建设工程勘察设计合同无效的风险因素，主要表现为建设工程勘察设计合同主体资质不合格、建设工程勘察设计合同招标投标不符合规定以及建设工程勘察设计合同的合同形式不符合规定等几种情况。

(一) 建设工程勘察设计合同主体资质不合格

对导致合同无效这一风险事故的风险因素的分析，就是分析风险，而分析风险是风险识别的关键。风险识别可分感知风险和分析风险两个阶段，其中感知风险是前提。

合同的主体是享有合同权利、承担合同义务的合同当事人。在建设工程勘察设计合同中，双方当事人被称为委托方与承包人。建设工程勘察设计合同的委托方是建设单位或委托单位。任何民事主体，在不违反法律法规规定的条件下，均可作为本合同的委托方。建设工程勘察设计合同的承包人是持有勘察设计证书的勘察设计单位。作为建设工程勘察设计合同的主体，不仅需要具有合同一般主体的基本条件，而且还应当符合建筑法律法规的特殊要求，否则可能导致建设工程合同无效。例如，作为承包人的勘察设计单位，不仅应当具有法人资格，而且必须具有与其从事的建设工程勘察设计活动相应的执业资质。若没有相应资质或超越资质等级的主体订立建设工程合同，则可能导致合同无效。

1.建设工程勘察设计合同主体资质不合格特征

（1）建设工程勘察设计合同已经订立。合同效力的探讨要以合同的订立为前提，而要从建设工程勘察设计合同的主体资质角度来分析建设工程勘察设计合同效力的纠纷，也必然以已经订立的建设工程勘察设计合同为前提。

（2）合同主体的资质不符合法律法规的规定。我国法律对建设工程勘察设计合同主体的资质问题作出了详细、明确的规定，要求建设工程勘察设计合同的主体应当具备相应的资质并在其资质等级许可的范围内承揽建设工程勘察设计业务。国家对从事建设工程勘察设计活动的单位实行资质管理制度，对从事建设工程勘察设计活动的专业技术人员，实行执业资格注册管理制度。

（3）合同主体的资质要求一般是针对承包人而言。建设工程勘察设计的承包人是直接实施建设工程勘察设计工作的一方，他们的工作质量直接影响建设工程勘察设计的质量，而建设工程勘察设计的承包人工作质量的高低又受到其资质的影响，也即建设工程勘察设计的质量高低与建设工程勘察设计的承包人的资质有着紧密的关系。

（4）合同主体资质不合格直接导致合同无效。建设工程勘察设计合同的主体资质将直接影响勘察设计工作的质量，因此，相关法律法规对此作出了严格规定，一旦合同主体的资质不符合要求，就必然会导致建设工程勘察设计合同无效，应当由责任方承担相应的责任。

2.建设工程勘察设计合同主体资质不合格的原因

（1）当事人对合同效力的认识不足。合同当事人往往注重对合同中主要的权利义务条款进行协商以期达成一致，认为只要双方就各自相关的权利义务协商一致，履行了相关的合同签订手续，合同即告成立生效。这就使得作为建设工程勘察设计合同生效不可或缺条件的合同主体资质，往往由于当事人的疏忽而没有给予应有的关注。当发现主体资质存在问题时，合同可能已经订立并付诸实施，这样就可能给合同双方带来风险，承包人可能还要承担有关法律责任。

(2) 承包人采取欺骗手段以虚假的资质骗得相对方的信任。虽然法律法规要求建设工程勘察设计承包人必须具备相应的资质，并在其资质等级许可的范围内承揽建设工程勘察设计业务，但是在实务中，建设工程勘察设计单位为了争取业务，往往违背诚实信用原则，通过以其他符合资质要求的建设工程勘察设计单位的名义承揽业务，以及采用其他手段来骗取发包人的信任，与之订立合同。

(3) 建设工程勘察设计市场的不规范以及对利益的追求促使承包人超越资质承揽业务。虽然国家对勘察设计市场实行从业单位资质制度，但是，由于建筑市场不规范，削弱了国家的监管力度，给予承包人以可乘之机。而且在激烈的市场竞争中，为了争取市场份额以追逐利益，承包人常常不惜冒风险超越资质承揽业务。

(二) 建设工程勘察设计合同招标投标不符合规定

我国的建设工程勘察设计招标是在吸收工程施工招标投标经验的基础上发展起来的。随着《中华人民共和国招标投标法》颁布与实施，工程建设项目的施工、设计、监理等招标投标工作在全国也逐步展开。建设项目勘察设计招标投标的公平性和竞争性对设计单位设计水平的提高、先进技术的推广、建设投资的节省、设计效率的提高、服务态度的改进以及杜绝政府官员腐败等各个方面，都具有十分重要的促进作用。建设工程勘察设计招标投标是一个复杂的过程，有一系列复杂的工作程序，但是，各招标投标单位必须按照法律的规定进行操作，因为招标、投标任何一方存在的违法情形都可能影响建设工程勘察设计合同的效力，从而引发纠纷。

1.建设工程勘察设计合同招标投标不符合规定的风险特征

(1) 建设工程勘察设计合同已经成立。合同效力以合同已经成立为前提，而要从招标投标角度来分析建设工程勘察设计合同效力纠纷，同样也要以已经成立的建设工程勘察设计合同为前提。

(2) 建设工程勘察设计合同招标投标不符合法律法规的规定。由于招标具有较强的竞争性和公平性，它已经成为最普遍的建设工程合同订立方式。也正因为如此，法律法规对建设工程勘察设计招标投标进行了明确规范，当事人应当按照法律法规的规定来操作。但是，由于勘察设计招标投标全面实施不过几年，在招标投标工作的操作上还存在一些不足，使得建设工程勘察设计合同招标投标存在一些不合法律法规规定的现象。

(3) 导致建设工程勘察设计合同招标投标不符合规定的过错方可能是承包人，也可能是合同双方当事人。由于招标投标原因而导致建设工程勘察设计合同无效，是因为在招标投标过程中出现了违反法律法规的行为。这些违反法律法规的行为可能是投标人之间串通投标或者是投标人与招标人串通投标等造成的。

2.影响建设工程勘察设计合同招标投标不符合规定的原因

(1) 勘察设计招标投标全面实施时间不长，在招标投标工作的操作上存在缺陷。我国的建设工程勘察设计的招标投标是在吸收工程施工招标投标经验的基础上发展起来的，还有许多地方需要进一步的完善。由于勘察设计是原创性劳动，它没有固定的模式对其进行事先限定，再加上勘察设计招标投标要求设计师以不同的创新思维、设计理念、设计手段，来体现建设项目的工程规模、技术标准、使用功能和工程投资的根本目的，这使得勘察设计工作很难量化评定，也给建设工程勘察设计的招标投标带来了许多操作上的难题。

(2) 当事人为追求利益，而不顾相关的法律法规的规定，在招标投标过程中做出不当的行为。随着招标投标成为最普遍的建设工程合同订立方式，这就可能使一些单位因为实力不济等竞争因素的影响而失去了订立合同的机会。在经济利益的驱使下，一些单位就可能会不顾法律法规的规定，在招标投标过程中做出不当行为，这些行为通常表现为投标人之间串通投标或者是投标人与招标人串通投标等违反法律规定的招标投标行为。

(三) 建设工程勘察设计合同形式不符合规定

建设工程勘察设计合同是委托方与承包人为完成一定的勘察设计任务，明确相互权利义务关系的协议，是双方据以享受权利和履行义务的根据。建设工程勘察设计合同应当采用书面形式，即使是对工程勘察设计的变更也应当采用书面形式加以确定，防止在发生争议后对于勘察设计质量、勘察设计费用缺乏可支持的依据。

1.建设工程勘察设计合同形式不符合规定的风险特征

（1）建设工程勘察设计合同未采用法律规定的形式。由于建设工程本身具有复杂性的特点，我国《合同法》、《建筑法》等法律法规都明确规定了建设工程合同应当采用书面形式。建设工程勘察设计合同作为建设工程合同的一种，也应当采用书面形式。未采用法律规定的书面形式，可能招致建设工程勘察设计合同风险。

（2）建设工程勘察设计合同未采用法律规定的形式并不必然导致合同无效。建设工程勘察设计合同采用法律规定的书面形式，不只是防止在发生争议后对于勘察设计质量、勘察设计费用缺乏可支持的依据，而且采用法律规定的书面形式往往还是建设工程勘察设计合同生效的条件之一。当然，除法律规定和当事人明确约定采用书面形式是合同生效的条件外，当事人就建设工程勘察设计合同没有采用书面形式的，一般并不影响合同的效力。但是，当事人必须提供证据证明双方存在建设工程勘察设计合同法律关系。显然，没有书面形式的建设工程勘察设计合同，必然加重合同成本，影响当事人权益的实现。

2.建设工程勘察设计合同形式不符合规定的原因

（1）对合同形式不够重视。实务中，合同双方当事人往往把注意力集中在合同的主要条款上，认为合同的主要条款关系着双方的具体权利义务，只要就合同的主要条款协商一致合同就成立并生效，从而忽略了对合同形式的关注。

（2）关于合同生效条件的认识不足。日常生活中，许多合同并不需要特殊的形式。例如，即时清结的合同只需当事人协商一致合同就成立、生效并且履行完毕。在这种习惯和朴素的法律意识下，当事人对有关合同成立与生效的法律规定了解不多，对法律中的证据制度也存在认识误区。在发生纠纷时，徒增诉讼成本，增大败诉风险。

三、建设工程勘察设计合同履行阶段的风险识别

建设工程勘察设计合同的履行是指建设工程勘察设计合同双方当事人依法完成建设工程勘察设计合同约定的义务的行为。它是建设工程勘察设计合同法律制度的核心，它集中体现了建设工程勘察设计合同所具有的法律约束力。建设工程勘察设计合同履行阶段是建设工程勘察设计合同的重点所

在，当事人的权利与义务主要也是在这个阶段得到实现的。对于建设工程合同的履行问题，我国《合同法》、《建筑法》等相关法律法规都作出了相应的规定。在实务中，建设工程勘察设计合同履行纠纷主要表现对建设工程勘察设计合同履行不合约定。

(一) 建设工程勘察设计质量不合格

“百年大计，质量第一”可以说是建筑业恪守的一个基本信条，建设工程的质量不仅关系着建筑业的生死存亡，还关系着人们的生命安全，建设工程的质量问题不容忽视。而建设工程勘察设计阶段作为工程建设的先行环节，这一阶段的勘察、设计工作的好坏，将直接影响到最终的工程质量，直接关系到建设项目的经济效益和社会效益，所以，建设工程勘察设计质量在整个建设工程过程中具有十分重要的意义。只有充分保证建设工程勘察设计的质量，保证建设工程先行环节的质量，才能保证建设工程的质量。如果建设工程勘察设计的质量得不到保证，必将危害到建设工程的最终质量。如果建设工程勘察设计的质量出现问题，不仅会引发建设工程勘察设计阶段的风险，也必将导致整个建设工程项目的风险。可见，建设工程勘察设计质量在工程建设中是一个十分重要的环节，可以说是牵一发而动全身。

1.建设工程勘察设计质量不合格这一风险事故特征

(1) 工程勘察设计工作质量不符合法律的规定或者合同的约定。在建设工程勘察设计合同中，发包人与承包人应当就建设工程勘察设计工作的质量标准作出约定，达成意思表示一致，有国家法定标准的应当依照法定标准，如果由当事人约定质量标准的，其标准不能低于国家法定标准。如果建设工程勘察设计工作质量不能达到法定或者约定的标准，那么，承包人应当继续完善勘察设计，减收或者免收勘察、设计费，有损失的，还要赔偿损失。

(2) 工程勘察设计质量不合格一般是由承包人的过错造成的。建设工程勘察设计的承包人是建设工程勘察设计工作的具体实施者，由承包人具体负责完成建设工程勘察设计工作，处理勘察设计过程中的各种技术问题，对建设工程勘察设计工作质量负责。

(3) 工程勘察设计质量不合格对建设工程的质量影响很大。作为工程建设的先行环节，工程勘察设计质量直接影响到工程的最终质量，直接关系到建设项目的经济效益和社会效益是否能够实现。如果建设工程勘察设计的质量不能得到保证，建设工程的最终质量也必然不能得到保证。

2.建设工程勘察设计质量不合格的风险因素

(1) 发包人对勘察设计质量重视不够。建设工程勘察设计是工程项目建设的先行环节，是工程建设中的重要阶段。它是根据建设工程的要求，查明、分析、评价建设场地的地质、地理环境特征和岩土工程条件，编制建设工程勘察文件，对建设工程所需的技术、经济、资源、环境等条件进行综合分析、论证，编制建设工程设计文件的一个阶段。尽管勘察设计工作的好坏将直接影响建设工程的最终质量，但是，实务中发包人往往更加注重工程施工阶段的质量，忽略了勘察设计对工程质量的重要影响。

(2) 承包人对勘察设计质量认识不到位。作为建设工程勘察设计工作的具体实施者，承包人具体负责完成建设工程勘察设计工作，处理勘察设计过程中的各种技术问题，承包人对待勘察设计质量的认识高度与深度直接影响着勘察设计工作质量的好坏。

(二) 当事人迟延履行建设工程勘察设计合同

合同必须信守，只有合同得到了充分的履行，合同的目的才能实现，当事人的权益才能得到满足。依法缔结的建设工程勘察设计合同在当事人之间具有相当于法律的效力。因此，建设工程勘察设计合同一经依法成立，当事人应当信守诺言，履行建设工程勘察设计合同约定的全部义务，按照建设工程勘察设计合同约定的条款全面正确地履行。正确履行要求履行合同的主体、标的、时间、地点以及方式均须适当，即完全符合合同约定的要求。这是合同当事人履行义务的准则和具体要求，同时也是衡量合同是否全面履行的标准。全面履行要求当事人按照法律规定的或合同约定的主要条款履行合同义务，以实现订立合同的目的。否则，当事人不全面正确地履行建设工程勘察设计合同，必然会引发当事人之间的纠纷，增加风险成本。可见，全面正确履行建设工程勘察设计合同，不仅关系到当事人合同利益的实现，而且对商品流转和经济发展均具有着重要意义。

1.建设工程勘察设计合同当事人迟延履行合同的风险事故特征

(1) 当事人没有按照合同约定如期履行合同义务。合同只有得到全面正确的履行，才能实现当事人通过合同想要得到的东西。迟延履行合同义务，必然损害合同的严肃性，最终损害合同当事人权益的实现。

(2) 导致建设工程勘察设计合同履行迟延的过错方可能是承包人，也可能是发包人。建设工程勘察设计合同签订后，承包人应当按期完成勘察设计工作，如果迟延履行就要承担相应的责任。但是，如果双方当事人约定由发包人提供相关的基础资料，发包人未及时提供而造成合同履行迟延的，承包人则不承担责任，而应当由发包人自行承担相应的责任。同时，发包人未按合同约定按期提供相关资料的，承包人交付勘察设计成果的时间也应当顺延。

(3) 双方按过错大小承担相应的法律责任。由于导致建设工程勘察设计合同履行迟延的过错方可能是承包人也可能是发包人。因此，当导致合同履行迟延的发生，既有承包人的过错、也有发包人的过错的，则应当根据双方当事人主观过错的大小，由双方分担相应的法律责任。

2. 当事人迟延履行建设工程勘察设计合同的风险因素

(1) 履约信用存在缺陷。依法成立的建设工程勘察设计合同，在当事人之间具有相当于法律的效力，当事人应当信守诺言，全面、正确地履行合同约定的义务。但是，由于市场主体良莠不齐，一些市场主体可能出于自身利益的考虑而不按期履行合同。

(2) 合同内容理解存在分歧，权利义务约定不明确。当事人双方签订合同以意思表示一致为基础，但是在实务中，当事人可能会对合同内容的理解出现分歧，使当事人的权利义务没有得到明确。例如，对勘察设计合同中相关基础资料的提供义务约定不明就可能导致合同的履行迟延。

(三) 发包人拒付建设工程勘察设计费用

勘察设计费用是建设工程勘察设计合同中约定的由发包人支付给承包人的报酬，只要承包人交付的勘察设计文件符合建设工程勘察设计合同的约定，发包人就应当按照合同约定将勘察设计费用支付给承包人。而在实践中，由于各种原因，建设工程勘察设计合同的发包人往往以各种借口拒绝或迟延支付建设工程勘察设计费，这不仅违反了合同约定，损害了承包人的利益，也可能引发建设工程勘察设计合同纠纷，最终加重了建设工程勘察设计合同风险成本，危害了当事人的利益。

1.发包人拒付建设工程勘察设计费用的风险事故特征

(1) 承包人已经按照合同的约定完成了勘察设计工作。按照合同的约定完成工程项目的勘察设计是承包人的义务，也是承包人要求发包人按照合同约定支付勘察设计费的必要条件。

(2) 发包人没有按照建设工程勘察设计合同的约定支付相应报酬给承包人。勘察设计费属于劳动报酬性质，只要承包人按照合同的约定交付了勘察设计文件，发包人就应当按照合同的约定支付给承包人，这是发包人在建设工程勘察设计合同中的最主要义务。

(3) 导致发包人拒付勘察设计费用的过错方可能是发包人也可能是承包人。发包人拒付勘察设计费用，可能是由于发包人故意不按照合同约定支付勘察设计费用，此时应由发包人来承当责任。但是，也可能是因为承包人的工作成果不符合法律规定或者合同约定，才导致发包人拒付勘察设计费用。在后一种情况下，则应分清导致工作成果不符合法律规定或者合同约定的责任，分别不同情况进行处理。

2.引发发包人拒付建设工程勘察设计费用的风险因素

(1) 承包人完成的勘察设计工作存在质量缺陷。承包人必须按照合同的要求完成工程项目的勘察设计。一般情况下，只有在承包人提交的勘察设计文件符合合同约定时，才有权要求发包人按照合同约定支付勘察设计费用，发包人也只在此条件下有按照合同约定支付勘察设计费用的义务。

(2) 发包人的履约信用差。正如我们已经提到过的那样，我国建设工程勘察设计市场并不十分规范，市场主体也是良莠不齐，一些单位的履约信用并不高，在经济利益的驱使下，他们可能会不顾法律的规定，故意违背合同的约定，逃避合同债务。因此，要有效避免建设工程勘察设计合同履行阶段的风险，双方当事人都应该建立良好的信用，严格按照法律规定和合同约定履行合同。

四、建设工程勘察设计合同的风险处理

对建设工程勘察设计合同风险进行处理的目的是最大限度地减少前文所识别的风险事故发生的概率和降低损失的程度。而要减少风险事故发生的

概率和降低损失的程度，必须消除前文所述的风险因素或者降低该风险因素的危险性。故建设工程勘察设计合同的风险处理就是采取各种风险处理措施，以消除本阶段的风险因素或降低其危险性的过程。风险处理措施的选择是进行风险处理的关键。而风险处理措施的选择须在前述风险识别的基础之上有针对性地进行。针对建设工程勘察设计阶段的风险因素的繁杂性，可以分别从宏观和微观上采取措施，以处理本阶段的风险。

(一) 从宏观上控制建设工程勘察设计合同风险

风险控制是风险处理措施中的一种。从宏观上采取风险控制措施可以消除建设工程勘察设计合同的风险因素或者降低其危险性，从而减轻风险事故发生的概率和降低损失的程度。在市场经济条件下，运用市场杠杆，完善市场机制，加强国家引导和调控以及完善现行法律制度，相信可以从宏观上控制建设工程勘察设计阶段的合同风险。

1.运用市场杠杆，完善市场机制

随着我国社会主义市场经济的进一步发展，市场机制日益完善，我国的建设工程勘察设计市场也随之发展起来。但是，由于受长期计划经济的影响，建设工程勘察设计市场发展并不十分成熟，还存在着许多问题需要完善。

第一，加强建设工程勘察设计市场的信誉体系建设。

诚实信用原则是从事任何民事活动的基本原则。诚实信用最早是在市场活动中形成的道德规范，以商品交换的存在为根据。美国《统一商法典》将“诚信”定义为：“诚实信用对商人来说，就是要求其在交易中完全诚实，并本着合理的商业标准来进行公平交易。”在我国，诚实信用原则主要是对合同当事人的要求，它是合同自由和公正的保障，只有当事人遵循诚实信用的原则，才能使合同自由得到真正体现，才可能达到公正的结果。诚实信用原则要求当事人以善良的态度和善良的方式签约和履行义务，不滥用权利，在获得利益的同时充分尊重他人利益和公共利益。我国《合同法》是调整我国社会主义市场经济条件下商品流转的基本法，这就决定了在社会主义市场经济活动中，经营各方必须遵循诚实信用原则，以此来规范自己的市场行为。要完善我国的建设工程勘察设计市场，就必须遵循诚实信用原则，建立

和完善建设工程勘察设计市场的信誉体系。

一方面，诚信是建设工程勘察设计合同当事人立足市场的生命线。在西方，有着“诚信是最好的竞争手段”的说法，而在我国，同样有“无信不立”的老话。要想在激烈的市场竞争中找到立足点，产品的信誉、企业的信誉是必不可少的，诚信是最重要的社会资本和企业竞争力的重要组成部分，它不仅是建设工程勘察合同当事人立足市场的生命线，也是当事人的立业之本。诚信不仅表现在真实可信、货真价实、明码标价、不欺诈、不以次充好、不夸大宣传、不误导消费，还表现在坦诚做人、言而有信。以建设工程勘察设计合同的承包人为例，其诚信要求主要表现在以下方面：①讲诚信主要就是以过硬的技术、质量为顾客提供优良的成果，确保成果质量真实可靠。②对业主负责，向业主提供优质的服务，热忱地满足业主合理正当的要求，认真地解决问题，急业主所急，使业主满意。③高度重视对业主作出的承诺，做到言而有信，诚实守信。④善待其他企业，不“店大欺客”，要与合作者寻求共同利益，相互发展。加强建设工程勘察设计企业的诚信建设，不仅有利于建设工程勘察设计企业的可持续发展，还有利于建设工程勘察设计市场的健全，从而最终有利于控制建设工程勘察设计阶段的风险。

另一方面，诚信是建设工程勘察设计市场的生命线。一个缺乏信誉体系的市场是充满危机的，在信誉系统缺失的市场中，混乱将成为市场的特征，市场的活力终将萎靡，从而最终导致市场失灵，市场各方的利益最终会受到损害。因此，要控制建设工程勘察设计阶段的风险，必须完善建设工程勘察设计市场，加强建设工程勘察设计市场信誉体系的建设。

第二，强化建设工程勘察设计主体的市场地位。

市场是由市场主体及其经营行为等因素组成的，市场主体是市场不可或缺的部分。勘察设计单位作为建设工程勘察设计市场的主体，在建设工程勘察设计市场中发挥着重要作用。作为建设工程勘察设计市场的主体，建设工程勘察设计单位是建设工程勘察设计工作的完成者，是建设工程勘察设计文件的制作者，其工作质量直接关系着整个建设工程的最终质量。要完善建设工程勘察设计市场，控制建设工程勘察设计阶段的风险，就必须强化建设工程勘察设计主体的市场地位。强化建设工程勘察设计主体的市场地位，不仅有利于完善建设工程勘察设计市场，而且还有利于明确建设工程勘察设计主体的义务与责任，从而有力地推动建设工程勘察设计阶段风险的预防与控制。

第三，完善与建设工程勘察设计市场相关的市场机制。

影响建设工程勘察设计市场的因素很多，而建设工程勘察设计市场本身是一个复杂的机制，完善建设工程勘察设计市场也是一个系统工程，因此，从宏观上控制建设工程勘察设计合同风险，除从建设工程勘察设计市场本身人手外，还必须完善与建设工程勘察设计市场相关的市场机制。

2.加强国家引导和调控

对建设工程勘察设计阶段的风险进行有效控制，离不开国家的监督和引导。国家对建设工程勘察设计阶段风险的控制，主要通过以下两方面来实现的。

(1) 加强对建设工程勘察设计主体的资质管理。无论对建设工程勘察设计合同的效力还是对建设工程勘察设计工作的质量，建设工程勘察设计单位的资质均具有重要意义。建设工程勘察设计单位的资质是否符合法律规定，是关系着建设工程勘察设计合同效力的关键因素之一，也影响着建设工程勘察设计阶段工作质量的好坏，也必然对建设工程的最终质量存在影响。因而，加强国家对建设工程勘察设计单位的资质管理对控制建设工程勘察设计阶段的风险具有十分重要的作用。加强国家对建设工程勘察设计单位的资质管理，就是要加强国家对建设工程勘察设计单位的勘察设计资格和经营权的监督管理，同时还要加强对建设工程勘察设计从业人员的监督管理，以达到从源头上来保证建设工程勘察设计工作的质量，对建设工程勘察设计阶段的风险进行有效控制。

(2) 加强对施工图的审查。施工图审查，是指国务院建设行政主管部门和省、自治区、直辖市人民政府建设行政主管部门依法认定的设计审查机构，根据国家的法律、法规、技术标准与规范，对施工图进行结构安全和强制性标准、规范的执行情况等进行的独立审查。施工图审查主要是对建筑物的稳定性、安全性审查，包括地基基础和主体结构体系是否安全、可靠；是否符合消防、节能、环保、抗震、卫生、人防等有关强制性标准规范；施工图是否达到规定的深度要求；是否损害公众利益等进行审查。加强国家对施工图的审查有利于建设工程勘察设计工作质量的控制，防止建设工程质量事故的发生，也有助于建设工程勘察设计阶段风险的控制。

3.完善现行法律制度

当前，调整我国建设工程勘察设计活动的法律法规大多数是行政法规和地方性法规，行政规章甚至某些规范性文件事实上担当了调整建筑市场及其活动的制度功能。尽管调整我国建设工程勘察设计活动的法律规范数量繁多，但是这些法律规范的效力层级并不高，且过于繁杂和不成体系，这就使得各地关于建设工程勘察设计的规定可能存在不一致，这不利于建设工程勘察设计市场的统一，也不利于对建设工程勘察设计工作进行调整和规范，事实上，这也是导致建设工程勘察设计合同风险的重要原因之一。要有效控制建设工程勘察设计合同风险，便不能忽视这种现状。完善我国建设工程勘察设计法律规定，应该考虑整合现有的立法资源，制定一部专门的法律对建设工程勘察设计活动进行调整。这不仅有利于统一的建设工程勘察设计市场的形成，促进建设工程勘察设计事业的发展，也必将有利于建设工程勘察设计合同风险的控制。

（二）从微观上处理建设工程勘察设计合同风险

建设工程勘察设计合同风险所导致的损失最终需要合同当事人来承担，除从宏观上为有效控制建设工程勘察设计合同风险提供一个良好环境外，还要求当事人从微观上进行风险管理，在风险识别的基础上采用相应的风险处理措施。

1.建设工程勘察设计合同主体资质不合格的风险控制

建设工程勘察设计合同主体应当具备相应的资质，并在其资质等级许可的范围内承揽建设工程勘察设计业务，合同主体具备相应的资质是建设工程勘察设计合同有效的重要条件。如果建设工程勘察设计合同主体资质不合格，就可能引起法律纠纷，当事人将面临不利的法律后果。有风险因素，就可能有损失，建设工程勘察设计合同主体资质不合格也可能会带来损失。针对建设工程勘察设计合同主体资质不合格的风险因素，可以采取风险避免和损失控制这两种风险处理措施。

（1）风险避免。作为一种放弃或者拒绝承担风险的风险控制措施，风险避免是将建设工程勘察设计合同主体所面临合同风险的发生概率降低为零，这是一种回避损失发生可能性的行动方案。由于风险避免是通过拒签合同、撕毁合同等措施来达到风险控制的目的，所以，风险避免是一把双刃剑，它在避免建设工程合同风险所致，的损失的同时，也让建设工程勘察设计合同主体失去了营业收入，无法赚取利润。因此，风险避免是所有风险处理措施中最为消极的一种，只有在某种合同风险所导致损失概率和损失程度相当大的情况下才采用。

由于主体合格是建设工程勘察设计合同有效的重要条件，建设工程勘察设计合同主体不合格就会导致合同无效，损失概率和损失程度可能都非常大。因此，当事人可以通过采取风险避免措施，拒绝在主体资质不合格的条件下签订建设工程勘察设计合同。尽管采取这项措施使建设工程勘察设计主体丧失了承揽业务的机会，但是也使建设工程勘察设计合同主体因资质不合格而导致合同无效的风险从根本上消除了。

(2) 损失控制。建设工程勘察设计合同主体对其不愿意放弃也不愿意转移的风险，可以通过降低其损失发生的概率或减少损失程度来达到控制目的。作为一种更为积极的风险处理方法，损失控制包括损失预防和损失抑制。损失预防是指在损失发生前未消除或减少可能引起的损失的各项因素所采取的措施，属于事前控制。损失抑制是指当损失发生时或者发生后，采取一定措施减少损失发生范围或者损失程度的行为，属于事后控制。

(3) 损失预防。实务中，多是通过采取人们行为法和规章制度程序法来达到损失预防的目的，对于建设工程勘察设计合同主体资质不合格风险，也可以通过这两种方法来控制。采取人们行为法来控制建设工程勘察设计合同主体资质不合格风险就是要以人们的过失行为为预防损失的出发点，通过风险管理知识教育、操作规程培训等来控制损失。建设工程勘察设计合同是由人签订的，所以，要控制建设工程勘察设计合同主体资质不合格风险，首先就要提高人的风险管理知识，在订立合同过程中具备防范风险的意识。而采取规章制度程序法来控制建设工程勘察设计合同主体资质不合格风险，就是通过国家制定相应的规章制度以及发包人采用的资格预审措施来控制损失。

2.建设工程勘察设计合同招标投标不符合规定的风险控制

由于招标投标具有较强的竞争性和公平性，业已成为最普遍的建设工程合同订立方式，建设工程勘察设计合同基本上也是通过招标投标订立的，这就可能使一些建设工程勘察设计主体在竞争中失去了订立合同的机会。在经济利益的驱使下，一些单位就可能会不顾法律法规的规定，在招标投标过程中做出不当行为，这些不当行为可能就会影响到合同效力，引发相应风险。针对、一风险因素，可以采取损失控制方法中的损失预防和损失抑制措施。

（1）损失预防。通过损失预防来控制建设工程勘察设计合同招标投标不符合规定风险，主要是通过培养和提高当事人在招标投标过程中的风险管理意识、在建设工程招标投标程序中采用资格预审措施以及依靠相关的法律法规的规定来消除或者减少风险因素，以降低损失发生的概率。

（2）损失抑制。在控制建设工程勘察设计合同招标投标不符合规定风险过程中进行损失抑制，就是要采取一系列相关的措施，减少建设工程勘察设计合同招标投标不符合规定风险事故发生时或者是发生后的损失发生程度。一方面，在风险发生时，必须对其进行有效的切断，防止风险进一步蔓延。如果一旦发现招标投标过程中存在违法情形，可暂停合同的签订或者履行，以实现对风险的切断。另一方面，合同主体还要加强签证管理工作，及时固定有关证据。

3.建设工程勘察设计合同形式不符合规定的风险控制

建设工程勘察设计合同应当采用书面形式，即使是对工程勘察设计的变更，也应当采用书面形式加以确定，防止在发生争议后对于勘察设计质量、勘察设计费用缺乏可支持的依据。建设工程勘察设计合同双方按照法律规定采用合法的合同形式，其本身就是一种损失预防和损失抑制措施。所以，只要合同双方当事人按照法律规定采用合法的合同形式，就能有效地控制因建设工程勘察设计合同形式不符合规定而引发的风险。

4.建设工程勘察设计合同履行阶段的风险处理

建设工程勘察设计质量不合格的风险，是指因建设工程勘察设计工作质量不合格可能引起法律纠纷时，当事人所面临的法律责任，它是建设工程勘察设计合同最常见的风险之一。一旦建设工程勘察设计质量不合格，所导致的损失将可能十分巨大，因而控制建设工程勘察设计质量不合格的风险具有十分重要的现实意义。对质量不合格的建设工程勘察设计，可以采取损失控制和风险转移两种措施来进行处理。

（1）损失控制。损失控制主要包括损失预防和损失抑制两个方面。一方面，要加强质量教育和技能培训。建设工程勘察设计工作最终是由人来完成，他们的技术和素质是勘察设计工作质量优劣的一个重要因素，因此，通过质量教育或者相关的技能培训等方法强化职工的质量意识和技术水平，减少由于技术水准和质量意识不强而引发的建设工程勘察设计质量不合格风险的概率。另一方面，通过国家相关法律制度的设置以及发包人和承包人订立详细的建设工程勘察设计合同，约定质量责任承担的主体、客体、内容，通过制度和合同责任来约束当事人双方的行为来控制风险的发生。此外，建设工程勘察设计质量不合格的事件一旦发生，应当采取一系列相关措施以减少损失发生的程度。

（2）风险转移。在建设工程勘察设计主体自己不能承担或者不愿承担风险时，可以通过一定方式将风险转移给其他市场主体。按照受让人的不同，风险转移可以分为保险转移和非保险转移。作为市场经济中风险管理的重要手段，保险在建筑业中具有十分重要的作用，它不仅可以减少工程风险的不确定性，而且能够增强投保人抵御和承担风险的能力，因而，运用保险可以有效地转移建设工程勘察设计质量不合格的风险。

5.当事人迟延履行合同的风险控制

我国《合同法》第二百八十条规定："勘察、设计的质量不符合要求或者未按照期限提交勘察、设计文件拖延工期，造成发包人损失的，勘察、设计人应当继续完善勘察、设计，减收或者免收勘察、设计费并赔偿损失"。第二百八十五条规定："因发包人变更计划，提供的资料不准确，或者未按照期限提供必需的勘察、设计工作条件而造成勘察、设计的返工、停工或者修改设计，发包人应当按照勘察人、设计人实际消耗的工作量增付费用。"可见，当事人迟延履行建设工程勘察设计合同，可能引起损失的发生。

对此种风险的控制，可以从风险控制方法中的损失控制角度人手。一方面，采取损失预防措施，消除或减少风险因素，降低损失发生的概率。合同当事人严守合同，讲究信用，并在合同中明确约定迟延履行合同的责任以规范双方的行为，这些措施对于当事人迟延履行合同的风险控制具有重要意义。另一方面，采取损失抑制措施，减少风险事故发生时或者发生后损失发生的程度，这对控制当事人迟延履行合同的风险同样十分重要。例如，由于

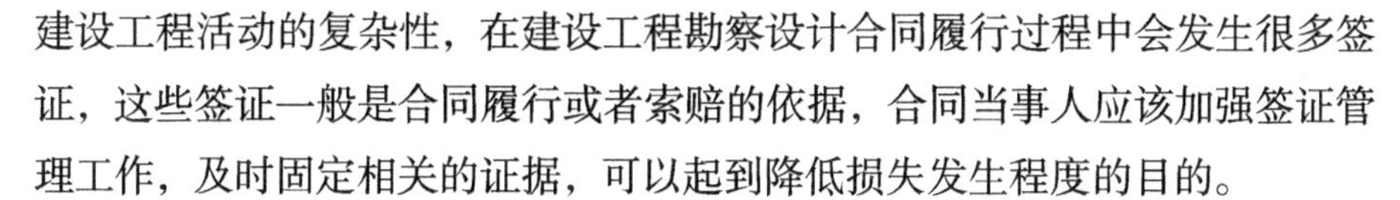

建设工程活动的复杂性，在建设工程勘察设计合同履行过程中会发生很多签证，这些签证一般是合同履行或者索赔的依据，合同当事人应该加强签证管理工作，及时固定相关的证据，可以起到降低损失发生程度的目的。

6.发包人拒付勘察设计费用的风险控制

发包人拒绝支付勘察设计费用，也是建设工程勘察设计合同中常见的风险因素。对此风险，可以通过损失控制的方法来实现控制发包人拒付勘察设计费用风险的目的。对于发包人拒付勘察设计费用的风险控制，损失抑制中的风险隔离措施是十分重要的切入点。风险隔离是损失抑制中经常采用的一种措施，其目的在于尽量减少风险管理单位对特殊资产或者个人的依赖性，以此来减少因个别资产或个人的缺陷而造成总体上的损失。工程担保就是一种风险隔离措施。由于工程担保减少了风险管理单位对特殊资产或者个人的依赖性，无疑是控制发包人拒付勘察设计费用风险的一个良策。

第二节 建设工程施工阶段的合同风险管理

一、建设工程施工阶段概述

（一）建设项目与建设工程施工

建设项目是施工企业的生产对象，它是指需要一定量的投资，经过决策和实施的一系列程序，在一定的约束条件下（限定资源、限定时间、限定质量）形成固定资产的一次性事业。建设项目具有如下特征。

1.单件性或一次性

这是建设项目的主要特征。因使用目的不同、针对人群不同以及其他客观和主观条件的差异，每个建设项目都有各自的特殊性，都要求进行特殊的管理，没有唯一的标准模式，也不可能重复。

2.目标特定

建设项目的目标包括建设成果目标和建设约束性目标。建设成果目标是指对建设项目的功能性要求，例如商业住宅的可居住性、桥梁道路的可通车性等。建设约束性目标是指项目的建设必须在一些限定条件下进行，例如一定的成本、限定的工期、合格的质量等都是对建设工程施工的约束性目标。

3.施工条件和范围限定

建设项目的施工，受其约束性目标的限制，其具体施工范围应当在约束性目标所限定的条件下进行，必须保障在限定的时间、限定的资源消耗、限定的质量条件下完成施工任务。

建设工程施工则是指建筑施工企业对建筑产品的生产过程。作为建筑产品的生产过程，建设工程施工主要包括以下两个阶段：①施工准备阶段。此阶段的基本任务，是掌握建设工程的特点和进度要求，摸清施工的客观条件，合理部署和使用施工力量，从法律文件、技术、物资、人力和组织等方面为建筑施工创造一切必要的条件。②具体施工阶段。这是指自开工到竣工的实施过程。此阶段的目的是完成合同规定的全部施工任务，达到验收、交工的条件。

（二）建工程监理制度

1.建设工程监理的概念

建设工程监理是指具有相应资质的监理单位受项目工程发包人的委托，依据国家有关法律法规以及经建设行政主管部门批准的工程项目建设文件、建设工程委托监理合同以及其他建设工程施工合同而对工程建设实施的专业化监督管理。建设工程实行监理的，发包人应当与监理人订立书面的建设工程委托监理合同。建设工程委托监理合同是建设单位和监理单位为完成建设工程监理任务，明确相互权利义务关系的协议。

建设工程监理与建设工程施工息息相关，对绝大多数建设工程施工而言，工程监理贯穿其整个过程。工程监理对于确保工程建设质量，提高工程建设水平，充分发挥投资效益，提高施工过程管理的科学性有着重要意义。

2.建设工程监理的主要内容

施工阶段的建设工程监理主要包括下列内容：①协助发包单位编写向各级建设行政主管部门申请开工的施工许可证；②确认承包单位选择的分包单位；③审查承包单位编制的施工组织设计；④审查承包单位施工过程中各

分部、分项工程的施工准备情况，下达开工指令；⑤审查承包单位的材料、设备采购清单；⑥检查工程使用的材料、构件、设备的规格和质量；⑦检查施工技术措施和安全防护措施的实施情况；⑧主持协商工程设计变更（超出委托权限的变更须报业主决定）；⑨督促履行工程承包合同，主持协商合同条款的变更，调解合同双方的争议，处理索赔事项；⑩检查工程进度和施工质量，验收分部分项工程量，签署工程付款凭证；⑥督促整理承包合同文件和技术档案资料；⑥组织工程竣工预验收，提出竣工验收报告；⑩核查工程结算。

3.建设工程监理中的法律关系

在建设工程监理过程中，监理单位、建设单位和施工单位三者之间形成特殊的法律关系。这些法律关系具有下列特点：①建设单位与监理单位、施工单位之间形成委托和被委托关系。通过招标或直接发包的方式，建设单位将建设任务委托给施工单位，由其负责完成项目工程。同时，建设单位通过与监理单位签订委托监理合同，将对工程建设的监督管理责任委托给监理单位来实施。②建设单位与监理单位、施工单位形成的是合同关系。建设单位与施工单位之间的权利义务通过《建设工程施工合同》来确立，其与监理单位之间的权利义务则通过《建设工程委托监理合同》来确立。但是，监理单位和施工单位之间是监理和被监理的关系，二者没有直接的合同关系。③建设单位、监理单位和施工单位之间是相互协作的关系。尽管各自的利益目标有所不同，但是达到最优的经济效益，有效地控制工程造价、工期和提高工程质量则是建设单位、监理单位和施工单位三者的共同目标。因此，无论是为了实现各自的利益目标还是为了实现共同目标，都离不开三者之间的相互协作。只有在互相配合下，才能实现各自追求的利益目标和共同目标。

4.监理工程师

作为进行建设工程施工监理的具体实施人员，监理工程师在建设工程施工中具有重要的地位。监理工程师在施工阶段一般简称为“工程师”，工程师不是施工合同的当事人，而是代表业主在施工现场进行合同管理，其职权在施工合同中有明确规定，因此是得到签约双方一致认可的。监理工程师是一种持证上岗的职务，应当具备由技术、经济、管理和法律等构成的综合性知识结构体系，经过全国统一考试获得一定的资质，并根据其资质监理相应的工程建设。

二、建设工程施工阶段的合同风险识别

建设工程施工风险是指在建设项目施工过程中发生损失的可能性。由于建设工程施工是一个延续性的过程，具有周期长、投资大、参与人多、组织管理复杂以及涉及社会关系多等特点，影响建设工程施工活动的因素很多。这些因素必然会带来众多不确定因素，由此而可能引发施工风险事故，造成风险损失。

(一) 施工现场管理风险

建设工程施工现场是指进行工业和民用项目的房屋建筑、土木工程、设备安装等施工活动时，经批准占用的施工场地。施工现场管理包括施工许可证管理、施工安全管理、文明施工管理和环境保护管理等。施工现场管理的效果将直接影响到工程建设能否顺利地进行，同时关系到施工场地周围居民的生活、生产经营能否正常进行。

1.施工许可证管理

对建筑工程实行施工许可证制度，是当前许多国家对建筑活动实施监督管理所采用的基本方法。我国《建筑法》第七条规定:“建筑工程开工以前，建设单位应当按照国家有关规定向工程所在地县级以上人民政府建设行政主管部门申请领取施工许可证。但是，国务院建设行政主管部门确定的限额以下的小型工程除外。按照国务院规定的权限和程序批准开工报告的建筑工程，不再领取施工许可证。”这项制度是指由依法或依授权的国家行政机关，在建设工程施工开始以前，依照相对人的申请，对该项工程是否符合法定的开工条件进行审查，对符合条件的申请人发放施工许可证，允许该工程开工建设的法律制度。建立建设工程施工许可证制度，使行政主管部门对其主管范围内的具体建设工程施工队伍的组成情况，施工工程的数量、规模能全面了解和掌握，使之能依法对具体工程进行监督和指导，保证建筑活动进行的合法性。

根据《建筑法》第八条的规定，申请领取施工许可证的建设单位，应当

具备下列条件：①已经办理了该建筑工程用地的批准手续；②城市规划区的建筑工程，已经依法取得了规划许可证；③需要拆迁的，其拆迁进度符合施工要求；④已经确定了建筑施工企业；⑤有满足施工需要的施工图及技术资料；⑥已经有保证质量和安全的具体措施；⑦建设资金已经落实；⑧符合法律、法规规定的其他条件。

实践中，施工许可证管理涉及的风险主要表现在以下三方面：

第一，未重新申请领取施工许可证。建筑工程在施工过程中，建设单位或施工单位发生变更的，应当重新申请领取施工许可证。但是，有些建设单位或施工单位在主体发生变更后，却不重新申请领取施工许可证，这就涉嫌违法施工。

第二，超过许可证的效力期限。我国《建筑法》第九条规定："建设单位应当自领取施工许可证之日起三个月内开工。因故不能按期开工的，应当向发证机关申请延期；延期以两次为限，每次不超过三个月。既不开工又不申请延期或者超过延期时限的，施工许可证自行废止。"可见，在允许延期的情况下，领取施工许可证后最迟9个月内要开工。如果超过9个月期满仍未开工的，该许可证即失去法律效力，建设单位应当重新申请领取施工许可证。还需注意的是，建设单位有申请许可证延期的权利，但是延期的申请是否获得批准，则依建设行政主管部门的认定为准。

第三，中止施工和恢复施工，未报告或重新办理施工许可证。我国《建筑法》第十条规定："在建的建筑工程因故中止施工的，建设单位应当自中止施工之日起一个月内，向发证机关报告，并按照规定做好建筑工程的维护管理工作。建筑工程恢复施工时，应当向发证机关报告；中止施工满一年的工程恢复施工前，建设单位应当报发证机关核验施工许可证。"第十一条又规定："按照国务院有关规定批准开工报告的建筑工程，因故不能按期开工或者中止施工的，应当及时向批准机关报告情况。因故不能按期开工超过六个月的，应当重新办理开工报告的批准手续。"由于建筑工程施工过程中存在多种不确定因素，如不可抗力、建筑工程安全事故、建筑工程质量事故等，这些不确定因素外显为一定事件时就会导致正在建设中的工程暂时停止施工。停止施工会导致建设成本增加、工人歇业期间安排等问题，因此，通过报告制度来加强建设行政主管部门采用对建设单位的管理是非常必要的。但是，基于事故的危害性，例如发生人身损害甚至死亡，为了逃避行政监督以及处罚，建设单位可能停工而不报告，这就可能造成其后施工的违法性。

2.施工安全管理

由于建设施工活动一般是在露天进行，容易受到自然条件的影响，而且施工活动很多时候是高空作业，加上某些用于施工活动的生产工具具有一定的危险性，例如易燃的建筑材料、工地需要的爆破物、大型机械等，因此施工的安全管理往往受到施工人、发包人和社会监督管理机构的首要重视。安全管理是通过对生产过程中涉及的计划组织、监控、调节和改进等一系列致力于满足生产安全所进行的管理活动。施工活动安全管理是一项大型的、系统性的、复杂的活动。它涉及大量组织机构和管理人员、大量的技术问题、大量的法律法规应用以及庞大的社会关系。由于建筑业是劳动密集型产业，安全生产不仅要求管理人员具有良好的素质和经验，还应具有相关的技能。总之，建设工程施工活动的安全管理难度大，任务重。

对建筑安全领域的风险进行识别在于了解和掌握建筑施工过程中的潜在危险。潜在危险是指能引起人员伤亡、设备损坏或财产损失等危害可能性的活动或物体，如在高处施工、使用梯子和脚手架、使用交通工具以及接触有害物质等。我国《建筑法》第三十九条就规定："建筑施工企业应当在施工现场采取维护安全、防范危险、预防火灾等措施；有条件的，应当对施工现场实行封闭管理。施工现场对毗邻的建筑物、构筑物和特殊作业环境可能造成损害的，建筑施工企业应当采取安全防护措施。"结合施工实践，施工安全管理主要包括下列内容：

第一，建筑施工企业应当在施工现场采取维护安全、防范危险、预防火灾等措施。这些措施包括：①施工设备的管理。施工设备应当按照施工总平面布置图规定的位置和线路设置，不得任意侵占场内道路。建筑施工企业的生产工具都是反复使用，如脚手架、井字架、安全网，其老化和磨损在所难免，这些工具在使用之前应当经过安全检查，经检查合格后方能使用，并且在使用期间要建立定期维修保养制度，减少危险发生的可能性。另外，施工单位还应监督施工设备操作的规章制度，要求施工设备操作人必须依法持证上岗，禁止无证人员操作，避免和减少因操作施工设备不当而造成人员事故。②爆破作业的管理。建筑施工内容需要进行爆破作业的，必须经上级主管部门审查同意，并在所在地县、市公安局申请《爆破物品使用许可证》，方可使用爆破物。进行爆破作业的时候，必须遵守爆破安全规程。③安全标志管理。施工现场井、坑、沟以及各种孔洞、易燃易爆场所，变压器周围，都要设置围栏、盖板和安全标志，夜间要设红灯示警，并对这些警示标志指派专人管理，未经施工负责人批准，对警示标志不得擅自移动和拆除。④施工用电管理。在建筑施工过程中，电力是不可或缺的同时也是具有极大危险性的。施工现场的用电线路、用电设施的安装和使用必须符合安装规范和安全操作规程，并按照施工组织设计进行架设。对夜间照明、潮湿场所照明和手持照明，应当采取符合安全要求的电压并采用合格的操作人员。有些建筑工程施工需要架设1临时电网，施工单位应当向有关部门提出申请，经批准后在具有专业知识的技术人员的指导下进行安装，并对这些设施，特别是危险性较大的电网等指派专人进行管理，以保障活动安全地进行。⑤卫生管理。混凝土搅拌站、木工车间、沥青加工点及喷漆作业场所都要采取限制尘毒措施，使尘毒浓度达到国家限制标准。施工现场还应当设置各类必要的职工生活设施，并保障其膳食、饮水的卫生。在不同的季节、气候要采取相应的应对措施，如夏季要防暑降温、冬季要防寒防冻、雨季要防水或做好抢险准备等，使得职工能够健康安全地工作。⑥建筑材料管理。对建筑材料应当分类堆放，对存放易燃易爆器材的场所应当建立好防火管理制度，配备足够的防火设施和灭火器材，严格遵守我国《消防法》的有关规定。⑦安全保卫管理。由于建筑施工是露天作业，参与人员众多，身份混杂，有些建筑材料和施工设备价值很高，因此应当做好现场安全保卫工作，例如采取必要的防盗措施、在现场周边设立防护设施等。对参与施工的人员应当发放相关证件，以便施工场地出入管理。

第二，在有条件的情况下实行施工现场封闭管理。封闭式管理的主要功能在于防止“扰民”和“民扰”。一方面，对在建的建筑物要用密目式安全网围栏。采用密目式安全网，既可以保护作业人员的安全，又可以防止高空坠物致他人损害，同时还可以减少扬尘外泄。另一方面，在施工现场四周设置围栏，可以防止无关人员出入。

第三，施工现场对毗邻的建筑物、构筑物和特殊作业环境可能造成损害的，施工企业应当采取安全防范措施。

3.文明施工管理

所谓文明施工，主要是指在施工过程中对地下管线的保护。我国《建筑法》第四十条规定："建设单位应当向建筑施工企业提供与施工现场相关的地下管线资料，建筑施工企业应当采取措施加以保护。"所谓地下管线，是指埋置于地下的用于供电、通讯、排水、供气等的管道和线路。地下管线是保障市民基本生活需要的必备条件，也是城市发展的基础。建设工程施工活动中，特别是在进行地基基础工程建设时，很容易造成地下管线的损害。如果施工单位在施工过程中造成地下管线损害的，就可能造成施工中止和承担赔偿责任。

4.环境保护管理

建设工程施工过程中，极易造成环境污染，例如泥浆水排放时的水污染、沥青使用时的空气污染、机械设备使用时的噪音污染等。对建设工程施工进行环境管理，不仅是为了追求社会效益，符合环境的良性和持续性发展，同时也是施工中风险管理的一个重要方面。

第一，环保设施的管理。环境保护设施的建设和使用，是建设工程施工环境保护的核心，它关系到环境保护检查工作、环境保护的具体措施以及对整个施工环境保护评价的落实。对环境保护设施的施工应当与主体工程同步进行，而且建设单位应当对环境保护设施的建设过程和更新过程等情况纳入档案管理，以便行政部门的监督检查，同时也可以起到风险防避的作用。

第二，环境保护措施的管理。根据建设部发布的《建设工程施工现场管理规定》，建设工程施工企业采取的现场施工环境保护的措施主要有：①妥善处理泥浆水及其废水，未经处理不得直接排入河流或城市排水设施；②除设有符合规定的装置外，不得在施工现场熔融沥青或者焚烧油毡、油漆以及其他会产生有毒有害烟尘和恶臭气体的物质；③使用密封式的圈筒或者采取其他措施处理高空抛弃物；④采取有效措施控制施工过程中的扬尘；⑤禁止将有毒有害废弃物用作土方回填；⑥对产生噪声、振动的施工机械，应采取有效的控制措施，减轻噪声扰民。

（二）项目管理风险

随着工程建设项目向大型化和复杂化发展，工程项目管理在项目建设中起到越来越重要的作用。因此，工程项目的风险管理也成为一个日趋关注的课题。项目管理工作涉及设计准备阶段、设计阶段、动工前的准备阶段和保修期，但是主要是在施工阶段进行的。建设工程质量控制、进度控制和成本控制被称为项目管理的三大目标，项目管理风险也可以从这三方面来分析。

1.质量控制

工程质量有广义和狭义两个方面的含义。狭义的工程质量是指工程是否符合法律规定及合同约定的对建设工程的适用、安全、经济、美观等各项特性要求的总和。这一概念所强调的是工程的实体质量，比如工程主体结构是否符合国家强制性标准，地基是否达到规定的深度和强度，通风、采光、给排水是否合理等方面。而广义的工程质量，不但包含工程实体质量，而且还包括形成实体质量的工作质量，即为完成工程实体各个环节的工作质量。工作质量的好坏直接决定着工程实体质量的好坏，换言之，工程实体质量好坏是勘察、设计、施工、监理等单位各个环节工作质量的综合体现。

引起质量风险的因素在施工阶段有很多，可以概括为人、机械、材料、方法和环境五个方面。

（1）人的风险因素。主要涉及建筑施工企业项目经理和监理工程师。项目经理是指受建筑施工企业法定代表人的委托，对工程项目施工过程全面负责的项目管理者，要保证高质量地完成工程项目，项目经理应当具备良好的职业道德，遵纪守法。同时，项目经理应当具备良好的业务素质，有丰富的施工管理经验、专业的技术知识、合格的组织指挥能力和应变能力。实践中，建设工程施工过程中的质量事故往往与项目经理和监理工程师的管理经验密切相关。

（2）材料的风险因素。建筑材料是工程施工的物质条件，材料的质量是工程质量的基础，材料质量不符合标准的，工程质量也不可能符合标准。除了主观的人的因素造成采用质量不合格的建筑材料导致风险发生之外，建筑施工工序多、投入的建筑材料量大、对其进行全面控制具有相当难度则是风险发生的客观因素。事实上，对建筑材料的质量很难以做到全面检查，采取抽检方式必然导致材料质量的漏检，客观上会埋下了风险隐患。

（3）机械设备的风险因素。建筑施工使用的机械设备的风险因素是多方面的。从设备的购买、设备的检查验收、设备的安装、设备的试运转、设备的养护以及设备的使用等一系列过程中都可能产生风险。其中最主要的是机械设备的使用。使用者不服从管理、不按照操作程序以及操作熟练程度不够，都是机械设备风险发生、导致质量或安全事故的主要因素。

(4) 施工方法的风险因素。施工方法包括了项目施工过程中参与者的管理思路、施工方案、施工组织方式等。在整个施工过程中，施工方法的正确与否，是直接影响到施工项目进度控制、质量控制和成本控制这三大目标是否能够顺利实现的关键。施工组织协调的力度不够，施工方案考虑不周往往会导致施工进度拖延，影响工程质量进而增加了工程成本。

(5) 环境风险因素。由于建筑工程施工大量的是露天作业，不少工程是在自然条件相当恶劣的条件进行施工的，例如高原公路。加之，不少建筑材料对自然条件都有一定程度的要求，因此必须根据施工时所处的自然条件对所用的材料进行相应的护理措施，保证其质量的可靠性，不对项目整体质量造成负面影响。

总之，建设工程施工过程中的质量控制是在严格遵守施工工序的基础上，从人、机械、材料、方法和环境这五大基本风险因素人手，使它们处于被有效的控制状态中，从而减少风险的发生，确保施工质量。

2.进度控制

建设工程施工阶段的进度控制是将该阶段的工作内容、工作程序、持续时间和衔接关系编制计划，将该计划付诸实施；在实施过程中经常检查实际进度是否按计划要求进行，对出现的偏差分析原因，采取补救措施或调整、修改原计划，直至工程竣工，交付使用。进行进度控制的目标是降低、消灭施工工期拖延的可能性，确保项目施工进度目标的实现。在施工过程中，由于各种风险因素的影响，使得工程施工在某个阶段或者某个环节的实际进度与计划进度出现偏差。

在工程施工过程中，对实际进度产生影响的因素纷繁复杂，可能来自各个方面，如人的因素、方法因素、机械设备因素、材料因素、环境因素等。其中，人的因素是首要因素。人是进度的实施者，工程建设、工程施工过程实质上就是一个人的组织、人的管理、人的协调和人的操作过程，因而人的因素也是导致进度失控的主要原因。尽管因人的因素而导致进度失控的表现方式多种多样，但是主要表现为以下几种：①业主单位人为地压缩工期。人为地压缩工期在市政工程上表现得尤为突出。市政工程往往同官员的政绩联系在一起，业主单位为了给“某某节”献礼，经常盲目追求进度，导致施工进度失控。②监理工程师对进度监督滞后。有些监理工程师认为施工单位应当积极加强进度控制，主动采取措施控制工期。在这种认知下，监理工程师往往就处于被动状态，放松了自身对进度的控制，埋下进度控制的风险。此外，目前我国监理工程师进行进度控制的手段在总体上呈现单一化的特点，基本上凭工程经验进行事先预测和事后纠偏，真正利用计算机软件和其他高科技手段进行进度控制的并不多。因此，监理工程师在进行进度控制时，难以抓住关键问题及时地调整施工程序及相应的工期。③对项目的特点及实现的条件估计错误。例如，低估项目技术上的困难、设计与施工实现上的差异、物资供应的条件以及市场价格的变化等。④设计的变更。在项目施工过程中，经常遇到业主要求对项目进行修改，而设计方往往也因业主要求的变化或施工技术、施工环境的变化而对设计进行变更。设计的变更往往会影响工程量从而造成施工进度的变化。

除人的因素外，机械和材料是进度实施的载体和工具，机械设备的损害，材料供给的不及时或质量的不合格，都会造成工期的拖延。作为工程建设的手段，施工所采用的方法（技术方案、施工程序、组织措施等）将直接影响到进度控制。环境因素，也就是自然条件因素，它对进度控制的影响主要表现在当出现恶劣的施工环境的时候，如40度以上的高温，出于对人身健康的保护，施工将不得不中止，进而影响到施工进度控制。此外，一些不可预见的事件，例如施工过程中发现文物或者重大工程事故，这些都是施工进度控制风险发生的诱发因素。

3.成本控制

建设工程施工阶段的成本控制是指在工程施工阶段，通过适当的技术和管理手段，对施工过程中所消耗的生产资料、劳动力及其他费用开支进行计划、监督和调节，把项目投资支出控制在总投资限额以内，努力降低工程造价，保证企业最大经济效益和社会效益的实现。

在施工阶段造成成本失控的原因主要在于：①施工合同存在缺陷和施工索赔过多，以及工程结构的变化、工程装修档次的变化等工程设计的变更造成工程停工、窝工和返工以及索赔等。②监理工程师监管不严，项目经理管理水平不高，造成工程施工顺序混乱，工程量估算不准确，施工材料购买价格超出市场行情等，因而额外增加了工程造价。

成本控制、质量控制和进度控制三者相互联系，在风险因素上也多有重合。质量控制和进度控制的失控将直接导致成本控制风险的发生，反之亦然。引起质量控制风险的缘由一般也是成本控制和进度控制风险的缘由，例如设计变更、安全事故的发生。对三者的风险应当联系性、整体性地进行分析。

(三) 施工法律风险

施工阶段涉及的风险非常广泛。除了从管理学的角度进行风险识别外，还可以从法律角度对施工阶段的风险进行识别。

1.建筑物施工相邻关系

相邻关系，相邻关系也称不动产相邻关系。它是指不动产相互毗邻的各所有权人或使用权人，在行使不动产所有权或使用权时，因相互间应当给予对方方便或者接受限制而发生的权利义务关系。例如，相邻各方行使权利时应当注意防止对相邻他方的损害，低地相邻一方应当允许高地相邻他方通过其土地排放积水，相邻他方应当在法律规定的范围内允许相邻一方使用其土地，相邻各方在建房或者设置地下管线、分界墙、分界沟以及种植植物时应当依法处理好相互间的关系。民法作为权利法，学说上因此又称相邻关系所产生的权利为“相邻权”。我国《民法通则》第八十三条明确规定：“不动产的相邻各方，应当按照有利生产、方便生活、团结互助、公平合理的精神，正确处理截水、排水、通行、通风、采光等方面的相邻关系。给相邻方造成妨碍或者损失的，应当停止侵害，排除妨碍，赔偿损失。”我国《物权法》第八十四条也规定：“不动产的相邻权利人应当按照有利生产、方便生活、团结互助、公平合理的原则，正确处理相邻关系。”

建筑物相邻关系是不动产相邻关系最重要的表现形式，而建筑物施工相邻关系则是相邻关系在建设工程施工过程中的具体表现，由建筑物施工相邻关系所形成的权利可称为建筑物施工相邻权。建筑物施工相邻权具有如下的特点：①建筑物施工相邻权是对相邻不动产所有权的限制或延伸，属自物权性质；②建筑物施工相邻权系法律直接规定的权利，其内容由法律直接规定；③建筑物施工相邻权依法发生在毗邻的不动产所有权人或使用人之间，既包括土地相邻关系，也包括建筑物的相邻关系；④建筑物施工相邻权的内容，包括相邻各方流水、排水、危害和危险的排除，以及道路通行、采光、通风、噪音、震动等多方面的关系。

根据建筑物施工相邻关系的内容，结合工程实践，建筑物施工过程中的法律风险主要表现为建筑施工的侵权责任。

第一，越界建筑。越界建筑有着两层含义：①作动词讲，即在建筑施工时超越了规划审批的地基红线。侵占了他人的土地使用权；②作名词讲，即建筑的外沿投影超出原建筑地基审批红线宽度或高度超过审批限度的建筑。事实上，后者是前者的结果状态。依照法律规定，由于越界建筑侵犯了他人的土地使用权，应当恢复原状或者赔偿损失。由于建筑物本身的特性，在建造过程中如果被侵害人提出异议，可以恢复原状。但是，在建筑施工完成后，如果进行拆除而恢复土地原状必然造成更大经济损失的话，实践中一般采用赔偿损失的方式予以弥补。

第二，环境污染。在建筑施工过程中，有关单位应当进行环境管理，注重保护环境，防止污染，对废水、扬尘、噪声、建筑垃圾物等污染源进行有效的管理。在现实生活中，建筑施工，特别是夜间施工所产生的噪声是引起侵权责任的主要原因。

随着我国经济建设步伐的加快，建筑业作为我国的支柱型产业呈现出一片繁荣景象，但是建筑施工所产生的噪声也成为城市污染的一个重要方面。为此，我国法律对建筑施工噪声污染防治给予了高度重视。例如，我国《民法通则》第一百二十四条规定："违反国家关于保护环境防止污染的规定，污染环境造成他人损害的，应当承担民事责任。"《环境噪声污染防治法》第二十九条也规定："城市市区范围内，建筑施工过程中使用机械设备，可能产生环境噪声污染的，施工单位必须在工程开工十五日以前向工程所在地县级以上地方人民政府环境保护行政主管部门申报该工程的项目名称、施工场所和期限、可能产生的环境噪声值以及所采取的环境噪声污染防治措施的情况。"第三十条还规定："在城市市区噪声敏感建筑物集中区域内，禁止夜间进行产生环境噪声污染的建筑施工作业，但抢修、抢险作业和因生产工艺上要求或者特殊需要必须连续作业的除外。因特殊需要必须连续作业的，必须有县级以上人民政府或者其有关主管部门的证明。前款规定的夜间作业，必须公告附近居民。”

环境污染属于特殊的侵权行为，它适用无过错责任原则。所谓无过错责任，是指当损害发生以后，既不考虑加害人主观上是否存在过错，也不考虑受害人主观上是否存在过错的一种法定责任形式，只要有损害发生就应补偿受害人所遭受的损失。无过错责任原则只适用于法律有特别规定的情形。如果引起环境污染的原因是由于不可抗力事件引起的，可以免除加害人的民事责任。我国《环境保护法》第四十一条就规定：“完全由于不可抗拒的自然灾害，并经及时采取合理措施，仍然不能避免造成环境污染损害的，免予承担责任。”

第三，高度危险作业。高度危险作业侵权责任也是一种特殊的侵权责任，民法上称为物件致人损害的责任。高度危险作业是危险性工业的法律用语，是指在现有的技术条件下，人们还不能完全控制自然力量和某些物质属性，虽然以极其谨慎的态度经营，但仍然有很大的可能造成人们的生命、健康以及财产损害的危险性作业。在建设工程施工过程中，由于大量存在着高空作业，尽管施工人员以极其谨慎的态度进行作业，但是由于技术条件的限制、自然环境的变化等因素，由高空作业而致人损害的风险依然存在。

根据通说，高度危险作业致害损害也适用无过错责任。我国《民法通则》第一百二十三条就规定：“从事高空、高压、易燃、易爆、剧毒、放射性、高速运输等对周围环境有高度危险的作业造成他人损害的，应当承担民事责任；如果能够证明损害是由受害人故意造成的，不承担民事责任。”可见，除不可抗力事件外，受害人故意也是高度危险作业致害损害的免责事由。需要说明的是，高度危险作业致害损害是指对周围环境的致害，即对他人致害，而不是对自己致害。因此，在建设工程施工过程中，高空危险作业致施工人员自身损害的，其民事赔偿关系尽管也成立，但是这种赔偿关系不是特殊侵权责任，而是劳动保险赔偿责任，应当依据劳动保险法律规定进行索赔。

第四，地面施工作业。地面施工作业侵权责任也是一种特殊侵权责任。地面施工致害发生的原因通常是由于施工人违反了对他人应当尽到的注意义务所造成的。换言之，施工人在施工过程中，应当注意到他人的安全，为了使他人不因施工而遭受不合理的损害，施工人应当采取必要的安全保护措施。

地面施工致害责任适用过错推定原则。所谓过错推定原则，是指如果受害人能够证明其所受的损害是由加害人所致，而加害人不能证明自己没有过错，则应推定加害人有过错并应承担民事责任。过错推定原则本质上仍然属于过错责任原则，只是认定过错的方法上有所不同而已。我国《民法通则》第一百二十五条规定："在公共场合、道路或者通道上挖坑、修缮安装地下设施等，没有设置明显标志和采取安全措施造成他人损害的，施工方应当承担民事责任。"地面施工致害责任的免责，除施工人证明自己没有过错可以免责外，在不可抗力、受害人故意等一般免责条件下也是可以免责的。

第五，其他侵权形式。从事建筑施工的土地使用权人在其土地上进行挖掘、修建建筑物或其他施工作业时，如果危及相邻他方的土地或建筑物的正常使用和人身安全时，相邻他方享有请求其排除危险、恢复原状及赔偿损失的权利。在这里，他方的土地和建筑物不仅包括地表及地表以上部分，还应当包括地表以下一定范围的空间。在现实生活中，此类的侵权行为相当的普遍。究其原因，主要有以下三方面因素：①施工方存在过错，施工方式不正确甚至野蛮施工导致相邻他方遭受危害，如过量抽取地下水导致他方房屋下陷；②相邻他方存在过错，虽然施工方合理地进行施工，但是相邻他方擅自改变自有建筑物的结构，从而导致面临危险损害；③自然原因，如风、雨、雪等自然灾害。

2.合同的变更、转让与终止

合同变更是在合同没有履行或者没有全部履行之前，当事人对合同约定的权利义务进行局部调整，通常表现为对合同某些条款的修改和补充，包括标的的数量和质量的变更、价款和报酬的变更、履行期限、地点及方式的变更等。合同变更的法律效力主要体现在以下三方面：①当事人应当按照变更后的合同内容进行履行；②合同变更只对合同未履行的部分有效，对已履行的合同内容不发生法律效力，即合同的变更没有溯及力；③合同变更不影响当事人请求赔偿损失的权利。

建设工程施工合同的变更有广义和狭义之分。狭义的变更是指建设工程施工合同内容的变更，即在主体不变的情况下，对建设工程施工合同某些条款进行修改和补充。广义的变更是指除包括建设工程施工合同内容的变更外，还包括建设工程施工合同主体的变更，即由新的主体取代原建设工程施工合同的某一主体，这实质上是建设工程施工合同的转让。从我国现行《合同法》的规定看，建设工程施工合同的变更是指狭义的建设工程施工合同变更，即建设工程施工合同内容的变更。建设工程施工，尤其是大型的建设工程施工，由于工程量大、工期长、不可预见的因素较多，常常发生一些与合同文件内容不一致的情况，这就需要对原合同进行修订或调整，就可能引起合同变更风险的发生。

按照提出变更的主体不同，可分为设计单位提出设计变更、施工单位提出工程变更和业主提出工程变更，这些变更各自呈现出不同特点。

第一，设计变更。勘察设计单位应当在施工前进行施工图的交底，施工单位按照设计图纸施工。但是，施工过程中往往会遇见许多设计者想不到的问题，或者当设计单位发现设计存在疏漏时，需要对设计进行修改变更。

第二，施工单位提出工程变更。主要有以下几种情况：①不可抗力。这是指由于自然因素导致施工现场条件发生变化。有些工程施工受自然条件的影响很大，如水利施工。对这类建筑施工。无论是承包商还是业主都不可能完全掌握施工中面临的环境改变。例如，施工中地下水位上升造成排水困难，或者岩石地基突然出现碎裂带等。这些问题常常和合同约定的条件有实质性区别，因此往往需要补充合同条款、变更工程并增加相应的工程施工费用。②施工单位提出技术修改。在施工过程中，在不修改图纸的情况下，施工单位对某些建筑材料的使用提出变动，如采暖用的铝塑管改为 PP—R 管。③情势变更。情势变更是指在建设工程施工合同成立后，因不可归咎于当事人的原因，发生了非当事人所能预见的、作为订立合同基础的客观情况发生根本性变化，如果按照原合同履行会显失公平，则允许解除建设工程施工合同。例如，当建筑材料价格大幅度上涨时。市场又出现了新的能够代替合同中约定采用的建筑材料和建筑方式，为了控制成本施工单位往往会提出对合同进行变更。

第三，建设单位（业主）提出工程变更。工程施工过程中，业主为了加快工程进度、提高使用功能、降低工程造价或自己需要的其他原因，对原设计图纸、使用材料或具体施工步骤进行了调整，此时也需要对合同内容进行变更。

建设工程施工合同变更风险主要表现在以下两方面：

一方面，口头变更未经过书面形式确认。口头变更是工程施工过程中十分常见的一种现象。为了应对施工现场的突发性事件以及一些其他不能及时订立书面变更协议的情况，工程师往往采用口头形式对变更内容予以确定。一般而言，工程师应当在口头变更后及时予以书面确认，承包商对未及时给予书面确认的，应当向工程师提出书面确认要求。但是，在工程施工实践中，迫于业主的压力，很多情况下监理工程师可能会否认曾经发布的口头变更指令，由此产生了纠纷。

另一方面，变更未遵守法定的形式。合同自由是合同法的基本原则，同样适用于建设工程施工合同的协议变更领域。但是，并不是说国家对当事人变更建设工程施工合同不进行任何干预。依我国现行《合同法》的规定，对于一些特定的建设工程施工合同，依照法律规定应当履行批准手续或者登记手续的，当事人在达成建设工程施工合同变更协议后应到相应的部门办理批准、登记手续，否则，不发生变更建设工程施工合同的预期法律效果。例如，我国《建设工程质量管理条例》中规定，施工图设计文件未经审查批准不得使用；《建设工程勘察设计条例》中规定，建设工程勘察、设计文件内容需作重大修改的，建设单位应当报原审批机关批准后才可修改。按照我国《合同法》第二百七十三条的规定，国家重大建设工程施工合同，应当按照国家规定的程序和国家批准的投资计划、可行性研究报告等文件订立。据此，国家重大建设工程施工合同的变更，若涉及内容的重大变化，如规模的扩大、工期的变化、质量标准的改变等，都必须按订立合同的程序进行审批后方可变更。因此，未遵守法定形式而进行的合同变更，可能会导致变更行为无效而引起合同当事人双方的纠纷。

建设工程施工合同转让是指在不变更合同内容的前提下，将建设工程施工合同规定的权利、义务或者权利义务一并转让给第三方，由受让方承担建设工程施工合同的权利和义务。习惯上，也将建设工程施工合同转让称为建设工程施工合同主体的变更。建设工程施工合同转让体现了债权债务关系是动态的财产关系这一特性。建设工程施工合同转让必须以建设工程施工合同有效为前提，否则，建设工程施工合同转让就没有合法的依据。实践中，合同主体变更容易引起系列法律风险，例如有些企业通过合同主体的变更、注销来达到逃避合同义务的目的，对此合同当事人应当给于足够的重视。

建设工程施工合同的终止，也称建设工程施工合同的消灭，是建设工程施工合同权利义务终止的简称。它是指由于发生一定的事由导致建设工程施工合同的效力归于消灭，合同双方当事人之间的法律关系不复存在，当事人根据该建设工程施工合同而享有的权利和应承担的义务也归于消灭。建设工程施工合同的终止不同于建设工程施工合同的变更和转让。建设工程施工合同的变更是指对建设工程施工合同的补充和修改，而建设工程施工合同的转让是指建设工程施工合同主体的变化，无论是变更还是转让，建设工程施工合同的法律关系却依然存在。而建设工程施工合同的终止，则是消灭了建设工程施工合同法律关系，也即是合同权利和义务终止。实践中，建设工程施工合同施工阶段合同终止的主要缘于合同的解除。建设工程施工合同的解除，是指在建设工程施工合同依法成立后，尚未履行或者未全部履行前，当事人基于协商、法律规定或者约定事由的出现，使合同终止及合同的权利义务关系归于消灭的一种行为。施工阶段解除合同往往会给当事人造成巨大的经济损失，而引起此阶段合同解除风险发生的原因主要有下列因素：

第一，不可抗力。不可抗力是指不能预见、不能避免并且不能克服的客观情况。一般包括自然原因和社会原因，前者如洪水、台风、地震、火灾、旱灾、海啸等；后者如战争、禁运、封锁、暴乱、军事政变等。由于不可抗力致使建设工程施工合同目的不能实现的，允许解除建设工程施工合同。以上所有现象均是当事人意志以外的原因引起的，当事人尽管尽了最大努力，也是不能预见、不能避免并且不能克服的。换言之，不可抗力事件的发生，并非是由当事人的过错造成的。因此，如果由于不可抗力的原因导致合同目的不能实现的，应当允许解除合同。建设工程施工合同属于继续性合同，其履行周期长，履行过程受自然环境、社会环境的影响也特别大，在合同履行过程中出现一些不可抗力的事件是极为可能的。因此，必须严格把握不可抗力事件与合同目的能否实现之间的关系，才能正确地适用合同法定解除的这一条件。

第二，情势变更。情势变更是指在建设工程施工合同成立后，因不可归咎于当事人的原因，发生了非当事人所能预见的作为订立合同基础的客观情况的根本性变化，按照原建设工程施工合同履行会显失公平，允许解除建设工程施工合同。构成情势变更必须符合有情势变更、情势变更的发生不可归咎于合同当事人、情势变更有不可预见性、如维持建设工程施工合同的原有效力会显失公平这几项条件。导致发生情势变更从而影响建设工程施工合同的原因主要有以下方面：①市场经济的本质和市场交易本身所固有的风险；②物价大幅度上升或下降；③国家经济政策的变化和对经济的调整；④国家的各种经济行政管理措施；⑤国际市场发生大的变化；⑥外国货币汇率的大幅度贬值或升值。

第三,一方违约。在下列情况下，守约方有权解除建设工程施工合同：在合同履行期限届满之前，一方当事人明确表示或者以自己的行为表明不履行主要义务的；当事人一方迟延履行主要债务，经催告后在合理期限内仍未履行，另一方当事人可以解除合同；当事人一方迟延履行债务或者有其他违约行为致使合同目的不能实现的，另一方当事人可以解除合同。

国家取消基本建设计划的。凡是根据国家基本建设计划签订合同的，国家基本建设计划取消时，合同即因丧失履行或者继续履行的基础而解除。

此外，当事人对合同终止后的风险因素也应当有充分认识，这些风险主要来源于：①建设工程施工合同终止后，双方当事人的权利义务从实际履行的角度上讲归于消灭，但是双方的权利义务关系特别是债务关系却并未因此而全部了结，建设工程施工合同的有些条款也并不因此自然失效，如索赔要款、清理或结算条款、解决争议条款等。②债务人向债权人履行债务后，应当向债权人索取债务已经清偿的书面证明，例如收款收据，否则对债务人而言显然存在潜在的法律风险。③合同权利义务终止后，并不等于所有的义务都归于消灭。我国《合同法》第九十二条就规定："合同当事人应当遵循诚实信用原则，根据交易习惯履行通知、协助、保密等附随义务"。例如，承包人在承建工程过程中使用了本公司未被他人所知晓的先进施工技术，发包人因合同关系及工作上的便利了解到了该技术，那么发包人则负有保守该技术秘密的义务，否则依法应当承担赔偿责任。

3.建设工程施工合同的解释

建设工程施工合同的解释是对有争议的合同内容的理解和确认。在工程实践中，订立完美无缺的建设工程施工合同还只是一种理想，因此建设工程施工合同中可能存在缺憾。这种缺憾主要是因为：语言习惯造成意思表示的差异；语言环境造成对建设工程施工合同内容理解不一致；当事人的表示力和受领力造成对意思表示的意义理解不一致；建设工程施工合同的内容具有局限性，不可能把一切内容都表达出来，建设工程施工合同中总存在默示条款；当事人在订立建设工程施工合同时，未能将所有的条款确定下来，某些条款暂付阙如，保留一些内容留待以后协商解决，协商不成时，须进行补充性解释。这些缺憾会导致争议，在争议不能通过合同当事人协商达成协议时，就必然涉及到对建设工程施工合同的解释问题。建设工程施工合同解释的主体是解决争议的人民法院或仲裁机构，建设工程施工合同解释的客体是有关文字、口头语言和行为。

进行合同解释时，当事人将有争议的合同内容提交第三方，第三人按照一定的规则对合同进行解释。合同解释的风险因素主要有：第三方如何确定当事人的意图；不同解释规则导致解释结构的冲突时，应当采取哪一种解释规则；含糊不明的合同条款，是根据合同规定的解释规则进行解释，还是根据当事人意图解释。

三、建设工程施工阶段的合同风险处理

（一）充分行使施工合同当事人的法定权利

没有任何风险因素的建设工程施工合同是不存在的，风险因素的存在就意味着损失发生的可能性。虽然依法成立并有效的建设工程施工合同应该得到诚实履行，但是，如果依约履行合同将明显地导致损失发生和扩大或者不能实现合同目的，要求当事人履行合同义务则有违公平正义的私法理念。为贯彻和维护公平正义的私法理念，法律赋予诚实善意的合同当事人以某些法定权利。这些法定权利的行使将有效地维护善意当事人的合法权利，同时，也免除了当事人在正常情况下应当承担的合同责任。所以，在出现特定的情形时，建设工程施工合同当事人应当敢于运用法律赋予的权利以降低损失发生的概率或减轻损失发生的程度。在建设工程施工过程中，法律赋予当

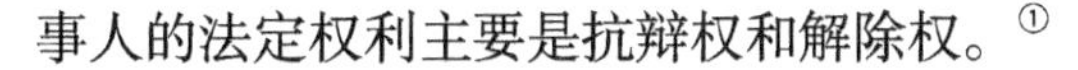

事人的法定权利主要是抗辩权和解除权。[①]

1. 同时履行抗辩权

同时履行抗辩权又称不履行抗辩权，是指建设工程施工合同当事人一方于他方未为对待给付时，自己可以拒绝给付的权利。设立同时履行抗辩权的目的在于授权当事人一方以不履行义务对抗对方所提出的履行或承担违约责任的请求，其本质在于维护建设工程施工合同的公平和安全。例如，甲乙双方约定甲方有给付工程材料款的义务，乙方有提供符合合同要求的工程材料的义务，但没有约定谁先给付。因此，甲方在乙方未提供材料之前可以拒绝支付货款，乙方在甲方未支付货款之前也可以拒绝提供材料。

同时履行抗辩权属于延期抗辩权而非永久抗辩权，因此其效力仅在于暂时阻止对方当事人请求权的行使。当对方当事人完全履行了合同债务，同时履行抗辩权即行消灭，当事人应当履行自己的债务。当事人行使同时履行抗辩权致使合同迟延履行，迟延履行的责任也由对方当事人承担。行使同时履行抗辩权须具备一定条件：须双方当事人的债务因同一建设工程施工合同而发生；须两项给付没有先后顺序；须双方当事人互负的债务履行期均已届满；须对方当事人未履行债务或未按约定履行债务；须对方的对待给付尚属可能。

2. 先履行抗辩权

先履行抗辩权是指当事人互负有先后履行顺序的债务，先履行一方未履行之前，后履行一方有权拒绝其履行请求；先履行一方履行不适当的，后履行一方有权拒绝其相应的履行请求。先履行抗辩权制度为我国《合同法》首创，是我国《合同法》的一大贡献。先履行抗辩权的成立不以合同的对待给付为限。只要一方的履行是另一方履行的先决条件，后履行者就可以行使先履行抗辩权，因此，在互为对价的两项债务中，负有先履行义务的一方不履行，另一方便可成立先履行抗辩权。例如，甲乙双方约定由乙方承建一项室内装饰工程，甲方按照工程进度分期给付工程款，最后一期工程款在乙方完工经验收合格时支付。如果乙方在工程竣工经验收合格之前请求甲方支付

---

① 张宜松.建设工程合同管理 [M].北京：化学工业出版社，2010.

最后一期工程款，那么甲方就可以乙方未完工并经验收合格而拒绝支付工程款。此时，甲方实际上行使的就是先履行抗辩权。

3. 不安抗辩权

不安抗辩权是指在建设工程施工合同中，负有先履行义务的一方在后履行一方当事人的财产状况发生恶化，有难以为对待给付之虞时，可以要求对方先为对待给付或者提供担保，在对方未为对待给付或提供担保时，依法享有的拒绝履行的权利。不安抗辩权的构成要件是：①须双方债务因同一建设工程施工合同而发生；②享有不安抗辩权的主体是负有先履行义务的一方当事人；③须对方财产状况明显恶化，有不能为对待给付的现实危险。

针对“有不能为对待给付的现实危险”，须注意以下几点：①该危险是客观存在的，这是不安抗辩权产生的基础。②该危险可能是由于破产、意外事故等原因所致，也可能是由于内部人员渎职，使财产急剧减少，从而危及建设工程施工合同的履行。③在后履行一方本身财产状况恶化，但在建设工程施工合同订立时为自己的履行提供了可靠担保，先履行一方当事人不能行使不安抗辩权。④该危险应当发生在建设工程施工合同订立后。⑤根据我国《合同法》第六十八条的规定，该危险主要表现为：经营状况严重恶化；转移财产、抽逃资金，以逃避债务；丧失商业信誉；有丧失或者可能丧失履行债务能力的其他情形。

行使不安抗辩权的主体负有证明对方财产状况恶化并足以危及自己获得对待给付的证明责任。当事人没有确切证据中止履行的，应当承担违约责任。不安抗辩权是建设工程施工合同一方当事人依法享有的权利，不以对方当事人同意为必要，但是应及时通知对方当事人。当对方提供适当担保时，应当恢复履行。中止履行后，对方在合理期限内未恢复履行能力并且未提供适当担保的，中止履行的一方可以解除建设工程施工合同。

建设工程施工合同的解除，是指在建设工程施工合同依法成立后，尚未履行或者未全部履行前，当事人基于协商、法律规定或者约定事由的出现，使合同终止及合同的权利义务关系归于消灭的一种行为。建设工程施工合同的解除有协商解除、约定解除和法定解除三种形式。协商解除要求合同当事人在合同履行过程中协商一致，约定解除要求合同当事人在合同中事先约定合同解除的情形，法定解除则直接由法律规定合同解除的情形。

建设工程施工合同的解除权就是合同当事人依法或者依约定而享有的使合同关系消灭的权利。解除权属于典型的形成权，当条件具备时，权利人只需单方面的意思表示即可使合同关系消灭，而无需合同相对方的同意。解除权有约定解除权和法定解除权之分。约定解除权是指合同当事人事先在合同中约定，在出现特定情形时，一方当事人享有解除合同的权利。法定解除权是指法律直接规定的，在出现特定情形时，一方当事人享有的解除合同的权利。约定解除权的行使要件有当事人在合同中事先约定，而法定解除权的行使要件则由法律直接规定。在此主要讨论法定解除权。

根据我国《合同法》第九十四条的规定，行使建设工程施工合同法定解除权主要有以下情形：①因不可抗力致使不能实现合同目的；②在履行期限届满之前，当事人一方明确表示或者以自己的行为表明不履行主要债务；③当事人一方迟延履行主要债务，经催告后在合理期限内仍未履行；④当事人一方迟延履行债务或者有其他违约行为致使不能实现合同目的；⑤法律规定的其他情形。

（二）做好工程签证工作

即使建设工程施工合同签订得非常好，签约前对问题考虑得非常全面，但是，在工程进展过程中，难免因实际情况发生变化或者发生风险事故而需要对合同的事先约定事项进行部分变更，这些变更都需要通过工程签证的形式加以确认。通过及时而合法的工程签证，可以消除工程变更中存在的风险因素和降低其危险性，从而降低变更中损失发生的概率或减轻损失的程度，因而，工程签证是一种风险控制措施。

工程签证是在实际履行施工合同过程中，建设工程施工合同当事人按照合同约定对涉及工程的款项、工程量、工程期限、赔偿损失等达成的意思表示一致的合意。从法律意义上讲，该合意是原施工合同的补充协议。这种协议是工程结算或最终结算增减工程造价的凭据。

《建设工程施工合同（示范文本）》通用条款中对合同双方的签证主体进行了明确规定。发包人的签证代表是“工程师”。实行工程监理的工程，包括发包人委托的监理单位委派的总监理工程师及发包人派驻施工现场履行合同的代表。工程师的姓名、职务、职权由发包人在专用条款中写明，总监理工程师与发包人派驻施工现场履行合同的代表的职权不得相互交叉，双方职权发生交叉或不明确时，由发包人予以明确，并以书面形式通知承包人。不实行工程监理的工程，工程师专指发包人派驻施工现场履行合同的代表，其具体职权仍由发包人在专用条款中写明。承包人的签证代表是“项目经理”。因此，为了避免由于签证主体不合格而给当事人带来损失，在《建设工程施工合同(示范文本)》专用条款中，要将合同双方各自委派的工程师(项目经理)的姓名、职务、职权和义务加以明确，并必须注意合同履行过程中的变化情况。在施工过程中，当发生签证事由时，应当由合同中约定的有签证主体资格的工程师进行签证，以保证所形成的签证合法有效，保证当事人合法权益的实现。

(三)加强施工合同实施过程控制

建设工程施工过程是合同的实施阶段，对合同进行实施过程控制，避免合同目标的偏向，是施工阶段合同损失控制的有力措施。合同实施控制的最大特点是它的动态性。这个动态性表现在如下两个方面：①合同实施受到外界干扰，常常偏离目标，要不断地进行调整；②合同目标本身不断变化，例如在工程实施过程中不断出现合同变更，使工程的质量、工期和成本发生变化，使合同双方的权利义务发生变化。因此，合同的控制就必须是动态的，随着合同实施中的变化不断地进行调整。

施工合同实施过程控制主要由以下几个步骤组成。

1.合同分析

合同分析是指从执行的角度分析、补充、解释合同，将合同目标和合同规定落实到合同实施的具体问题和具体责任人上，使之可以用来指导具体的工作，使合同能符合日常工程管理的需要，使工程施工符合合同的要求。合同分析具有以下两方面的重要作用：①分析合同漏洞、解释争议内容。工程施工的实际情况千变万化，一份再完美的合同也难免会有漏洞，何况许多施工合同由发包人自行起草，条款简单，对施工中可能发生的情况都未作详细和合理的约定。在这些情况下，通过合同分析，将分析的结果作为合同履行依据就非常有必要了。在施工过程中，合同双方常常会对具体的问题出现争议。按照合同条文的表达，分析合同得到的结果将为以后争议解决和索赔提

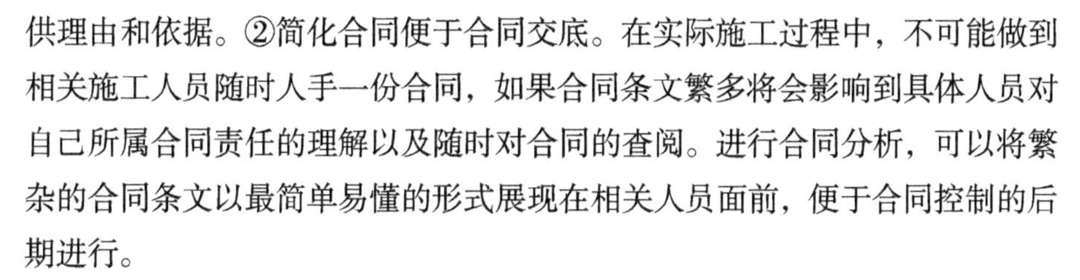

供理由和依据。②简化合同便于合同交底。在实际施工过程中，不可能做到相关施工人员随时人手一份合同，如果合同条文繁多将会影响到具体人员对自己所属合同责任的理解以及随时对合同的查阅。进行合同分析，可以将繁杂的合同条文以最简单易懂的形式展现在相关人员面前，便于合同控制的后期进行。

2. 合同交底

合同交底是指在建设项目施工以前，应当将合同的详细内容进行分析，并对各层管理者进行讲解，把合同责任具体落实到施工的各负责人和具体工作上。与合同分析一样，合同交底也是施工中进行合同控制的基础。

3. 合同实施监督

合同责任是通过具体的合同实施工作来完成的。合同监督可以保证合同实施按照合同和合同分析的结果来进行。

4. 合同跟踪

合同跟踪是合同控制的主要手段。在工程施工过程中，由于实际情况千变万化，使得合同在实施过程中总会出现与最初合同目标的偏差。因此，在合同实施过程中对其进行跟踪，使其在出现偏差时，能够根据合同和合同分析的结果以及当时所处的客观条件和面临的问题，及时发现并做出相应的调整措施，使合同的实施能够在预期的轨道上顺利进行。

第三节　建设工程竣工验收阶段的合同风险管理

一、建设工程竣工验收阶段概述

（一）建设工程竣工验收的概念

建设工程竣工验收，是指当建设工程已经由施工单位按照设计要求完成全部工作任务，准备交付给建设单位投入使用时，由建设单位组织设计、施工、工程监理等有关单位依照国家关于建设工程竣工验收制度的各项有关规定，对该项工程是否符合设计要求和工程质量标准等进行的检查、考核等工作。建设工程的竣工验收是项目建设全过程的最后一道程序，是对工程质量实施控制的一个重要环节，主要是通过审查施工单位提供的质量证明材料和质量监督机构的监督报告，防止存在安全隐患或者主要使用功能不能保证的工程交付使用。

概言之，建设工程竣工后，承包人应当按照国家关于工程竣工验收的有关规定，向发包人（通常是建设单位）提供完整的竣工资料和竣工验收报告，并按照合同约定的日期和份数向发包人提交竣工图。竣工日期为承包人送交竣工验收报告的日期，需要修改后才能达到竣工要求的，应为承包人修理、改建后提请发包人验收的日期。发包人接到竣工验收报告后，应当根据施工图纸及其说明书、国家颁布的施工验收规范和质量检验标准及时组织有关部门对工程进行验收。我国《建筑法》第六十一条规定："交付竣工验收的建筑工程，必须符合规定的建筑工程质量标准，有完整的工程技术经济资料和经签署的工程保修书，并具备国家规定的其他竣工条件。建筑工程竣工经验收合格后，方可交付使用；未经验收或者验收不合格的，不得交付使用。"

建设工程竣工验收是一项比较复杂的系统工程，牵涉到发包人、承包人、建设行政主管部门等多方主体。它具有下列属性：

第一，质量属性。这是指当建设工程通过竣工验收合格后，其各个项目指标应当满足国家规定的相关标准或者发包人与承包人在合同中约定的标准，主要包括安全标准、使用功能标准、耐久性标准和环境保护标准等。

第二，过程属性。建设工程竣工验收是一个系统的过程，当建设工程竣工后，施工单位首先应当自检确认其工程质量符合国家相关质量标准和其与建设单位约定的质量标准。然后施工单位向建设单位委托的监理单位提交竣工验收报告，由参与建设的有关单位共同对建设工程进行验收，各方根据相关标准以书面形式对建设工程质量是否合格作出确认。最后由建设单位将工程综合评价报建设行政主管部门备案。

第三，权利与义务属性。随着我国建设工程备案制度的确立，建设工程竣工验收逐步严格实行"谁建设、谁验收"的制度，因此对建设工程进行竣工验收既是建设单位的权利也是建设单位的义务。建设单位在竣工验收过程中，确认建设工程已经完成设计要求，各项指标达到法定或者约定标准，应当通过验收并被接受。反之，如果达不到法定或者约定的要求，施工单位应当负责返工，直至通过验收，这是施工单位的义务。

第四，程序属性。建设工程的竣工验收必须按照法定程序严格进行，竣工验收未履行基本程序的，验收文件不具有法律效力。这些程序主要包括：①施工单位在工程竣工后应当向建设单位提交竣工验收报告；②建设单位和监理单位组成竣工验收小组提出验收方案，按照方案和程序对建设工程进行验收；③建设工程经验收合格后，建设单位应当于验收合格之日起15日内向备案机关备案。

需要说明的是，自《建筑法》和《建筑工程质量管理条例》实施以来，我国正式确立了建设工程竣工验收备案制度，并且由建设部颁布了《房屋建筑工程和市政基础设施工程竣工验收备案管理暂行办法》，将备案的程序和细则进行了具体化。从建设工程施工合同的主体来看，当建设工程项目竣工后，其验收主体应当是发包人即建设单位。然而，在计划经济时代以及改革开放初期受计划经济时代的影响，建设工程的竣工质量由县级以上建设主管部门下属的质量监督站评定核验并加盖质量等级核验章，由于质量等级由政府的建设行政主管部门评定，导致建设工程竣工验收事实上由建设行政主管部门主导，并使得质量监督机构处于工程建设质量管理的中心地位，这在很大程度上影响了质量监督机构作为监督者监督职能的发挥，混淆了在市场经济条件下的政府、质量监督机构和建设单位、监理单位、施工单位等各方在工程质量上的相互关系。随着《建筑法》的实施以及与《建筑法》配套的国务院《建设工程质量管理条例》的颁布，我国对竣工验收制度从法律上做了根本性修改，建立了建设工程竣工验收备案制度，建设行政主管部门不再核发竣工验收证明，而是由建设单位向当地建设行政主管部门实施备案登记。我国《建设工程质量管理条例》第十六条规定："建设单位收到建设工程竣工报告后，应当组织设计、施工、工程监理等有关单位进行竣工验收。"第四十九条还规定："建设单位应当自建设工程竣工验收合格之日起15日内，将建设工程竣工验收报告和规划、公安消防、环保等部门出具的认可文件或者准许使用文件报建设行政主管部门或者其他有关部门备案。"这些规定使工程发包人即建设单位成为工程验收的法定责任人，强调了建设单位的竣工验收责任，强化了市场主体的质量意识和风险意识，并使质量监督机构从验收程序中脱离，成为真正意义上的监督主体。

(二) 建设工程竣工验收的条件

1.符合建筑工程质量标准

建设工程项目类别繁多，要求各异，不同项目有不同的验收标准，通常有土建工程、安装工程、管道工程、电气工程等验收标准。例如，土建工程验收标准要求，凡生产性工程、辅助公用设施及生活设施，应当按照设计图纸、技术说明书、验收规范进行验收，工程质量符合要求，在工程内容上按照全部标准施工完毕；安装工程验收标准要求，按照设计要求的施工项目内容、技术质量要求以及验收规范的规定，各道工序保质保量施工完毕。

2.完成建设工程设计和合同内容

这是指设计文件所确定的、在承包合同中的《承包人承揽工程项目一览表》中载明的工作范围，也包括监理工程师签发的变更通知单中所确定的工作内容。承包单位必须按照合同约定按时按质按量地完成上述所有工作内容，使工程具有正常的使用功能。

3.完整的技术档案和施工管理资料

施工单位应当根据建设工程施工合同要求提供全套竣工验收所必需韵工程资料，由监理工程师核实无误后，方能同意竣工验收。这些资料主要包括：①工程项目竣工验收报告；②分项、分部工程和单位工程技术人员名单；③图纸会审和设计交底记录；④设计变更通知单，技术变更核实单；⑤工程质量事故发生后调查和处理资料；⑥材料、设备、构配件的质量合格证明资料；⑦试验、检验报告；⑧隐蔽工程验收记录及施工日志；⑨竣工图；⑩质量检验评定资料。

4.工程质量保修书

工程质量保修是在建设工程办理竣工验收手续之后，在规定或者约定的保修期限内，由施工单位负责因勘查设计、施工、材料等原因造成的质量缺陷并负责维修，施工单位承担费用并赔偿损失。施工单位应当与建设单位在竣工验收前签订工程质量保修书，并作为施工合同附件。我国《建筑法》第六十二条规定：“建筑工程实行质量保修制度，建筑工程的保修范围包括地基基础工程、主体结构工程、屋面防水工程和其他土建工程，以及电气管线、上下水管线的安装工程，供热、供冷系统等项目。”

5.质量合格证明资料和报告

对建设工程使用的主要建筑材料、建筑构配件和设备的进场，除具有质量合格证明资料外，这些适用于工程的主要建筑材料、建筑构配件和设备在使用前还应当有试验和检验报告。报告中应当注明规格、型号、性能等技术指标，质量要求必须符合国家规定的标准或者合同约定的标准。

6.质量合格文件

勘查、设计、施工、监理等有关单位依据工程设计文件及承包合同所要求的质量标准，对竣工工程进行检查和评定。符合规定的，签署合格文件。

（三）建设工程竣工验收的程序和内容

根据《建设工程质量管理条例》以及建设部颁布的《建设项目（工程）竣工验收办法》、《工程建设监理规定》以及其他相关规定，建设工程竣工验收包括以下具体程序。

1.施工单位进行竣工预验收

竣工预验收是指工程项目完工后，要求监理工程师验收前，由施工单位组织的内部模拟验收。预验收是顺利通过正式验收的可靠保证，一般也会邀请监理工程师参加。

2.施工单位向监理单位送交验收申请报告

施工单位决定正式提请验收后向监理单位送交验收申请报告。监理工程师收到验收申请报告后，参照施工合同要求、验收标准等进行仔细审查。

3.监理工程师根据申请报告做现场试验

监理工程师审查完验收申请报告后，认为可以验收的，则应由监理人员组成验收班子对竣工的工程项目进行验收，在初验中发现质量问题，应及时以书面通知或以备忘录的形式通知施工单位，并责令其按有关质量要求进行修理甚至返工。

4.相关单位正式竣工验收

在监理工程师初验合格的基础上，一般由建设单位负责，组织设计单位、施工单位、工程监理单位以及质量监督站、消防、环保等行政部门参加，在规定的时间内正式验收。正式的竣工验收书必须有建设单位、施工单位、监理单位等各方签字方为有效。

建设工程的竣工验收是一项比较复杂的系统工程，涉及内容繁多，归纳起来主要包括如下内容。

（1）工程是否符合规定的建设工程质量标准。建设工程的质量标准，包括依照法律、行政法规的有关规定制定的保证建设工程质量和安全的强制性国家标准和行业标准，以及国家颁布的施工验收规范、建设工程合同中约定的对该项建设工程的特殊的质量要求，还包括为体现法律、行政法规规定的质量标准和施工合同约定的质量要求而在工程设计文件、施工图纸和说明书中提出的有关工程质量的具体指标和技术要求。

（2）承包商是否提供了完整的工程技术经济资料。工程技术经济资料一般应当包括建设工程施工合同、建设用地的批准文件、工程的设计图纸以及其他有关设计文件、工程所有的主要建筑材料、建筑构配件和设备的出厂检验合格证明和进场检验报告，申请竣工验收的报告书及其有关工程建设的技术档案。

（3）承包商是否有建设工程质量检验书。工程竣工验收交付使用后，承包商应当对其施工的建设工程质量在一定期限内承担保修责任，以维护使用者的合法权益。为此，承包商应当按照规定提供建设工程质量保修书，作为其向用户承诺承担质量保修责任的书面凭证。

（4）工程是否具备国家规定的其他竣工条件。例如，按照国务院建设行政主管部门的规定，城市住宅小区竣工综合验收，还应做到住宅及公共配套设施、市政公用基础设施等单项工程全部验收合格，验收资料齐全；各类建筑物的平面位置、立面造型、装饰色调等符合批准的规划设计要求；施工工具、暂设工程、建筑残土、剩余构件全部拆除运走，达到场清地平；有绿化要求的是否已经按照绿化设计全部完成，达到树活草清等。

二、建设工程竣工验收阶段的合同风险识别

建设工程验收阶段所面临的风险主要是质量风险和法律风险。建设工程竣工验收本身是一项复杂的系统工程，牵涉到发包人、承包人、监理单位、建设行政主管部门、公安消防、环境保护等各方面，验收必须按照程序严格进行，否则，某个环节出现问题，对整个验收程序的影响将是巨大的，可谓牵一发而动全身，而且一旦出现问题就不可避免地可能涉及到法律纠

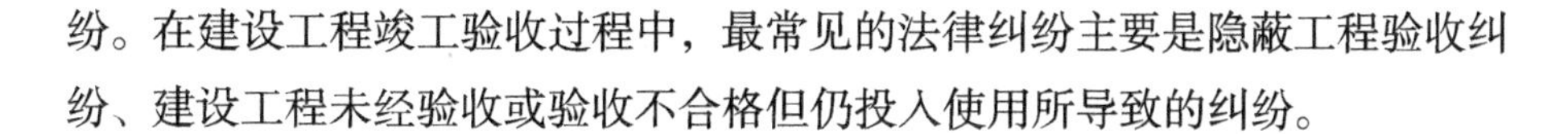

纷。在建设工程竣工验收过程中，最常见的法律纠纷主要是隐蔽工程验收纠纷、建设工程未经验收或验收不合格但仍投入使用所导致的纠纷。

（一）隐蔽工程验收的风险识别

1.隐蔽工程及其验收程序

在建设工程施工过程中，某一道工序所完成的工程实物，被后一道工序形成的工程实物所隐蔽，而且不可以逆向作业，前者就被称为隐蔽工程。隐蔽工程被后序工程所隐蔽后，其施工质量就很难检验以及认定。因此，在隐蔽工程被后序工程覆盖前，建设单位或者其委托的监理单位应对隐蔽工程的施工质量进行验收。隐蔽工程验收是保证工程内在质量的一项基本措施，也是所有的建设工程都必须执行的一道程序，只有当隐蔽工程通过了验收，才能被后序工程所隐蔽覆盖，否则就要进行返工整改，直到符合验收标准为止。房屋建筑工程中的基础工程、地下防水工程、屋面防水工程、电气管道工程等都属于隐蔽工程。

（1）隐蔽工程具有以下特点：①它是质量控制过程中必不可少的一项重要环节。隐蔽工程的验收合格是后序工程能够顺利进行的必要条件，也是整个建设工程竣工验收合格的基础。对于隐蔽工程而言，如果未经验收或者验收不合格便将其隐蔽进行下一道工序，那么不但整个建设工程质量可能不能达到法定或者约定的标准，而且，无论对于建设单位还是施工单位而言，对隐蔽工程进行返工修改的花费和损失都将是巨大的。②隐蔽工程存在于各类工程和大部分分部工程中。建设工程是一个非常庞大和复杂的过程，牵涉到各种工序，隐蔽工程不可避免，常见的有混凝土工程中的钢筋工程、地下防水工程、供暖供冷工程、地下室建设工程、给排水及采暖通风工程中的管网隐蔽工程等。对这些隐蔽工程的质量进行控制和监督，对于保证整个建设工程的质量和顺利通过竣工验收十分必要。仅就房屋建设工程而言，《建筑工程质量验收统一标准》中的九个分部工程中都有各自的隐蔽工程，在工程验收时都要提供隐蔽工程验收记录，有的分部工程甚至还对隐蔽工程的验收提出了具体的要求。③隐蔽工程一般具有不可逆转性。首先，隐蔽工程不可逆转作业。即必须先完成隐蔽工程的施工并验收合格后才能进行下一道工序，而不能先进行其他工序的作业，最后来完成隐蔽工程作业。其次，大部分隐蔽工程的质量检查与补救不可逆转性。隐蔽工程完成后在其之上进行了其他的工序作业，隐蔽工程也自然隐藏，如果其质量出现问题，那么对于其检查和补救都十分困难，有些工程甚至是无法补救的。④影响隐蔽工程质量的因素繁多。隐蔽工程质量不仅与直接管理、施工操作人员的素质有关，而且还要受到其他因素诸如设计质量、总承包人将其进行分包等其他因素的外部影响，只要其中一个环节出现问题，那么对于隐蔽工程的质量将无法保证。

（2）在工程实务操作过程中，对于隐蔽工程的验收程序通常包括下列环节：

第一，隐蔽工程施工完毕后，承包人首先组织人员对隐蔽工程进行自检，自检合格后填写《报验申请表》，并附上相应的隐蔽工程检查记录、有关材料证明、试验报告、复检报告等，报送建设工程监理单位申请验收。

第二，监理工程师在收到隐蔽工程报验申请后，组织监理人员对申报资料和质量证明等文件资料进行书面审查，主要包括：①申请验收的部位是否准确填写；②相关材料证明和试验报告等是否符合规范要求，包括材料本身的性能、检验的数量、频率以及资料是否真实；③所报资料是否完整，是否有遗漏，是否真实；④所报资料中应当由承包人签章的部分是否已经签章完毕，要杜绝“后补签字”。

第三，监理单位按施工单位书面通知中确定的时间或施工合同明确的时限对隐蔽工程进行现场检查验收。在此过程中应当注意以下问题：①参加隐蔽验收的人员都要到场，包括监理方的工作人员和承包人该隐蔽工程的项目技术负责人、质检员等，如果有分包或者交叉配合的，还要这部分的施工技术、质量检验人员参加。如果是重要的隐蔽工程验收，还必须事先通知建设单位、工程质量监督机构、勘查、设计人员到场。②必须有必要的检测、检查工具，对验收的隐蔽工程进行实测实量或者现场试验，并且对于验收过程应当详细记录、拍照或者摄像。③现场验收的重点是，隐蔽工程是否符合设计图和设计文件所设计的标准，是否符合专业技术规范、规程和验收标准，工程实物是否与申报的资料相符合，各工程各专业交叉配合是否有错漏等。

第四，通过资料审查和现场实地检验，如符合质量要求，监理工程师应当在《报验申请表》及工程检查证（或者隐蔽工程检查记录）上签字确认，准予施工单位进行隐蔽覆盖，进入下一道工序。如果验收不合格，监理工程师应当签发《监理工程师通知单》指令施工单位进行整改，在整改过程中监理工程师应当进行监督检查，重要部分还要实施旁站监理。对整改工程，施工单位自检合格后再报监理工程师复查。如果监理工程师发出监理通知而施工单位置之不理甚至强行施工，监理工程师应当向总监理工程师和建设单位报告，同时书面向建设行政主管部门上报，同时做好记录，并进行拍照、摄像保存证据。

2.隐蔽工程验收风险的类型及成因

工程实务操作中，隐蔽工程的法律纠纷主要集中在对隐蔽工程进行验收所产生的质量纠纷，实际上，对于隐蔽工程的检查验收，我国《合同法》第二百七十八条、《建设工程质量管理条例》第三十条都作出了相应规定，并且《建设工程施工合同（示范文本）》通用条款中更是对其程序作出了详细规定。在实务中，隐蔽工程法律纠纷的风险形态主要包括隐蔽工程经验收不合格和发包人未及时验收两种情况。

（1）隐蔽工程经验收不合格。隐蔽工程施工是建设工程施工中必不可少的一个部分，通常贯穿各个阶段，而且必须在隐蔽工程经验收合格后对其隐蔽处理完结，才能进行下一个工序的施工，因此隐蔽工程的质量直接关系到整个工程的质量，特别是地基工程这类非常重要的隐蔽工程，它是整个建设工程施工的基础，其质量好坏直接关系到整个建设工程的质量。由于隐蔽工程具有不可逆性，如果由于承包人的原因所导致隐蔽工程质量不合格而未能通过验收，而且引致整个建设工程的工期拖延，那么应当由承包人承担相应的民事责任。

（2）构成隐蔽工程经验收不合格应当符合下列条件：

第一，建设单位未对隐蔽工程及时进行验收。这是隐蔽工程发生质量风险的前提，因为质量合格与否，必须经过验收才能确定。如果发包人未及时验收，则隐蔽工程的质量不能确定，所导致的风险属于不及时验收隐蔽工程的风险责任。隐蔽工程的质量风险，在大多数情况下由承包人承担，但是如果隐蔽工程质量不合格是由发包人所导致，那么该风险责任应当由发包人承担。

第二，隐蔽工程经验收质量未达法定或者约定标准。在建设工程施工合同中，发包人与承包人应当就建设工程质量标准达成意思表示一致，有国家法定标准的应当依照法定标准，如果由当事人约定质量标准的，其标准不能低于国家法定标准。如果隐蔽工程经验收质量未达到法定或者约定标准，那么承包人就可能面临返工、工期延误或者违约的风险责任。

第三，导致隐蔽工程质量不合格的过错方可能是承包人也可能是发包人。在工程实务领域中，在签订建设工程施工合同时，通常约定由承包人包工包料完成施工任务。在此种情况下，如果隐蔽工程质量验收未通过，那么应当由承包人承担所面临的风险责任。如果双方在合同中约定由发包人提供部分甲供材料，而导致隐蔽工程质量不合格的原因正是甲供材料质量不符合要求引起的，则发包人应当根据约定承担相应的风险责任。

第四，隐蔽工程未通过验收不能进行下一道工序。由于隐蔽工程通常具有不可逆转性和隐蔽性，并且隐蔽工程的质量验收合格通常是下一道工序能顺利开工的基础。因此，如果隐蔽工程未通过验收便进行下一道工序，那么建设工程整体的质量将无法保证，如果再由发包人行使复检权，强行对隐蔽工程进行揭开和剥离进行验收，那么由此造成的工期延误、工程返工等损失将是双方无法承受的。

(3) 导致隐蔽工程验收质量不合格这一风险事故发生的因素主要有以下几方面：①当事人双方对隐蔽工程不够重视。相对主体工程而言，有些隐蔽工程在整个建设工程中所占比重不大，例如供水、供暖、供冷管道等隐蔽工程都属于主体工程的附属部分，因此承包人在承建工程时大部分精力和时间都花在主体工程建设上，对于隐蔽工程缺乏足够重视，导致施工时对隐蔽工程质量控制不够严谨，得过且过。并且，隐蔽工程验收属于中间验收部分，程序比较简单，发包方往往也将主要精力集中在建设工程竣工验收上，对于隐蔽工程的阶段验收不够重视，验收时草草了事，而当最终发现隐蔽工程质量问题时隐蔽工程已经隐蔽完毕，此时进行复检，对双方来说都要承担风险责任和经济损失。②承包人在隐蔽工程建设过程中偷工减料。许多建设工程施工合同都约定工程项目由承包人包工包料完成，实际上这是一种由承包人变相垫资的承包形式。为了节约成本，控制资金流动，有些承包人往往在隐蔽工程中使用劣质材料，导致隐蔽工程的质量问题。③隐蔽工程的隐蔽性和不可逆性导致承包人产生侥幸心理。隐蔽工程一旦隐蔽便很难再对其进行检验，对于发包人来说行使复检权也存在莫大的风险，因此承包人往往存在一种侥幸心理，以次充好、偷工减料或者通过其他非正常手段使隐蔽工程通过验收便迅速进行下一道工序，掩盖其质量问题。而这种侥幸心理的存在，也使得很多质量不合格的隐蔽工程在验收时未能通过，导致了承包人承担相应的质量责任。

3.发包人未及时验收隐蔽工程

在工程实务中，由于发包人未及时验收隐蔽工程导致承包人迟迟不能进入下一步工序而引致工程延期，或者发包人不及时验收隐蔽工程导致承包人在隐蔽工程未经验收不能保证质量的情况下强行进行下一道工序，这种情况时有发生，这也是发包人未能及时验收隐蔽工程所产生的主要风险。

（1）发包人未及时验收隐蔽工程引起的风险具有以下特征：①发包人未及时验收的原因具有多样性。导致发包人未及时验收隐蔽工程的原因可能是承包人疏忽大意，也可能是发包人怠于验收所致。对于发包人不能按照承包人提请验收的日期验收的，应在验收前24小时以书面形式向承包人提出延期要求，延期不能超过48小时。经监理工程师验收，工程质量符合标准、规范和设计图纸等要求，验收24小时后监理工程师不在验收记录上签字，视为监理工程师已经认可验收记录，承包人可以进行隐蔽或继续施工。②发包人不及时验收隐蔽工程应当承担由此引起的风险损失。如果是发包人的原因导致隐蔽工程不能及时验收而发包人又未请求延期验收的，发包人应当为此承担风险损失。即工程师未能在承包人提请验收时间的24小时之前提出延期要求也不进行验收的，承包人可自行组织验收，工程师应承认验收记录。如果由承包人自行验收，那么，承包人既是建设者又是验收者，对于隐蔽工程的质量将无法确保，如果监理工程师未能及时验收而承包人自行验收又谎报验收结果，那么发包人将会承担巨大的风险。③发包人行使复检权需要承担风险。一旦监理工程师由于未及时验收而承认了承包人的验收结果，而对于隐蔽工程的质量又不能亲自确认，为避免建设工程完工后发生更大的质量风险责任，发包人或者监理工程师就需要行使复检权。即无论监理工程师是否参加验收，当其要求对已经隐蔽的工程重新检验时，承包人应按其要求进行剥离或开孔，并在检验后重新覆盖或者修复。检验合格的，发包人承担由此发生的全部费用，赔偿承包人的经济损失，并相应顺延工期。检验不合格的，承包人承担发生的全部费用，工期不予顺延。由于复检的结果不可预知，因此发包人也可能面临风险。

（2）导致发包人未及时验收隐蔽工程的风险因素主要有以下两方面：①发包人对于隐蔽工程验收重视不够。发包人通常将主要注意力和精力集中在最后的建设工程竣工验收上，对于隐蔽工程这个中间环节的验收不够重视，一再拖延验收时间甚至怠于验收，从而导致其最后可能承担的质量风险和复检风险。②发包人与承包人通过约定改变隐蔽工程的验收方式。管理一个建设项目是一个庞大的工程，发包人在众多繁琐事务之下通常无暇顾及并不属于主要部分的隐蔽工程建设及验收，在隐蔽工程验收之时通常与承包人约定验收方式。

此外，行使复检权也将使发包人面临风险。复检权是一面双刃剑，它通常是在发包人无暇验收隐蔽工程而由承包人自行验收之后，发包人对于该验收结果不够信任的情况下行使的。虽然行使复检权有利于保证工程质量，却是"杀敌一千，自损八百"的无奈之举。对于复检结果，总有一方会因此承担风险责任损失。如果检验合格，发包人应当承担由此发生的全部费用，赔偿承包人损失，并相应顺延工期。因此，对于发包人来说，虽然保证了隐蔽工程的质量，但是付出的代价却是惨重的。如果检验不合格，承包人则将承担发生的全部费用，工期不予顺延，还要对隐蔽工程进行返工。可见，不仅要延误工期，而且还要面临隐蔽工程之后序工程的重建和向发包人赔偿损失。

（二）未经竣工验收或验收不合格即投入使用的风险识别

1.未经竣工验收或验收不合格即投入使用风险的形态

工程整体竣工后，建设工程竣工验收主体应当负责对建设工程质量进行检验和评价。由于建设工程属于发包人的财产，对于该财产的检验和评价与发包人的利益密切相关，因此，组织有关人员和单位进行验收应当是发包人的义务。从建设工程合同本身来看，承包人只是施工方，并不是建设工程的所有人，当建设工程完成后，工程项目应当由承包人交付给发包人，因此也应当由发包人组织竣工验收。因此，建设工程竣工验收的主体应当是发包人。

建设工程未经竣工验收或者验收不合格即投入使用的风险形态主要表现为：①发包人不及时对建设工程进行竣工验收；②发包人将竣工验收的义务转嫁承包人后，即开始对建设工程进行使用；③建设工程经验收不合格后，发包人仍然对建设工程进行使用，结果在使用后发现质量问题，从而引发纠纷。这类型的纠纷通常是质量纠纷，解决纠纷的基本方法是根据双方合同的约定和法律法规的相关规定，确定双方的过错，从而进行合理的责任分担。

建设工程施工合同是典型的双务有偿合同，对竣工的建设工程进行验收既是发包人的权利，也是发包人的义务。除此之外，对于经验收合格的建设工程，发包人负有对承包人的付款义务。而保证建设工程按时竣工并通过竣工验收是承包人的义务，当建设项目通过验收后，承包人享有要求发包人支付工程尾款的权利。从发包人的义务角度看，对于已经竣工的建设工程，发包人必须及时组织验收，如果由于没有及时验收而造成承包人损失的，发包人应当赔偿承包人的损失并承担违约责任。而从发包人和承包人互负权利义务角度看，只有发包人行使了验收的权利并且建设项目通过验收（也是在履行验收的义务）后，发包人接收了建设项目，才意味着承包人履行完毕建设工程合同所约定的义务。一般而言，由于发包人未经验收而提前使用建设工程或者明知验收不合格仍然使用建设工程，所造成的质量缺陷，即使在质量保修期内属于保修的项目，也应当由发包人自己承担责任。只有其质量问题本身属于承包人在建设过程中由于施工原因所导致的地基质量问题或者主体工程质量问题，并且质量问题的出现与发包人提前使用并无因果关系时，才应当由承包人承担责任。在司法实践中，往往需要专业机构对质量问题的成因进行专门的鉴定才能判断责任的归属。

2. 未经竣工验收或者验收不合格即投入使用风险的特征

（1）工程竣工验收的主体只能是发包人。发包人是建设工程竣工验收的主体，这是法律和行政法规的强制性的规定，发包人和承包人通过约定变更验收主体的条款不能违反法律和行政法规的强制性规定，否则该条款无效。对竣工的建设项目进行验收既是发包人的权利也是其法定义务，法定义务既不能放弃也不能转移，只能由发包人自行履行。

（2）工程竣工后未经验收或验收不合格即投入使用的风险损失通常应当

由发包人承担。《施工合同司法解释》[法释(2004)14号]第十三条明确规定："建设工程未经竣工验收，发包人擅自使用后，又以使用部分质量不符合约定为由主张权利的，不予支持；但是承包人应当在建设工程的合理使用寿命内对地基基础工程和主体结构质量承担民事责任。"值得注意的是，并不是只要建设工程未经验收提前使用，所有风险都由发包人承担，这种提法仍然有待斟酌。按照过错责任的分配原理，只有当发包人违反法律明确的禁止性规定，并且未经验收的建设工程质量问题是由其不当的提前使用（例如当工程本身物理性能未趋于稳定而提前使用所产生的质量问题）所造成的情况下，由于若非发包人未经验收提前使用，便不会出现这些诉争。在建设工程未经竣工验收或者验收不合格发包人便强行擅自使用的情况下，其应当能够遇见到工程的质量会出现问题，而且其使用行为也可以视为发包人对未经验收工程质量的认可，或者对验收不合格工程要求返工的权利和索赔权利的放弃，此时发包人应当自行承担相应的法律责任和行政责任。只有当建设工程的质量出现瑕疵，并且是地基工程或者主体工程出现瑕疵时，由于此类问题是承包人施工不当或者施工质量问题所引起时，而发包人未经验收提前使用该建设工程并不构成建设工程质量问题的主要原因，此时承包人过错更为显著，应当由承包人承担主要责任，但是发包人由于没有履行其验收的法定义务，也有一定过错，因此发包人也应当按照过错程度承担相应的责任。

（3）未经竣工验收或者验收不合格即投入使用所导致的风险处理成本偏高。一旦由于建设工程未经验收提前使用而引发质量纠纷，首先应当判断的是建设工程质量瑕疵的成因，而建设工程是一个庞大复杂并且非常专业的项目，人民法院或者仲裁机构根据自身知识往往无法判断，因此需要专业的鉴定机构对质量瑕疵的成因进行鉴定，出具鉴定结论。而导致质量瑕疵的原因十分繁多，鉴定过程并不是一件简单的事情，加之建设工程纠纷涉及争议标的数额偏高，对于当事人双方来说，无论是诉讼费用、仲裁费用或者鉴定费用以及诉讼周期都是巨大的一笔花费，通过诉讼或者仲裁解决问题的成本偏高。

（三）未经验收或者验收不合格即投入使用风险的成因分析

在相当大程度上讲，发包人未经竣工验收便提前使用建设工程将面临质量风险。归纳其成因，主要有以下几方面：

（1）发包人对建设工程竣工验收阶段的法律规定不熟悉，缺乏法律意识和风险意识。《施工合同司法解释》[法释（2004）14号]第十三条对于发包人未经竣工验收的建设工程提前使用而引发质量纠纷作出了明确规定，在此之前的法律和行政法规虽然对于竣工验收的主体也有规定，但是对于未经竣工验收提前使用建设工程所面临风险责任的分配却缺乏实质性规定。由于很多建设单位对于该司法解释不够了解，对于竣工验收往往通过与承包人的约定改变验收主体，却不知道当事人的意思自治不能对抗法律的强制性规定，从而使自身面临巨大的质量风险。并且，长期以来我国的建筑市场的运作并不是处于十分规范的状态，在市场经济条件下的运作时间并不太长，发包人和承包人双方都缺乏必要的法律意识和风险意识，建设领域的法律规范也并不十分完善，虽然现在正在逐步的完善中，但是需要一个过程。以上各种因素的共存从而导致这种具有“中国特色”的纠纷时有发生。

（2）发包人急于通过对建设工程的提前使用还清因开发建设工程所产生的债务。建设工程是一个庞大而复杂的系统工程，需要有巨大的资金链在背后进行支持。而我国的建筑市场还比较年轻，无论是发包人还是承包人其自身经济实力都还有待提高，对于开发建设工程这种庞大的系统，其自身往往无法提供足够的资金来进行周转，于是发包人通过商品房预售或者向银行抵押在建工程进行贷款以完成资金周转便成为一种有效的资金集中方式。无论是预售商品房还是抵押贷款，都有一定的时间限制，如果不能在规定的期限内交付商品房或者还清银行贷款，发包人将面临巨额的违约赔偿和银行的利息。而在大多数情况下。发包人越早清偿其向银行的债务，也就意味着其支付的利息越少，在利润和成本的驱动下，发包人便时有在未经竣工验收的情况下提前使用建设工程，及早完成资金回笼，从而及早清偿自身因开发建设工程而负担的债务，降低成本和增加利润。但是这种做法也往往使发包人面临巨大的质量风险。

（3）发包人没有及时对竣工的建设工程进行验收而该工程的交付期限已满。在商品房开发中，发包人通常也是开发商，他们通过商品房预售已经将在建工程的大部分出售给了购房人，并且在商品房预售合同中约定了交房时间。而在工程建设过程中，由于工期的延误或者其他原因，竣工的实际日期超过了预定日期，而交房时间已近，如果不按时交付，发包人将面临巨大的违约风险责任。而竣工验收包括备案并不是一蹴而就的，需要一定周期，如果有质量问题还要对质量瑕疵进行弥补，这样可能无法按时向购房人交付商品房。面对违约赔偿，开发商不得不铤而走险，未经竣工验收便提前将商品房交付购房人使用，或者验收不合格仍然将工程投入使用，实践中甚至有开发商明知工程质量存在问题仍然办理验收手续的现象。这样虽然暂时避免了向购房人承担违约责任，但是如果一旦建设工程出现质量问题，不但要面临质量风险，更要面对购房人的索赔，其责任更甚，得不偿失。

三、建设工程竣工验收阶段的合同风险处理

对建设工程竣工验收阶段的合同风险进行管理，目的是减少相关风险事故发生的概率和降低损失的程度。而欲达到这一目的，须针对本阶段所存在的风险采取相应的风险处理措施。针对前文所述的风险，当事人一般可以采取风险控制的处理措施。

(一) 损失预防

在损失发生前，为消除或者减少可能引起损失的各项因素，可以采取损失预防的具体措施。之所以采取损失预防而不采取风险避免方法，主要是因为损失预防并不能消除损失发生的可能性，只是最大限度地将损失发生的可能性降低，而风险避免则是使损失发生的可能性降为零。如果采用风险避免，那么唯一的方法就是承包人拒绝承接工程项目，这显然是不可能的。

对于损失预防，可以从以下几个方面着手。

1. 工程物理法

工程物理法主要从建设工程的客观方面入手，保证工程质量。例如，保证隐蔽工程使用建材的质量，改良隐蔽工程的设计质量，预设好隐蔽工程维修处理的方法和渠道，对每一道工序都经过严格的质量把关，最大限度地将质量风险隐患消灭在萌芽状态。

2. 人们行为法

人们行为法主要以人们的过失行为作为预防损失的出发点，通过风险管理知识教育、操作规程培训等方法来控制损失。隐蔽工程施工最终是由人

来完成的，施工人员的技术和素质是隐蔽工程质量优劣的重要因素。可以通过质量法制教育、施工技能培训等方法强化施工人员的质量意识和技术水平，降低由于施工人员技术水准和质量意识不佳而导致的隐蔽工程总量缺陷发生的概率。

3. 规章制度程序法

规章制度程序法是指通过国家制定相应的规章制度，以及发包人和承包人订立详细的建设工程施工合同，约定质量责任承担的主体、客体、内容，通过制度和合同责任来约束当事人双方的行为，预防质量风险的发生。此种方法在工程施工中运用得十分广泛和具体。例如，我国《建设工程质量管理条例》第三十条就规定："施工单位必须建立、健全施工质量的检验制度，严格工序管理，做好隐蔽工程的质量检查和记录。隐蔽工程在隐蔽前，施工单位应当通知建设单位和建设工程质量监督机构。"《建设工程施工合同(示范文本)》通用条款第 17.1 款则规定得更为具体，该款规定"工程具备隐蔽条件或达到专用条款约定的中间验收部位，承包人进行自检，并在隐蔽或中间验收前 48 小时以书面形式通知工程师验收。通知包括隐蔽和中间验收的内容、验收时间和地点。承包人准备验收记录，验收合格，工程师在验收记录上签字后，承包人可进行隐蔽和继续施工。验收不合格，承包人在工程师限定的时间内修改后重新验收。" 施工合同是在施工行为开始之前订立的，通过施工合同的条款明确在不同情况下不同的责任主体，是一种典型的损失预防行为。

《建设工程施工合同(示范文本)》通用条款第 18 条规定得更为特殊。从风险控制理论讲，该条款既可以看成是损失预防手段，也可以看成是损失抑制手段。该条规定了发包人对于隐蔽工程的复检权，即无论隐蔽工程是否已经验收，只要发包人认为需要，仍然可以对已经隐蔽的工程进行重新检验。如果复检合格，那么由发包人承担复检费用和承包人的损失；如果复检合格，那么由承包人自行承担复检费用和一切损失。众所周知，建设工程体系庞大，关系到工程质量的因素繁多，隐蔽工程质量是否合格也是评定建设工程整体质量是否合格的重要因素之一。如果因为隐蔽工程质量问题导致整个建设工程质量出现问题，由于建设工程已经完工，而隐蔽工程具有隐蔽性和不可逆性，可能无法对其进行修补，发包人面临的风险损失可能是巨大的。因此，当发包人没有及时对隐蔽工程进行验收或者对已经验收的隐蔽工程质量仍有疑虑，不能确定隐蔽工程质量是否合乎法定或者约定要求时，发包人仍然有权对已经覆盖的隐蔽工程进行剥离复检，以预防更大的风险损失。

（二）损失抑制

事故发生时或发生后，采取措施减少损失发生的范围或损失的严重程度，此种措施称为损失抑制方法。在风险事故已经发生的情况下，风险已经具有不可逆转性，采用抑制方法能有效减少损失的蔓延和扩大。在隐蔽工程验收质量不合格的情况下，该风险事故已然发生，如何对该风险损失进行补救和控制是所面临的问题。根据《建设工程施工合同（示范文本）》通用条款第 17.1 款的规定，如果隐蔽工程验收不合格，那么承包人应当在工程师限定的时间内修改后重新验收。该款明确规定了当隐蔽工程验收不合格后的补救办法，即对隐蔽工程修改后重新提请验收，通过修改使隐蔽工程的质量达到法定或者约定的要求，以抑制因隐蔽工程质量不合格而导致建设工程整体质量不合格所可能产生的更大的风险损失。

如果隐蔽工程没有通过验收，但是承包人已经强行将隐蔽工程覆盖进行后续施工，此时为了避免将来建设工程整体质量出现瑕疵，《建设工程施工合同（示范文本）》通用条款第 18 条规定的发包人的复检权可以看作损失抑制的一种手段，当发包人已经对隐蔽工程进行验收但是又发现质量问题时，如果承包人已经将其覆盖，那么通过行使复检权可以重新对隐蔽工程进行检验，并要求承包人返工重做，直到质量符合法定或者约定的标准。在发包人行使复检权之前，隐蔽工程的质量风险已然成立，风险不可避免，因此通过复检权的行使能够最大程度地抑制将来可能发生的更大的风险。

二、隐蔽工程不及时验收的风险控制

针对发包人未及时验收隐蔽工程的情形，我国《合同法》第二百七十八条规定：“隐蔽工程在隐蔽以前，承包人应当通知发包人检查。发包人没有及时检查的，承包人可以顺延工程日期，并有权要求赔偿停工、窝工等损失。”根据本条规定，隐蔽工程在隐蔽之前，承包人负有通知发包人验收的义务，发包

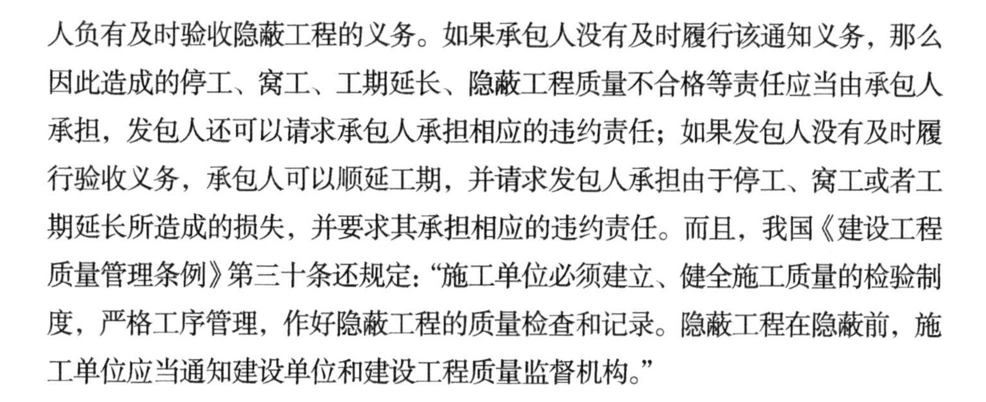

人负有及时验收隐蔽工程的义务。如果承包人没有及时履行该通知义务，那么因此造成的停工、窝工、工期延长、隐蔽工程质量不合格等责任应当由承包人承担，发包人还可以请求承包人承担相应的违约责任；如果发包人没有及时履行验收义务，承包人可以顺延工期，并请求发包人承担由于停工、窝工或者工期延长所造成的损失，并要求其承担相应的违约责任。而且，我国《建设工程质量管理条例》第三十条还规定："施工单位必须建立、健全施工质量的检验制度，严格工序管理，作好隐蔽工程的质量检查和记录。隐蔽工程在隐蔽前，施工单位应当通知建设单位和建设工程质量监督机构。"

第四节 建设工程结算阶段的合同风险管理

一、建设工程结算阶段概述

(一) 建设工程结算的概念

建设工程结算是指在一定时期内，某个单项工程、单位工程或分部工程完工后，经监理部门审核，建设单位确认并办理验收手续后，承包商根据施工过程中的现场实际情况的记录、设计变更通知书、现场工程更改签证、实际完成并按合同有关计量规定计量的工程量清单、预算定额、材料预算价格和各项费用标准等资料，在批准概（预）算范围和年度实施计划的基础上，按投标书和合同规定向建设单位办理的工程价款结算活动。工程结算是确定承包单位的收入，用以补偿施工过程中的物化劳动和活劳动的耗费，也是考核建设项目的成本，进行计划统计，准确及时进行会计核算和竣工决算编制的依据。工程建设项目结算，对于加强建设单位内部管理，降低项目的建设成本，促进建设单位及时收回预付工程款和预付备料款，保护基本建设资金安全，加快资金周转，提高资金使用效率，具有十分重要的作用。

与"结算"概念相近似和容易混淆的概念是"决算"。竣工决算是由建设单位编制的建设项目从筹建到竣工投产或使用全过程的全部实际支出费用的经济文件。它也是建设单位反映建设项目实际造价和投资效果的文件，是竣工验收报告的重要组成部分。它也是建设项目全部建成后办理移交、汇报建设成果和财务状况、考核竣工项目的概预算执行情况以及总结经验等项工作的依据。凡属政府财政性资金投资的基本建设项目，其工程标底、工程预算、工程价款结算、工程竣工财务结（决）算，还须由财政部门确认。审计机关负责对国家建设项目的概、预算执行情况和年度决算，工程项目决算依法进行审计监督。凡财政性建设资金安排的建设项目，实行必审制度。决算的概念也随着我国经济体制的变化而有所改变。在计划经济体制下，最初建设项目竣工决算是由建设单位编制的反映建设项目实际造价和投资效果的文件，包括筹划到竣工投产全过程的全部费用，它是由建设单位向国家报告建设成果和财务状况的总结性文件。随着我国逐步向市场经济转轨。工程建设也不再由国家统一计划由国家统一拨款，而是由不同的主体包括私主体通过不同的资金渠道按照自己的需要进行建设，由于建设工程项目资金来源渠道的多元化，决算主体中建设单位的外延有所发展，“决算”的概念在主体和内容上都产生了相应的变化，也适用于房地产公司的内部审计或者社会审计的情形。

建设工程结算与建设工程决算的主要区别有：①编制单位不同。竣工结算主要是由承包单位编制，建设单位审查、批准；而竣工决算是由建设单位负责编制，审计单位审计，验收委员会确认。②范围不同。竣工结算的范围是合同约定的工程项目；而竣工决算的范围则是整个建设项目。③成本内容不同。竣工结算是合同范围内的直接成本部分；而竣工决算不但包括直接成本，并且包括计入建设成本的其他费用。

（二）建设工程结算的方式

1.定期结算

它是根据工程特点和合同要求，确定一个结算周期（一般以一个月为结算周期），按每周期完成的工作量支付工程进度款的一种结算形式。它适用于建设工期较长（一般6个月以上）、投资较大的项目。

2.阶段结算

它是根据工程量较少的特点和合同约定，当工程建设达到某一阶段时（例如工程开工后支付30%，主体工程完工后再支付40%，竣工后支付

25%，预留5%的质保金）支付工程进度款的一种结算形式。它一般适用于当年开工，当年不能竣工的工程项目。按工程的形象进度划分不同的阶段进行结算。

3.竣工结算

它是在工程竣工后，按照合同的规定，在原施工图预算（或中标价）及设计变更、现场签证等资料基础上，承包人编制竣工结算书，经监理审核后按照合同规定向建设单位办理最后工程价款结算的经济性文件。竣工结算应当根据编制期的预算定额、单位基价表、费用定额、工程类别费用核定书、价差调整等有关规定以及招标文件、工程合同、施工图、施工组织设计方案、会审记录、开工报告、隐蔽验收和工程进度记录、设计变更资料、现场签证和竣工图进行编制。国有、国有控股和集体投资建设的竣工工程结算实行审定制度。施工单位和建设单位应在工程竣工验收前完成编制和审核，并由建设单位向各级工程造价管理机构报审，报审的竣工工程结算文件必须由双方单位共同认定并签署双方单位和批准人印章以及编制、审核人的相关资格证章。本章讨论的“结算”是指竣工结算。

建设工程竣工结算可分为单位工程竣工结算、单项工程竣工结算和建设工程（项目）竣工总结算。单位工程竣工结算，由承包人编制、发包人审查。实行总承包的工程，由具体承包人编制，在总承包人审查的基础上，由发包人审查。单项工程竣工结算或建设工程竣工总结算则由总承包人编制，发包人可直接进行审查，也可以委托具有相应资质的工程造价咨询机构进行审查，如果是政府投资项目则由同级财政部门进行审查。单项工程竣工结算或者建设工程竣工总结算，经发包人和承包人签字盖章后有效。承包人应在合同约定的期限内完成项目竣工结算编制工作，未在规定期限内完成且提不出正当理由要求延期的，将可能自行承担相应的责任。

建设工程竣工结算是运用科学与技术原理以及经济法律手段，解决工程建设活动中工程造价的确定与控制，从而达到提高投资效益、经济效益的目的的行为，是确定工程造价的实施过程和行为。一方面，建设工程竣工结算是对工程造价控制和确认进行有效监督检查的途径；另一方面，它是核定工程造价以及承发包双方工程结算的依据，是编制建设项目竣工决算、核定新增固定资产价值的基础资料和依据。

建设工程竣工结算阶段，其时间段主要包括自发包人对竣工验收报告认可之日起至发包人履行完毕付款义务并接收建设工程之日时止。在对建设工程进行竣工验收后，发包人应当及时做出批准或者提出修改意见。承包人应当按照发包人提出的修改意见进行修理或者改建，并承担由自身原因造成的修理、改建费用。为防止发包人为拖延支付工程款而迟延验收，实践中发包人在收到承包人送交的竣工验收报告后无正当理由不组织验收，或者验收后既不表示是否批准又不提出修改意见的，承包人可以要求发包人办理结算手续并支付工程款。发包人不能按照合同约定的日期对工程进行验收，应从合同约定期限最后一天的次日起承担工程的保管费用。

竣工验收合格后，发包人应当按照约定支付价款。在工程实践中，竣工报告批准后，承包商应当按照国家有关规定或合同约定的时间、方式向发包人提出结算报告.办理竣工结算。发包人在收到结算报告后，应当及时给予批准或者提出修改意见，在合同约定的时间内将拨款通知送经办银行支付工程款，并将副本送承包人。除当事人另有约定外，承包人在收到工程款后应当将竣工工程交付给发包人，发包人应当接收该工程。发包人无正当理由在收到竣工报告后不办理结算，应当向承包人支付尚欠工程款的利息，并承担其他违约责任。

二、建设工程结算阶段的合同风险识别

建设工程结算是建设工程施工合同履行过程中的最后阶段。该阶段时间跨度应当从发包人认可承包人提交的竣工验收报告开始，到发包人按约定向承包人支付工程价款并从承包人处接收建设工程时止。至此，建设工程施工合同履行完毕。在此阶段，无论对发包人还是承包人而言，面临的风险都比较多。归纳起来，存在的风险主要有以下三种情形：①发包人和承包人确认的结算工程价款与审计单位审计确定的决算工程价款不一致；②承包人的优先受偿权与购房人的期待权以及银行对发包人的抵押权相冲突；③发包人拖欠承包人工程款。

(一) 双方确认的结算款与审计确定的决算款不一致的风险识别

审计是由独立的审计机关和审计人员检查被审计单位的会计凭证、会

计账本、会计报表以及其他与财政收支、财务收支有关的资料和资产，监督财政收支、财务收支是否真实、合法和有效的行为。审计的目的是对公有制投资者的资金进行有效控制和监督，其职能是一种行政监督行为。

在建设工程项目审计中，被审计的单位是国有建设项目的建设单位。在我国向市场经济体制转轨以前，建设单位的建设资金来源基本上都来自于国家投资，因此在建设工程完工后都必须由审计单位对建设项目的财政收支进行审计，以保证对国家投资项目资金使用进行有效监督。在向市场经济体制转轨以后，随着建设主体和建设资金来源的多元化，私人主体也参与到建设工程当中，建设单位的概念被扩大，因此被审计的对象仅仅包括国家投资的建设项目或者国家参与建设的建设项目，非国有资金作为建设资金来源的建设项目不再作为被审计的对象。我国《审计法》第二十二条就规定："审计机关对政府投资和以政府投资为主的建设项目的预算执行情况和决算，进行审计监督。"《审计机关国家建设项目审计准则》第二条也明确规定："本准则所称国家建设项目，是指以国有资产投资或者融资为主（即占控股或者主导地位）的基本建设项目和技术改造项目。与国家建设项目直接有关的建设、勘查、设计、施工、监理、采购、供货等单位的财务收支，应当接受审计机关的审计监督。"该法第三条规定："审计机关在安排国家建设项目审计时，应当确定建设单位为被审计单位，必要时，可依照法定审计程序对勘查、设计、施工、监理、采购、供货等单位与国家建设项目有关的财务收支进行审计监督。"从以上规定可以看出，建设项目中的审计行为仅仅针对国家投资或者融资的建设项目，而非国有资金投资的建设项目则不作为被审计的对象。

按照我国现行法律和行政法规的规定，对于国有资金投资或者融资的建设项目竣工后的审计主要包括以下程序：①国有资金投资或者融资的建设项目在按照批准的设计文件所规定的内容建设完工后，应当由建设单位（包括项目法人）根据建设工程设计文件、施工图纸、设备技术说明书以及现行的施工技术验收规范等要求，及时组织验收并编制竣工决算报告和交付使用财产的相关手续；②在建设单位组织验收的过程中，审计机关应当对建设单位编制的竣工决算以及其财产交付的情况进行审计监督；③建设单位应当在编制建设项目竣工决算报告之前书面告知审计机关，在竣工决算报告编出之后，应当及时书面向审计机关申请竣工决算审计；④审计机关对建设单位的竣工决算报告进行竣工决算审计后，根据对建设项目的审计结果，依法制作审计意见书、审计决定，并可就建设项目审计有关事项向本级人民政府及其有关部门通报审计结果，提出审计意见和建议；⑤经本级人民政府同意，可以向社会公布所关注的有关建设项目的审计结果。

（二）双方确认的结算款与审计确定的决算款不一致风险的特征

建设工程决算审计价款和结算审核价款不一致的情况，仅仅发生在国家投资或者融资的建设工程中，在非国有资金作为建设工程资金来源的情况下并不需要审计机关对建设工程进行审计，因此一般不发生该类风险。该类风险的特征如下。

1.双方确认的结算款与审计确定的决算款不一致

双方当事人确认的工程结算价款与审计机关审计确定的决算价款不一致的原因，主要是对建设工程进行决算的程序和内容与建设工程结算的程序和内容不同，导致结算价款与决算价款之间存在较大差异。正是由于在国家投资或者融资的建设工程决算审计与建设工程结算审核的程序和内容不一致，导致建设工程的决算价款与结算价款不一致的情况时有发生。

建设工程决算审计的目的，是对政府投资项目和国有投资项目的投资真实性、合法性和效益进行控制，以维护国家财政经济秩序，促进廉政建设，保障国民经济健康发展，其性质属于行政监督。一般而言，决算审计程序包含了下列阶段：①审计机关制定审计工作计划；②审计机关根据审计计划确定审计对象并拟订工作方案；③审计机关确定审计方式；④审计机关向建设单位发出审计通知书；⑤审计单位根据竣工决算报告进行就地审计；⑥审计机关提出审计报告；⑦审定审计报告；⑧审计机关作出审计决定；⑨进行复审；⑩建立审计档案。决算审结的内容主要有：①竣工决算编制依据；②项目建设及概（预）算执行情况；③建设成本；④交付使用资产和在建工程；⑤尾工工程；⑥结余资金；⑦基建收入；⑧投资包干结余；⑨竣工决算报表；⑩投资效益评价；⑥其他专项审计等。主要审查下列内容：项目建设及概（预）算在具体执行过程中是否超支以及超支的具体原因；有无隐匿资金情况；有无隐瞒、截留基建收入和投资包干结余以及以投资包干结余名义私分基建投资之类的违法、违规、违纪行为；开标、评标、定标及合同的合法性、合理性、公正性以及可操作性的审查和竣工决算审计等。

而建设工程结算审核的目的是确认与控制建设工程的工程造价，以提高经济效益和投资效益，并将结算报告作为发包人向承包人支付工程款的依据。其性质属于工程造价咨询。建设工程结算的程序为：①熟悉施工现场及识读施工图纸、搜集整理好竣工资料；②掌握各分部分项工程定额工作内容及工程量计算规则；③计算汇总工程量；④套用定额计算直接费及按规定、合同要求等计取各种费用；⑤作出技术经济分析，列出建材耗用量；⑥写出编制说明等。建设工程结算审核包括下列内容：在工程项目实施阶段，以承包合同为基础，在竣工验收后，结合设计及施工变更、工程签证等情况，按照工程实际发生的工作量作出符合施工实际的竣工造价。

2.发包人将审计确定的决算款作为建设工程的结算价款

发包人将审计机关确认的建设工程决算价款，作为建设工程结算价款向承包人支付，混淆了发包人和承包人各自应当承担的义务和责任。

对于审计机关和建设单位来讲，由于建设工程的资金来源于国家投资或者融资，因此其资金的使用状况和建设工程的财务收支理应受到国家的监督和控制。国家对国有资金的使用监督主要是通过审计机关来进行。审计机关是专门负责对国有单位或者资金运用进行监督的行政部门，审计监督是一种行政行为，是行政系统的自我监督。审计机关对国有资金投资或者融资的建设工程的决算审计是一种国家审计行为，是国家审计机关通过宪法、法律和行政法规的授权而代表国家所实施的审计监督，主要是对建设工程的财务收支进行审计，是对与建设工程有关的经济活动的真实性、合法性所进行的审计监督。审计机关是监督者，建设单位是被监督者，审计机关对于其审计结果对国家负责，建设单位对其竣工决算报告向审计单位负责，这是一种行政上的制约关系。

而建设单位与承包人的建设工程价款结算则以建设工程施工合同为基础，依据工程量清单以及国家建设行政主管部门颁发的预算定额、工程消耗标准等因素，在建设工程实际竣工通过验收后，结合设计变更、工程量计算等其他因素作出的符合建设工程施工实际情况的竣工造价审查结果，这是一种平等主体之间的民事行为。结算结果经过建设单位和承包人确认后，对建设工程施工合同当事人双方都具有同等的法律约束力，审核结果应当作为双方结算建设工程款项的依据。这是一种纯民事意义上的法律行为，通过建设工程的竣工结算，双方的权利义务履行完毕后，建设工程施工合同便告完结。

因此，建设工程决算审计和工程款结算是两个不同性质的行为，前者由公法调整，后者由私法调整，它们各自产生不同的法律关系。对于审计机关和建设单位而言，决算审计是行政法上的权力和义务。对于建设单位和承包单位而言，工程款结算是民法上的权利和义务。建设单位不能将建设工程决算审计价款作为结算价款向承包人支付，否则，就错误地将发包人自身应当对国家审计机关承担的义务和责任转嫁到承包人身上，不但破坏了合同关系中的平等和意思自治原则，还将其在行政法和民法两个不同的法律部门所应当享有的权利（权力）和承担的义务相混淆。

3.审计机关强行要求按照审计结论确定的决算款进行支付

审计机关作为国家财政和财务收支的监督者，其审计的对象即被审计主体的范围在我国《审计法》第十六至二十四条中已经明确做出了规定。这些审计对象及事项包括：本级各部门（含直属单位）和下级政府（审计监督其预算的执行情况和决算，以及预算外资金的管理和使用情况），中央、与审计机关统计的地方各级人民政府（审计监督其预算执行情况），中央银行、国家的事业组织（审计监督其财务收支），国有金融机构、国有企业、国有资产占控股地位或者主导地位的企业（审计监督其财务状况），国家建设项目（审计监督其预算的执行情况和决算），管理社会保障基金、社会捐赠金以及其他有关基金、资金的政府部门以及受政府部门委托的社会团体，管理国际组织和外国政府援助、贷款项目的组织。从以上列举的审计对象及事项可以发现，承包人并不是被审计的对象，承包人与审计机关并没有行政法意义上的监督与被监督关系，审计机关的审计结果并不能对承包人产生直接的影响。因此，审计机关无权要求建设单位以其审计的决算价款为依据向承包人支付工程款。

尽管承包人不是被审计的对象，但是并不意味着审计机关在对建设单位进行审计的过程中，承包人不承担任何义务，只是承包人承担的义务不同于作为被审计对象的建设单位而已。我国《审计机关国家建设项目审计准则》第三条规定："审计机关在安排国家建设项目审计时，应当确定建设单位(含项目法人，下同)为被审计单位。必要时可以依照法定审计程序对勘查、设计、施工、监理、采购、供货等单位与国家建设项目有关的财务收支进行审计监督。"此条规定虽然提到了施工单位在必要时应当接受审计机关的审计监督，但是仍然应当明确的是，建设单位才为被审计单位。换言之，虽然承包人在审计机关对建设单位的决算审计过程中负有接受监督的义务和配合审计的义务，但是只是在必要情况下才接受审计监督。而且，在通常情况下，审计机关仍然只是负责对建设单位进行审计监督。如果在审计过程中，审计机关并没有对施工单位的财务收支情况进行审计监督，那么，也就意味着承包人并不受审计机关最后审计结果的约束。

(三)双方确认的结算款与审计确定的决算款不一致风险的成因分析

1.对国家投资或者融资项目中的审计监督权认识不一致

我国的行政法律体系包括行政法律、行政法规、部门规章、地方性法规和地方政府规章等，审计法律关系属于行政法律关系的一种。鉴于行政管理的复杂性，国家很难制定一部详尽的行政法律对不同领域、不同地区的具体问题进行规范，因此具有基本法律性质的行政法律多数都是总则性质的原则性规定，对于具体实施细则则由各地根据其自身经济发展状况而定。由于不同的地方立法者对于实施的细节认识存在不同，导致我国现行的审计监督法律体系存在不少矛盾。

作为审计法律规范的遵守者，建设单位守法的意思和方法取决于其主观的心理状态和法律认识水平。建设单位作为国有资产的管理者和国有资金的使用者，必须对其行为的真实性、合法性和效益性向国家负责，接受审计机关的审计监督，受行政上的制约。但是，在建设单位与承包人的法律关系中，二者是平等的民事主体，他们都要受到债权债务关系的制约，建设单位必须按照建设工程施工合同的约定向承包人履行义务。然而，在工程实践中，由于建设单位在建筑市场上处于绝对卖方地位以及国有资金投资或者融资的建设项目中的公权力背景，极易导致审计机关和建设单位对承包人权利认识不足和利用行政权力侵害承包人利益的情况发生，而承包人由于市场竞争的压力以及追求赢利的目的，使其成为相对不利的一方，在产生争议的情况下，承包人享有的合法权利往往不能得到充分保护。

2. 审计机关对自身权限认识不足，混淆两种不同的法律关系

在建设工程决算价款与结算价款不一致的情况下，审计机关强行要求发包人按照决算价款向承包人支付工程款所引起的纠纷，主要是由于审计机关对自身权限和职责认识不足，以及对行政行为和民事行为的主体、客体以及内容上存在认识偏差所致。审计机关作为审计活动的执法者，在审计活动中居于主导的地位，但是，由于我国的审计法律规范略显粗糙，在具体的审计实践中往往缺乏可操作性。一方面，审计机关在审计活动中必须依法审计，按照宪法和法律作出行政行为；另一方面，由于法律法规的缺位和漏洞，在具体操作过程中往往无法可依，为了履行国家赋予的监督权，审计机关只能自行操作，对其权限的认识可能出现误导，以致滥用行政权力。

3. 工程造价款项的结算是一项复杂的技术问题，容易导致纠纷

建筑工程竣工资料繁多，结算工作量十分巨大，计算整个建设工程的工程造价是一份极其专业的工作。建设工程的竣工结算主要有以下依据：①承包商与项目法人单位签订的合同或协议书，以及工程的招标文件和投标书。招标文件、投标书和合同是工程价款结算最主要的依据，这些依据主要规定了招标保函、履约保证金、工程量清单、单价以及总价、结算方式、预付工程款和备料款的支付与抵扣、材料供应的方式、质量保证金以及违约责任等。②施工工期和施工进度计划。③经批准实施的施工图纸。④设计变更通知、现场实际情况的记录和有关会议资料。⑤国家有关部门的政策规定。如概（预）算定额和各项费用的取费标准等。对于其中的某些问题，建设单位和承包人的工作人员可能持不同的意见和不同的方法。因此，建设单位与承包人之间的财务人员从开工到竣工，需要通过大量的工作进行沟通协调，才能对建设工程造价取得基本一致的意见，而由于建设工程的复杂性、系统性以及体系的庞大性，最后双方确认结算的工程造价也不可能是绝对客观准确的数据，他们的一致意见往往是相互妥协的结果。换言之，合同当事人的结算结果与任何第三方独立得出的结论存在差异是十分正常的现象，如果这种差异不被理解或者不被恰当理解就极易导致纠纷和风险。

(四) 优先受偿权、期待权及抵押权冲突的风险识别

1.承包人的优先受偿权

我国《合同法》第二百八十六条规定:“发包人未按照约定支付价款的,承包人可以催告发包人在合理期限内支付价款。发包人逾期不支付,除按照建设工程的性质不宜折价、拍卖的以外,承包人可以与发包人协议将该工程折价,也可申请人民法院将该工程依法拍卖。建设工程的价款就该工程折价或者拍卖的价格优先受偿。”这是我国法律对于承包人享有优先受偿权的明确表述。

对于该优先受偿权的性质,学界颇有争议。一种观点认为属于特殊的法定留置权。另一种观点认为属于法定抵押权,还有一种观点认为属于优先权。我们倾向于法定抵押权的观点。所谓法定抵押权,是指当事人依据法律的直接规定而非当事人之间的约定而直接取得的抵押权。从本质上讲,法定抵押权是一种法定担保物权。传统的抵押权主要表现为意定抵押权,它是当事人双方为使债权获得担保而通过约定设定的权利.其法律后果表现为债权人取得了优先于一般债权受偿的效力。由于受传统物权和债权一般效力规则的支配,意定抵押权的效力也由物权的效力所决定,充分体现了意思自治和国家强制的统一,而法定抵押权与优先权一样则完全体现了法律对民事活动的主动干预。然而,在我国的担保物权制度中,明确规定的法定担保物权只有留置权一种,而通说又认为抵押权是一种意定担保物权,那么在我国的担保物权制度中是否就不存在法定抵押权呢?我们认为,根据我国《合同法》第二百八十六条以及《最高人民法院关于建设工程价款优先受偿问题的批复》,《合同法》第二百八十六条规定的实际上就是一种法定抵押权。与意定抵押权相比,法定抵押权具有下列特征:①仅适用于属不动产的建设工程;②允许抵押权人占有担保财产,但是并不以承包人占有建设工程为权利成立的必要条件;③法定抵押权效力优先于意定抵押权。

之所以认定承包人优先受偿权是一种法定抵押权,并且允许承包人占有建设工程和认定法定抵押权的效力优先于意定抵押权,主要基于以下考虑:①与普通的加工承揽不同,建设工程耗资和人力耗资巨大,承包人在整个建设过程中需要耗费大量的人力、物力和财力。如果在工程竣工后,承包

人得不到工程款又不允许承包人对该工程项目行使优先受偿权，那么承包人必然沦落为普通债权人，而与发包人的其他普通债权人一样平等受偿，这对于付出巨大投资的承包人而言无疑是极为不利的，承包人遭受的经济损失将可能是巨大的，更对经济建设产生巨大的反作用。《合同法》第二百八十六条的规定虽然是一种担保物权，但是在我国《担保法》中并没有与此相对应的担保物权，正所谓名不正则言不顺，按照物权法定原则，应该在立法中明确其法律性质。②发包人通常是建设工程的所有人，在工程建设过程中，发包人往往需要筹集大量资金，不可避免地会将工程进行抵押筹措资金。而在发包人支付工程款以前，承包人已经实际占有着建造的房屋，虽然《合同法》第二百八十六条规定了承包人享有优先受偿权，但是没有对其与意定抵押权冲突时的优先顺位作出规定。如果意定抵押权优先与法定抵押权受偿，那么实际占有着建筑物的承包人必定不会轻易交出建筑物，从而引起更多的纠纷，甚至承包人在得不到工程款的情况下将建筑物损毁，使其不能发挥作用，造成极大的资源浪费。因此，必须使法定抵押权具有优先效力，才能合理的解决这种矛盾。③工程承包合同主要以完成一定工作或者提供一定劳务为标的，工程款在相当程度上具有劳动报酬的性质。而且，承包人通常并不具有雄厚的资金，如果垫付部分工程款以后，其大部分资本都投资在建筑物上，一旦工程款不能支付，将会使承包商血本无归，甚至导致其破产，承包人的工人也不能得到应得的工资，这无疑不利于社会的稳定与和谐。

2.购房人的期待权

所谓期待权，是指实现要件尚未全部具备，须待其余要件发生后才能实际享有的权利，比如附条件和附期限的法律行为所设定的权利，继承开始前的继承权，这些都属于期待权。

在商品房开发过程中，开发商为了筹措资金，通常采用将在建商品房进行预售，从而获得多渠道的建设资金。由于商品房建设尚未完成，建设中的商品房并不是法律意义上的物，因此购房人不可能对其享有现实的所有权。我们以为，在商品房预售中，预购人在与开发商订立合同、交付预售款、进行预售登记后，获得的只能是一种房屋所有权的期待权。何为期待？我国台湾地区民法学者刘得宽先生认为：“期待者，为权利取得之必要条件的某部分虽已实现，但又未全部实现之暂时权利状态也。”我国台湾地区民法学者王泽鉴先生对“期待”之含义也有过经典的表述：“自消极意义言，取得权利之过程尚未完成，权利尚未发生；自积极意义言，权利之取得，虽未完成，但已进入完成之过程，当事人已有所期待，这种期待，因具备取得权利之部分要件而发生。”因此，在民法学上，期待权属于债权的范畴。因为预售合同一经登记生效，预购人就因此取得一种请求预售人于将来某时交付房屋的权利。但是，这种请求权的行使需在双方约定的时间到来后方得行使，实际上这种权利就是民法上的一种附期限、附条件的债权。

对于不动产所有权的取得和转移，我国采用的是严格的所有权登记制度。无论是期房还是现房，购房人在签订购房合同都不可能立刻登记为其所购买的不动产的所有人，因此，购房者购买的无论是现房还是期房，在合同成立之时，它拥有的只是一种期待权。对于现房来说，由于购房者尚未办理登记过户手续，因此它拥有的是所有权的期待权。对于期房来说，它拥有的是一种请求之期待权，即在商品房建成之后，请求开发商交付其购买的房屋并办理登记过户手续的权利。

3.银行的抵押权

发包人通常是建设工程的所有人。在建设过程中，为了资金的筹集，发包人通常会将在建工程整体作为抵押的客体，向银行办理抵押贷款手续来筹集更多的资金，银行因此对该建设工程也享有抵押权。

所谓抵押权，是指债务人或者第三人不转移其对财产的占有，将该财产作为债权的担保；当债务人不履行债务时，债权人有权依约定将该财产折价、拍卖或者变卖并优先受偿。当发包人逾期不能清偿其对银行之债务时，银行可以就建设工程向法院申请折价、拍卖或者变卖并就价款优先受偿。抵押权有两项基本内容：①对抵押财产的变价处分权；②就抵押财产卖得之价金的优先受偿权。“变价处分权”是抵押权人在债务人不履行债务时，以合法方式拍卖、变卖抵押财产或与抵押人协议以抵押财产折价偿债的权利。“优先受偿权”指对抗一般债权人或后顺序的担保权人，可以优先获取变价处分结果的权利。所谓一般债权人是指对债务人不享有担保物权的其他普通债权人。

与《合同法》第二百八十六条规定的承包人优先受偿权不同，银行对发包人享有的抵押权是意定抵押权，也就是抵押权的一般形态。确立一般抵押权对于当事人双方来说是一种要式行为，债务人或第三人与债权人以法定的表意形式形成抵押合意时，抵押行为成立。抵押行为成立时，依照是否登记为生效要件，分为登记生效和成立生效两种类型。根据我国《担保法》第四十一至四十三条的规定，凡以不动产、航空器、船舶、车辆、企业的设备和其他动产抵押的，应当办理登记，抵押合同自登记之日起生效。这种登记影响抵押的法律效力，其登记则生效，不登记则不生效。而当事人以法定抵押登记之外的财产抵押的，是否办理登记，则由当事人依意思自治原则决定。办理了登记的，抵押合同自签订之日起生效，该登记记载了当事人之间业已存在的抵押权利义务关系，且赋予抵押权对抗第三人的效力；没有办理登记的，抵押合同也自签订之日起生效，但是，该种抵押权在抵押合同当事人之间具有法律约束力，而不具有对抗第三人的效力。在不动产抵押中，抵押权必须经过登记才发生效力。

(五) 优先受偿权、期待权及抵押权冲突风险的特征。

1.三种权利冲突的原因和目的不同

优先受偿权的权利主体是承包人，义务主体是发包人。当发包人未按照双方确认的结算支付工程价款，承包人经过催告而发包人仍未支付时，除按照建设工程的性质不宜折价、拍卖的以外，承包人可以与发包人协议将该工程折价，也可以申请人民法院将该工程依法拍卖。建设工程的价款就该工程折价或者拍卖的价格优先受偿。这种民事法律关系实际上是一种债权债务关系，而该建设工程实际上是发包人为履行其对承包人的债务所提供的担保物，该权利存在的目的是为了担保承包人对发包人享有的债权。

之所以产生购房人的期待权，是因为购房人与开发商签订了商品房预售（买卖）合同并进行了商品房预售登记，在其购买的房屋未正式过户登记之前，即使购房人缴纳了全部房款，由于不动产所有权的享有和变动以登记或者登记变更为依据，购房人仅仅享有对开发商的债权，购房人取得房屋所有权的权利要件尚未齐备，因此购房人期待的是对房屋的所有权。该权利存在的目的是为了保证购房人按照约定取得房屋的所有权。

而银行对发包人所享有的抵押权是因为发包人在建设过程中为筹集资金，而将在建工程作为抵押财产抵押给银行，作为其向银行贷款的担保，当发包人逾期不能清偿债务之时，银行可以将该抵押的建设工程通过折价、拍卖或者变卖的方式进行处分，并就所得价金优先受偿，以实现其抵押权，达到清偿债务的目的。因此，银行所享有的抵押权实际上也是为担保其对发包人享有的债权而产生的，也是一种担保物权，权利的主体是银行，义务的主体是发包人。该权利存在的目的是为了担保银行对发包人的债权。

2.三种冲突的权利指向相同

三种可能冲突的权利都指向建设工程这个客体。并且，对于承包人的优先受偿权和银行的抵押权而言，建设工程都作为担保财产而存在。虽然处于建设中的工程由于不具备特定性和独立性尚不属于民法意义上的物，但是并不能因此否定其财产价值。承包人可以通过将建设工程折价、拍卖或者变卖并就价金受偿，就是因为在建工程具有价值；在商品房尚未竣工之前，购房人预购商品房也是因为在建商品房具有价值；银行接受发包人将在建工程作为抵押财产而将资金贷给发包人，还是因为在建工程具有价值。尽管三种权利产生的原因和目的各不相同，但是如果要实现这三种权利都要通过对建设工程进行处分才能完成。

3.三种冲突的权利在实现上具有顺位

当以上三种权利中的两种或者三种权利并存之时，会涉及到权利的顺位问题，也就是当权利冲突之时哪个权利优先于其他权利实现的问题。

当承包人优先受偿权与银行享有的抵押权并存时，承包人优先受偿权优先银行的抵押权而实现。《合同法》第二百八十六条仅规定：“建设工程的价款就该工程折价或者拍卖的价款优先受偿。”而《最高人民法院关于建设工程价款优先受偿问题的批复》则进一步明确规定：“人民法院在审理房地产纠纷案件和办理执行案件中，应当依照《中华人民共和国合同法》第二百八十六条的规定，认定建筑工程的承包人的优先受偿权优于抵押权和其他债权。”

当购房人为其所购房屋支付了全部或者大部分价款的情况下，并且购房人的期待权与承包人的优先受偿权相冲突时，购房人对房屋所有权的期待权优先于承包人优先受偿权。对此，《最高人民法院关于建设工程价款优先受偿问题的批复》明确规定：“消费者交付购买商品房的全部或者大部分款项后，承包人就该商品房享有的工程价款优先受偿权不得对抗买受人。”之所以在司法解释中作出如此规定，这是因为立法者对不同利益进行衡量的结果。相对于承包人和银行来说，购房人作为普通消费者更是处于更为弱势的地位，购房款对于普通消费者来说是一笔巨大的数目，如果不能保证消费者以其自身大部分财产换来的房屋所有权的实现，对于社会来说是极不安定的。民法应当以人为本，基于追求实质正义和制度和谐的理念，实质平等地保护民事主体的民事权利。

(六) 优先受偿权、期待权及抵押权冲突风险的成因分析

1.房地产市场过热且运作不规范

随着我国经济的不断发展，房地产市场也开始了前所未有的繁荣，各地建设工程如火如荼、比比皆是。但是，由于向市场经济体制转变的时间不长，尚未形成完善的房地产开发体系，导致出现大量的房地产开发纠纷。例如，许多开发商在其本身资金并未完全到位的情况下就开工。这是导致优先受偿权、期待权及抵押权现实地发生冲突的重要原因。在火热的房地产开发市场中，开发商为了赚取利润往往通过各种途径进行融资，而将在建工程作为抵押财产向银行贷款修建或者将在建商品房预售进行资金募集就是常用的方法。由于建设工程本身就是一项巨大的系统工程，在建设期间要根据不同的情况随时做出不同的调整。例如设计的变更、工程量增加等因素必然引起预算工程价款的增加。由于发包人本身的资金并不能完全应对可能出现的风险，因此通过商品房预售或者抵押贷款而将风险转移到消费者和银行身上就成为开发商的必然选择。如果建设工程竣工后不能及时还清贷款或者支付承包人工程款，那么这种因权利冲突所导致的风险和纠纷就会接踵而来。而对承包人而言，由于目前的建筑市场是绝对的卖方市场，即使承包人明知发包人的运作不规范或者存在其他风险因素，但是为了自身的生存，也不得不向这些风险进行妥协，更加剧了这类风险出现的可能性。

2.建筑市场中发包人的诚信状况不容乐观

法律赋予承包人以优先受偿权的现实原因在于，发包人拖欠工程款现象的普遍存在。毋庸讳言，目前我国工程建设领域的诚信状况并不乐观，甚至有的发包人在订立施工合同时就没有打算履行合同所约定的工程价格条款。基于发包人绝对的卖方地位和我国目前的房地产开发现状，缺失诚信甚

至丝毫不影响这些发包人在建筑市场中的生存，于是某些发包人便有恃无恐地将“诚信”两字抛诸脑后。另外，我国目前也并没有建立起完整的个人或者法人信用体系。对发包人来说，即使发包人向银行贷款的清偿期已满，拖欠债务的情况也并不罕见，致使银行的抵押权、承包人的优先受偿权和购房人的期待权并存与冲突的情况时有发生。

3.对于预防权利冲突缺乏必要的制度约束

在工程实践中，未到最后的结算阶段，承包人的优先受偿权并不能确定其是否行使。只有在发包人未按约支付工程款的时候，承包人才现实地行使优先受偿权。如果发包人按约支付了承包人的工程款，则承包人并不现实地行使优先受偿权，因此在建设工程结算完结之前，承包人优先受偿权能否行使处于不确定状态。而发包人将在建工程作为抵押财产向银行贷款之时，却发生在承包人优先受偿权可能发生之前。银行在贷款审查之时，承包人优先受偿权作为一种法定担保物权并未现实地行使，因此银行在贷款时无法确定在抵押财产上将来是否会出现权利瑕疵，也无法确定弥补该权利瑕疵后抵押财产剩余的价值。当银行向发包人贷款后，如果承包人行使优先受偿权，银行的抵押权又不能对抗承包人的优先受偿权。如果银行向发包人的贷款金额高于承包人行使优先受偿权后的建设工程变价后剩余的款项，那么对于银行来说损失就不可避免了。对于购房人来说，由于建设工程还不是作为民法意义上的物而存在，那么建设工程的所有权也无法确定，购房人也无法查询到该在建工程上是否存在其他权利，相对于承包人和银行而言，其地位处于更加不利。这也是司法解释中规定承包人优先受偿权不能对抗支付了全部或者部分价款的购房人权利的重要原因。

要解决这些由于制度缺失而带来的风险，就要建立一种新型的预告登记制度，使得无论承包人、银行还是购房人通过查询预告登记就能清楚建设工程当前权利的存续情况，从而做出更符合实际情况和自身利益的决定，有效避免权利冲突的出现。

（七）发包人拖欠承包人工程款的风险识别

1.建设工程领域拖欠工程款的现状分析

工程款拖欠是指在建设工程经竣工验收合格，且通过工程价款结算确认了发包人应支付给承包人的工程价款数额后，由于发包人自身原因未按照约定向承包人支付工程款。随着我国经济的不断发展以及建筑市场的空前繁荣，由于各方面因素的影响，导致工程价款拖欠的现象越演越烈。长期以来，建设工程领域中存在的大量工程款拖欠给施工人员、施工企业以及社会诚信带来了巨大的负面影响。

建设工程领域中，开发商、承包商、分包商和施工人员（主要是农民工）之间形成了一条经营链。开发商与承包商或者分包商构成第一层关系链，承包商和农民工之间构成第二层关系链。如果第一层关系链有拖欠工程款的情况存在，那么直接导致的后果就是第二层关系链中农民工工资的拖欠。对施工企业来说，背负沉重的贷款利息，资金周转十分困难，甚至影响到其存亡，企业生产步伐举步维艰，严重影响施工企业的健康发展。对银行来说，其贷款得不到清偿，甚至可能形成大量的烂账、坏账，对于我国金融体系和信用体系的健全和发展有着直接的不利影响。对于施工人员尤其是农民工来说，辛苦的工作换来的是拿不到手的报酬，连基本生活都无法保证，极易造成群体性事件，直接影响社会稳定及和谐社会发展。对整个社会来说，巨额工程款的拖欠不仅形成了全国性的“债务链”，使正常的信用观念遭到破坏，潜存着严重的经济风险，而且直接制约了建设工程质量的提高和企业经济效益的实现。

可见，拖欠工程款的负面影响是逐层递进，形成蝴蝶效应，极易成为社会的不安定因素，成为制约社会稳定与和谐发展的社会性问题，应当引起我们的高度重视。

2.发包人拖欠承包人工程款风险的特征

(1) 拖欠工程款往往涉及标的数额巨大，时间跨度长。建设工程的庞大性、复杂性和系统性决定了建设工程的工程价款的标的额巨大。从签订建设工程合同到建设工程完工后通过竣工验收，往往需要一年甚至数年的时间。在如此长的时间跨度当中，各施工项目都要花费巨大的人力和财力，证明工作量和各建设项目工程价款的相关单证和来往信函比较多，结算的时候进行整理也需要花费相当大的精力和时间。而建设工程领域又是一个十分专业的领域，往往涉及到十分繁杂的技术性问题，根据需要和实际情况随时对建设进度进行调整，在实践中，建设工程的花费往往都超过最初的预算金额。

如此多的因素和庞大的金额来往夹杂在如此长的时间跨度当中，极易发生纠纷。

(2) 发包人依照约定主动支付工程款的情况少，常常以各种理由拖延。在我国目前信用普遍缺失的大环境下，当发包人对建设工程竣工验收完毕，发包人与承包人双方结算确认工程价款后，发包人很少主动按照约定及时向承包人支付结算确认的工程价款。一旦承包人提出支付工程款请求或者催付工程款时，发包人往往以资金周转困难、工程延期或者工程质量有瑕疵等理由拖延支付工程款项。对于承包人来说，在建设工程建设的过程中，通常垫付了大量的资金进行建设（例如包工包料的建设方式就是一种变相的垫资行为），如果拿不到应得的工程价款，那么承包人对于其施工人员也无法支付工资，不但影响到其企业的生存，而且更影响到大量农民工的生存，导致不少农民工采用极端行为讨薪，造成极为严重的社会影响。因此在工程价款的结算与支付问题上，承包人一催再催，发包人一拖再拖的情况屡见不鲜，有的甚至拖欠数年之久。

(3) 发包人和承包人对选择审价机构和确认结算结果往往不能达成一致。在进行最后工程价款结算时，涉及非常专业的会计知识，仅仅依靠发包人和承包人双方很难正确、及时地完成结算工程价款的审核，因此往往需要指定专业的审价机构对工程款进行审价。由于发包人和承包人是两个不同的民事主体，而工程价款结算审核又涉及各自的经济利益，因此，双方很难就选择建设工程审价机构达成一致意见，即使达成一致并共同选择了审价单位，但是对于最后结算的结果也各有保留。在这种情况下，发包人常常利用其主动地位，采用拖延办法，长期不委托中立的审价机构对建设工程工程款进行审价，或者以对审价结果有异议为由拒不支付承包人的工程款。

（八）发包人拖欠承包人工程款风险的成因分析

1.建设工程领域中诚信缺失成为普遍现象

随着改革开放以来，我国逐步实现计划经济体制向市场经济体制的转轨。伴随着市场的开放和经济的复苏，过度强调自我以及拜金主义等不良思想不时冲击人们的思想，导致了社会道德的滑坡和缺失，人们在市场经济环境中过度追求利益，却遗忘市场经济诚实信用的基本准则，这是对市场经济的误读。在建设工程领域中，我国房地产开发事业空前繁荣，房地产开发行业似乎成了一项只赚不赔的行业，于是一些房地产开发商在其开发项目资金严重短缺的情况下，依靠承包人的垫资或者向银行的贷款进行开发，甚至把拖欠工程款作为其企业经营的重要手段。在签订建设工程施工合同时，采取欺骗等手段骗取承包人的信任，在工程竣工后却以各种理由为借口延付甚至拒付工程款。在当前建筑市场中，由于开发商处于绝对有利的地位，这种歪风越演越烈，形成了全国性的债务链。而拖欠工程款的主体不仅是只有市场主体，甚至政府也在拖欠工程款的行列当中。

2.建筑市场不规范，施工企业供大于求，竞争过度

我国的市场经济还是不成熟的市场经济，缺乏成熟的保障机制和竞争机制，在建设工程领域中，承包人往往通过牺牲自己的权利来换取建设工程的承建权。在供大于求的建筑市场中，为了在激烈的竞争中获得一席之地，一些施工企业不惜采用“自虐”的方式来承接建设工程。例如，在招标中以低于成本价的价格来获取建设工程的承建权，这样做的结果必然是在竣工结算时会因为结算工程价款而发生纠纷。事实上，对于一些投资规模巨大，资金不到位的建设工程，由施工企业垫资承建已经成为建设工程领域通行的“潜规则”。

3.建筑市场主体法律意识淡薄，缺乏既懂专业又懂法律的复合型人才

在计划经济时代，建设单位和施工单位基本上都是国有单位，在工程建设过程中经济核算粗糙，也没有大量的资金往来。但是，随着市场经济体制的建立和发展，建筑市场的主体呈多元化发展趋势，建设单位和施工单位双方的资金往来也越来越频繁，各单位之间的经济核算也越来越细化，为了规范不断发展的建筑市场，国家也出台了不少相关的法律、法规和标准化文件，如《建筑法》、《建设工程质量管理条例》、《建设工程施工合同（示范文本）》等，而建筑行业熟练运用这些法律、法规和标准化文件需要一个过程。总的来讲，与国外同行业相比，我国建筑行业的专业意识和法律意识都极为淡薄，规范程度不高。此外，在建筑市场中的从业人员素质普遍不高，缺乏既懂建筑专业又懂法律的复合型人才，这也使得发包人和承包人在订立和履行施工合同过程中面临的风险众多，解决手段也很单一。

4.我国调整建筑工程领域的法律规范不健全

我国法治化进程时日尚短，法治化速度滞后于经济发展的速度，有些法律规范缺乏可操作性，不能很好地解决当前建筑工程领域存在的问题。例如，《建筑法》第十八条规定："建筑工程造价应当按照国家有关规定，由发包单位和承包单位在合同中约定。公开招标发包的，其造价的约定，须遵守招标投标法律规定。发包单位应当按照合同的约定，及时拨付工程款项。"但是，该部法律却并没有对不及时拨付工程款的法律责任进行规定。又如，虽然《合同法》第二百八十六条规定承包人可以就建设工程折价或者拍卖的价款优先受偿，但是，由于诉讼时间长，诉讼成本偏高，并且容易得罪当事人，因此，不到万不得已，很少有承包人选择通过诉讼的途径来解决欠款纠纷。并且，针对承包人享有的优先受偿权，《合同法》也没有对不宜折价、拍卖的工程范围作出界定，具有相当的模糊性和随意性，这不利于实践中的贯彻执行。另外，长期以来我国法律都将拖欠工程款的法律责任界定在民事责任范围，《刑法》中并没有规定对债务人恶意拖欠债务的刑事责任条款。因此，个别发包人不但缺失信用，甚至利用法律的漏洞和承包人的弱势地位，抓住施工企业不愿意通过诉讼解决纠纷的心理，恶意拖欠工程款。

三、结算款与审计确定决算款不一致的风险控制

双方确认的结算款与审计确定的决算款不一致的风险控制，可以采用损失控制方法中的损失预防措施。因为这种风险一旦出现，而当事人之间又不能达成一致的话，那么即使是通过诉讼解决问题，对于当事人双方来说损失都是不可避免的，这类损失主要是指当事人双方都面临诉讼周期长、诉讼成本高所带来的损失，如果该损失已经发生，也无法对该类损失进行抑制。对于该类风险的损失预防，可以考虑从以下几个方面着手。

（一）正确确定工程的造价，防止决算结果差异过大

正确确定工程的造价，防止工程价款结算与决算结果差异过大。工程造价的确定是一个专业性的技术问题，但是在发包人和承包人双方共同确认工程造价的情况下，却更像是一个谈判与妥协的问题。为了尽可能准确地结算工程价款，可以采用建设部发布的《建设工程工程量清单计价规范》中规定的与国际惯例接轨的计价模式，即"确定量、市场价、竞争费"。

“确定量”是指在全国范围统一的“项目编码”和“项目名称”之下，采用“统一的计量单位和统一的工程量计算规则”。而“市场价”和“竞争费”则是指彻底地放开价格，将工程量消耗定额中的工、料、机等价格和利润、管理费全面放开，由市场决定价格。而投标企业则根据自身专业技术特长、材料采购渠道以及管理水平等因素，制定出符合企业自身利益的报价。这样，在市场上形成有序竞争，确定规范的竞争价格，依据法律法规的有关规定，由报价不低于成本价的合理低价者中标。总之，尽可能有序、有据地确定工程价款，是防止此类风险出现的有效方法。

(二) 审计机关对设计变更充分的理解并认真审计

审计机关对于建设过程中的设计变更或者工程量增加应当给予充分的理解并认真审计。在工程建设过程中，根据实际需要和不同情况，常常会出现设计变更和工程量增减，这在建设工程领域中也是常见的事情。实际工程结算价款以及决算价款，都应当根据实际工程量和最后采用的设计来进行计算。《建设工程工程量清单计价规范》确认在“从约原则”和“意思自治”原则下双方互相妥协，讨价还价，这是确定正确的工程造价的基本方法。

审计机关作为行政监督机构，对于被审计单位的行为适用行政法进行规范；而建设工程价款的结算是发包人与承包人就建设工程的造价进行的确认，属于民事行为，适用民事法律规范进行调整。行政法调整的是以命令和服从为特征的国家行政管理关系，行政主体之间地位具有不平等性；而民法调整的是平等主体之间的人身关系和财产关系，主体之间的平等性是其区别于行政法的主要特征。在我国的法律体系中，《审计法》约束的是审计机关、行政机关以及受权管理、使用国有资产的主体，因此，行政法的主体不能越权干涉民事行为，作为监督机构的审计机关必须明确该项原则。由于施工过程的复杂性和长期性，为了适应工程进度和实际情况，发包人和承包人根据需要变更合同内容的情况是常见的，超出合同内容的情况也很多，只要是在不违背大原则的前提下，合同双方和监理人通常都会相互理解、互相妥协，并达成一致的方案。因此，在审计决算工程款时，审计机关必须充分考虑到建设过程中的变数，根据实际建设的工程量来进行审计监督，如果仅仅以“套用定额子目”偏高为由否定发包人与承包人的实际结算工程价款，认为是虚报工程款，这是不恰当的。

发包人和承包人应当做好工程价款的结算审核工作。审核不同于审计，工程价款结算审核是发包人与承包人按照合同的约定，共同审查、核对建设财务收支，或者发包人与承包人共同指定审价机构进行建设工程财务收支审查、核对并结算最终的工程结算价款，以确保工程价款计算的正确性，该行为的法律性质属于一种民事行为。结算审核主要是以审核工程量是否正确、单价的套用是否合理、费用的计取是否准确三个方面为重点，在施工图的基础上结合合同、招标投标书、协议、会议纪要以及地质勘察资料、工程变更签证、材料设备价格签证、隐蔽工程验收记录等竣工资料，按照有关的文件规定进行计算核实。

对施工图工程量的审核，重点是熟悉工程量的计算规则。一是分清计算范围，二是分清限制范围，三是仔细核对计算尺寸与图示尺寸是否相符，防止产生计算错误。对工程量签证凭据的审核重点是现场签证及设计修改通知书，应当根据实际情况核实，做到实事求是，合理计量。审核时应做好调查研究，审核其合理性和有效性，不能见有签证即给予计量，杜绝和防范不实际的开支。

套用单价的审核关系到工程造价的定额。工程造价定额具有科学性、权威性、时效性，它的形式和内容、计算单位及数量标准应当严格执行，不能随意提高和降低。在审核套用预算单价时要注意如下问题：①对直接套用定额单价的审核。一方面，要注意采用的项目名称和内容与设计图纸的要求是否一致。另一方面，工程项目是否重复套用，在采用综合定额预算的项目中，这种现象尤其普遍，特别是项目工程与总包及分包都有联系时，往往容易产生工程量的重复计算问题。②对换算的定额单价的审核。除按上述要求外，还要弄清允许换算的内容是定额中的人工、材料或机械中的全部还是部分？换算的方法是否准确？采用的系数是否正确？这些都将直接影响单价的准确性。③对补充定额的审核。其主要是检查编制的依据和方法是否正确，材料预算价格、人工工日及机械台班单价是否合理。

在费用审核中需要注意的是，取费应根据当地工程造价管理部门颁发的文件及规定，结合相关文件如合同、招标投标书等来确定费率。审核时，应注意取费文件的时效性；执行的取费表是否与工程性质相符；费率计算是否正确；价差调整的材料是否符合文件规定。例如，计算时的取费基础是否正确，是以人工费为基础还是以直接费为基础。对于费率下浮或总价下浮的工程，在结算时特别要注意变更或新增项目是否同比下浮等。

总之，在双方确认的结算款与审计确定的决算款不一致风险导致的诉讼中，国家审计机关对建设单位所做出的审计结论只能作为一种证据存在，在证明力上并没有高于其他证据的效力。如果审计机关有权确定工程造价，并以其确定的审计决算价款代替发包人和承包人双方确认的工程结算价款，那么这是一种明显的越权行为，不应当具有法律效力。

二、建立预登记制度，预防权利冲突的发生

对于承包人的优先受偿权，在发包人应当向其支付工程款的时间届满之前，并不能确定其能否现实地行使，只有当发包人未按期向承包人支付双方确认的工程价款时，承包人才能行使其优先受偿权。需要注意的是，权利的享有和权利的行使并不是一回事，前者是一种主体资格，后者是一种法律行为。因此，为了避免发包人的其他债权人由于不知道承包人是否行使优先受偿权而造成损失，可以考虑建立承包人优先受偿权的预登记制度。

尽管我国《合同法》第二百八十六条规定的承包人优先受偿权实质上是一种法定抵押权，但是该法定抵押权却没有要求必须进行登记。如果不要求该法定抵押权必须进行登记，那么，该项权利就会与物权的公示公信原则相冲突，而且也对一般的抵押权人极为不利。因为一般抵押权人在订立抵押合同时并不知道将来是否会存在法定抵押权，由于法定抵押权优先于一般抵押权受偿。如果将来法定抵押权的行使成为现实，势必影响债务人的清偿能力，对一般抵押权人而言并不公平。因此，如果能使一般抵押权人知道法定抵押权的存在，那么一般抵押权人在与发包人形成债权债务关系时必然会慎重考虑制定最符合自身利益的方案，这也有利于经济社会的稳定和社会诚信度的提高。

承包人优先受偿权的预登记，是在承包人承包工程以后，通过中立的、专门的第三方评估对工程价款做出一个大概的最高额估计，并将该工程款项进行预登记，该登记的金额是承包人法定抵押权实现的最高额。如果实际工程价款结算金额高于该预登记金额，那么只能以登记的金额优先受偿，其他

未能清偿部分作为普通债权。如果结算金额低于登记的最高额，那么应以实际的结算额为准，余额部分应当返还发包人。这样，既可以保证承包人的利益，也可以保证其他抵押权人的利益。如果发包人在建设过程中因筹集资金而将土地使用权和建筑物进行抵押进行借贷，那么，贷款人就能够通过登记簿了解到该建筑物上将来可能存在的法定抵押权的最高价金，从而估计出如果自己接受抵押借贷，那么一旦承包人行使法定抵押权，清偿完法定抵押权后的余额部分能否完全清偿自己的债权，从而对借贷条件和金额进行审慎的考量，尽力避免权利冲突的情况发生，继而也能保护一般抵押权人的利益。

通过建立预登记制度，可以使发包人的其他债权人清楚地了解作为抵押财产的建设工程上是否还有其他权利的存在，能够使发包人的潜在贷款人根据实际情况决定自己贷款给发包人的风险，从而有效预防权利冲突的情况发生。

第五节　建设工程质量保修阶段的合同风险管理

一、建设工程保修阶段的风险预防

(一) 损失预防

建设工程保修阶段风险的成因十分复杂，往往是多方面原因复合在一起作用的结果。因此，必须结合保修阶段风险的成因，采取相应的损失预防措施，才能达到控制风险和损失的目的。

从宏观上讲，要控制建设工程保修阶段的风险，离不开对我国市场机制的完善。要改变建筑市场的封闭性或半封闭性，形成一个统一、开放的建筑市场，发挥出市场的导向作用，通过市场的刺激和调节来促进建设工程保修制度的发展和完善。而加强建筑市场的信用体系建设，培育建设工程合同双方的诚信，则是完善市场经济体制的重要内容。由于建设工程保修本身就是一种后合同义务，诚实信用原则是其赖以存在的基石，因此要控制建设工程保修阶段的风险，就必须在建设和完善建筑市场的同时加强建筑市场的信用体系建设。

在建设工程保修期间，只要发现建设工程存在质量瑕疵，不管有无损害，施工方均有义务进行修复，如果造成了损害，还要承担损害赔偿责任。建设工程质量保修阶段对于促进承包人加强质量管理，保护用户及消费者的合法权益具有重要意义。我国现行的建设工程质量保修制度确实给予业主很大的保修保证，但是这项制度仍然存在内容单一，没有形成体系，缺乏科学性等不足。事实上，建设工程回访保修制度作为建设工程保修制度的配套制度，对于落实损失预防措施具有重要作用。

所谓建设工程回访保修，是指建设工程在竣工验收交付使用后，在一定期限内由施工单位主动向建设单位或用户进行回访，对由于施工单位责任造成的建筑物使用功能不良或无法使用等问题，由施工单位负责修理，直到达到正常使用的标准。建设工程回访保修制度体现了施工单位对工程项目负责到底的精神，在工程项目管理中具有重要意义：①有利于及时听取用户意见，发现问题，找到工程施工质量的通病及薄弱环节，总结施工经验，改进施工工艺，提高施工、技术和质量管理水平。②有利于施工单位重视管理，加强责任心，搞好工程质量，杜绝并消除隐患。③有利于加强施工单位同建设单位和用户的联系和沟通，增强建设单位和用户对施工单位的信任感，提高施工单位的社会信誉。

建设工程回访主要有季节性回访、技术性回访和保修期满前的回访三种方式。①季节性回访大多数是在雨季回访屋面、墙面的防水情况，冬季回访锅炉房及采暖系统的情况，发现问题后采取有效措施，及时予以解决。②技术性回访主要了解在工程施工过程中所采用的新材料、新技术、新工艺、新设备等技术性能和使用后的效果，发现问题及时加以补救和解决，同时便于总结经验，获取科学依据，不断改进和完善并为进一步推广创造条件。③保修期满前的回访是在保修即将届满之前进行回访。这样既可以解决出现的问题，又标志着保修期即将结束，使建设单位注意建筑物的维修和使用。回访由施工单位的领导组织生产、技术、质量、水电等有关方面的人员共同参与，必要时还可邀请科研方面的人员参加。回访时，由建设单位组织座谈会或意见听取会，并察看建筑物和设备的运转情况等。回访必须认真，必须解决问题，并应做出回访记录，必要时应写出回访纪要。

(二) 损失抑制

损失抑制在风险控制中的作用就在于减少风险事故发生时或者发生后损失发生的程度。做好损失抑制工作，应当考虑从以下方面入手：①强化建设单位和工程使用人的通知和减损义务。建设单位和工程使用人是建设工程的管理人或者使用人，在一般情况下他们也是工程缺陷的发现者。因此，必须强化建设单位和工程使用人的通知和减损义务，只有他们及时通知施工单位并采取了防止损失扩大的有效措施，建设工程保修阶段风险事故导致的损失才能得到有效控制。②及时固定和保存相关的证据，以便在发生纠纷时，可以提出相关的证据。按照“谁主张，谁举证”诉讼证据规则，当事人必须对自己的主张提供证据予以证明。如果对自己的主张不能提供证据证明，就可能承担败诉的风险。因而，无论是建设单位还是施工单位，如果没有及时固定和保存相关的证据，必然会不利于其合法权利的保护，同时也不利于损失的抑制。可见，及时固定和保存相关证据对风险控制和损失减少具有十分重要的作用。③继续完善建设工程质量保修金制度。建设工程质量保修金是指发包人与承包人在建设工程合同中约定，从应付的工程款中预留，用以保证承包人在缺陷责任期内对建设工程出现的缺陷进行维修的资金。质量保修金的设立，对于施工单位切实履行保修义务，保证建设工程质量，维护业主和用户的合法权益具有极其重要的作用。

二、建设工程保修阶段风险的有效控制

对于建设工程保修阶段的风险，可以通过推行建设工程保修保险和建设工程质量综合保险的保险转移措施对其进行有效控制。推行建设工程保修保险和建设工程质量综合保险的目的，就是分散建设工程保修阶段的风险，维护各方当事人的合法利益及社会公共利益，进一步推动建设工程保修阶段的保险机制建设，促进我国建筑市场的健康发展。

世界各国及地区对建设工程竣工交付后的质量责任都作出了大同小异的规定。但是，由于某些责任主体尤其是承包商，在经过数年运营后可能出现资不抵债或者破产的情况，也可能出现他们购买的执业保险期限太短或保险金额不足，甚至是不复存在的情形，这些都会加重建设工程保修阶段风险

的危害。我国《建筑法》也规定了建设单位、施工单位以及其他相关主体的法律义务和法律责任，而且对损害赔偿不再有限额的规定，这样，有关责任主体的义务和风险将进一步加大。如果建设工程的当事人不通过工程担保分散风险或者通过保险转移风险，一旦发生违约或重大责任事故，责任单位事实上将会无力承担，那么，必然会加重建设工程合同当事人的风险，而责任单位也可能难以生存，最终不利于社会经济的健康发展。何况我国《建筑法》第六十条还规定："建筑物在合理使用寿命内，必须确保地基基础工程和主体结构的质量。"换言之，基础工程的保修年限最低为建筑物的合理使用寿命，即设计年限，一般为几十年，甚至上百年。而《建筑法》第八十条又把损害赔偿责任的期限规定为"在建筑物的合理使用寿命内"。在这样漫长的时段内，要真正落实责任的承担，减轻建设工程保修风险的损失并进一步预防和控制风险的发生，必须通过保险途径来解决。建设工程保修保险是就承包商对建设工程合理使用寿命内的地基基础和主体结构工程等负有的保修义务，由保险人向建筑物权利人提供的保险险种。建设工程质量责任综合保险，是指在建筑物合理使用寿命内，因建设工程质量问题造成建筑物本身及以外的财产及人身损害，由保险人予以承保的险种。建设工程保修保险和建设工程质量责任综合保险的保险标的都是权益，二者都属于财产保险的范畴。应当根据市场经济的基本要求，借鉴国内外已有的保险经验，推行建设工程保修保险和建设工程质量综合保险，建立起建设工程交付使用后至合理使用寿命内的保险机制。当然，控制建设工程保修阶段的风险，仅仅依赖一个或是两个措施是不够的，而必须结合引发建设工程保修阶段风险的因素，综合运用风险处理措施，才能有效地控制建设工程保修阶段的风险，减少风险事故带来的损失，这也必将有利于我国建筑业的进一步发展和建筑市场的繁荣。

第五章　建设工程合同风险的担保控制和保险转移

第一节　建设工程合同风险的担保控制

合同之债属于债的一种，合同的担保也属债的担保的一种。合同的担保是合同当事人为了保证合同得以切实履行，依照法律的规定或当事人的约定，采取具有法律约束力的保障措施。其实质是确保合同义务的履行，是对合同效力的加强和补充。

一、我国《担保法》规定的担保类型

我国《担保法》规定了五种典型的担保方式，包括定金、保证、抵押、质押和留置担保。根据担保产生方式的不同，担保可以分为法定担保与约定担保；根据提供担保的主体和担保内容的不同，可将担保分为人的担保、物的担保和金钱担保。

（一）金钱担保

金钱担保是指定金担保。定金是指在签订合同之后合同履行之前，当事人一方预先向对方当事人给付一定数额的金钱以保证该合同切实履行的担保方式。定金的担保作用是依靠定金罚则来实现的。所谓定金罚则，是指给付定金的一方不履行约定的债务的，无权要求返还定金，收受定金的一方不履行约定的债务的，应当双倍返还定金。债务人履行债务后，定金应当抵作价金或者收回。定金的数额由当事人约定，但不得超过主合同标的额的20%。定金合同的成立除应具备合同成立的一般要件外，还应具备特殊的条件，即须以主合同的有效成立为前提，并且须以定金的实际交付为要件。

（二）人的担保

人的担保是指保证担保。所谓保证，是指保证人和债权人约定，当债务人不履行债务时，保证人按照约定履行债务或者承担责任的担保方式。

具有代为清偿能力的法人、其他组织或者公民可以作为保证人。但是，下列单位不得作为保证人：国家机关不得作为保证人，但经国务院批准为使用外国政府或者国际经济组织贷款进行转贷的除外；学校、幼儿园、医院等以公益为目的的事业单位、社会团体不得作为保证人；企业法人的分支机构、职能部门不得作为保证人，如果其有法人书面授权的，可以在授权范围内提供保证。

保证人与债权人应当以书面形式订立保证合同。保证人与债权人可以就单个主合同分别订立保证合同，也可以协议在最高债权额限度内就一定期间连续发生的借款合同或某项商品交易合同订立一份保证合同。保证合同应当包括以下内容：被保证的主债权种类、数额，债务人履行债务的期限，保证的方式，保证担保的范围，保证的期间，双方认为需要约定的其他事项。

保证可分为一般保证和连带责任保证。当事人在保证合同中约定债务人不能履行债务时，由保证人承担保证责任的，为一般保证。一般保证的保证人在主合同纠纷未经审判或仲裁并就债务人财产依法强制执行仍不能履行债务前，对债权人可以拒绝承担保证责任。当事人在保证合同中约定保证人与债务人对债务承担连带责任的，为连带责任保证。连带责任保证的债务人在主合同规定的债务履行期届满没有履行债务的，债权人可以要求债务人履行债务，也可以要求保证人在其保证范围内承担保证责任。当事人对保证方式没有约定或者约定不明确的，按照连带责任保证承担保证责任。

保证责任的范围包括主债权及利息、违约金、损害赔偿金和实现债权的费用。保证合同另有约定的，按照约定。保证期间，一般保证的保证人与债权人未约定保证期间的，保证期间为主债务履行期届满之日起六6个月；连带责任保证的保证人与债权人未约定保证期间的，债权人有权自主债务履行期届满之日起六个月内要求保证人承担保证责任。

除另有约定的外，在下列情况下，保证人不承担保证责任：在保证期间内，债权人未经保证人同意而许可债务人转让债务的；债权人与债务人协议变更主合同未经保证人书面同意的；在法定或约定的保证期间，一般保证中的债权人未对债务人提起诉讼或申请仲裁的，或者连带责任保证中的债权人未要求保证人承担保证责任的；主合同当事人双方串通、骗取保证人提供保证的；主合同债权人采取欺诈、胁迫手段，使保证人在违背真实意思的情况下提供保证的。

保证合同被确认无效后，应根据我国《民法通则》第六十一条的规定来处理，即有过错的一方应承担其行为给对方造成的经济损失，双方或多方都有过错的，应根据过错的大小来分担责任。

（三）物的担保

物的担保包括抵押、质押、留置担保。由上述担保所形成的权利，也称担保物权。我国《物权法》也对这三种担保物权予以了确认。

1.抵押担保

抵押是指债务人或者第三人不转移财产的占有，将该财产作为债权的担保，债务人不履行债务时，债权人有权依法以该财产折价或者以拍卖、变卖该财产的价款优先受偿。债务人或者第三人为抵押人，债权人为抵押权人，提供担保的财产为抵押财产。抵押权人拥有的从抵押财产的交换价值中优先受偿的权利即是抵押权。

下列财产不得抵押：土地所有权；耕地、宅基地、自留地、自留山等集体所有的土地使用权，但是《担保法》第三十四条第五项、第三十六条第三款规定的除外；学校、幼儿园、医院等以公益为目的的事业单位、社会团体的教育设施、医疗卫生设施和其他社会公益设施；所有权、使用权不明或者有争议的财产；依法被查封、扣押、监管的财产；依法不得抵押的其他财产。

抵押物包括：抵押人所有的房屋和其他地上定着物；抵押人所有的机器、交通运输工具和其他财产；抵押人依法有权处分的国有土地使用权、房屋和其他地上定着物；抵押人依法有权处分的国有的机器、交通运输工具和其他财产；抵押人依法承包并经发包人同意抵押的荒山、荒沟、荒丘、荒滩等荒地上的土地使用权；依法可以抵押的其他财产。

抵押人所担保的债权不得超出其抵押物的价值，对于抵押财产的价值大于所担保债权的余额部分，可以再次抵押，但不得超出其余额部分。

抵押人和抵押权人应当以书面形式订立抵押合同。合同应当包括：被担保的主债权种类、数额；债务人履行债务的期限；抵押物的名称、数量、质量、状况、所在地、所有权权属或使用权权属；抵押担保的范围；当事人认为需要约定的其他事项。但是，合同中不得约定在债务履行期届满抵押权人未受清偿时，抵押物的所有权转移为债权人所有的条款。

以下列财产作抵押的，应当到有关登记主管机关办理抵押物登记，抵押合同自登记之日起生效。这些财产主要包括：以无地上定着物的土地使用权抵押的；以城市房地产或乡（镇）、村企业的厂房等建筑物抵押的；以林木抵押的；以航空器、船舶、车辆抵押的；以企业的设备和其他动产抵押的。除此之外的其他财产的抵押登记按自愿办理的原则，抵押合同自签订之日起生效。

抵押担保的范围包括主债权及利息、违约金、损害赔偿金和实现抵押权的费用。抵押合同另有约定的，按照约定。债务履行期届满，债务人不履行债务致使抵押物被人民法院依法扣押的，自扣押之日起抵押权人有权收取由抵押物分离的天然孳息以及抵押人就抵押物可以收取的法定孳息。

债务履行期届满，抵押权人未受清偿的，可以与抵押人协议以抵押物折价或拍卖、变卖该抵押物所得的价款受偿，协议不成的，可以向人民法院起诉或依约定向仲裁机构申请仲裁。

抵押关系中，债权人虽不直接控制担保物，但仍可于债务人不履行债务时依法处分担保物并优先受偿。其优点在于，抵押人以其特定财产的交换价值来保障债权人债权的实现。但是，仍然保留对物的占用及用益权，物之使用价值不受影响，从而充分发挥了物的经济效用，债权人以抵押物的交换价值获得债权实现的可靠物质保障，却不需负保管抵押物的责任，减少了诸多麻烦与不便。与现今社会日益发达的质押担保相比，在相当多的情况下，债权人宁可负保管之责而采用更为可靠的质押担保形式。

2.质押担保

质押是指债务人或者第三人将其动产或者权利转移给债权人占有，将该财产作为债权的担保。债务人不履行债务时，债权人有权依法律的规定，以该财产折价或者以拍卖、变卖该财产的价款优先受偿。债务人或第三人称为出质人，债权人称质权人，出质人和质权人应当以书面形式订立质押合同，质押合同自质押物移交于质权人占有时生效。

质押合同的主要内容是：被担保的主债权种类、数额；债务人履行的期限；质押物的名称、数量、质量、状况；质押担保的范围；质押移交的时间；当事人认为需要约定的其他事项。但是，合同中不得约定在债务履行期满，质权人未受清偿时，质押物的所有权转移为质权人所有的条款。

债务履行期届满，债务人履行债务的或出质人提前清偿所担保的债权的，质权人应当返还质押物；债务履行期届满，质权人未受清偿的，可以与出质人协议以质押物折价，也可以依法拍卖、变卖财物，对于质押物价款超过债权数额的部分归出质人所有，不足部分由债务人清偿。

依我国法律规定，质押分为动产质押和权利质押。动产质押中的动产是指土地以及房屋等不动产之外的物。权利质押中的权利是指汇票、本票、支票、债券、存款单、仓单、提单；依法可以转让的股票、股份；依法可以转让的商标专用权、专利权、著作权中的财产权；依法可以质押的其他权利。

质押的担保作用及其优点在于，质权人握有现实的财产并有权在债务人不履行债务时处分质押物以优先受偿，这既可产生促使债务人履行债务的较大的心理压力，又避免了债务人毁损、转让质物的可能。因此，质押的设定对债权人是一种可靠的保障。但是，其缺陷在于，出质人对质物的使用、收益权被剥夺殆尽，不利于物之效用的充分发挥，某些财产如生产资料的质押，尤会妨碍出质人的正常生产经营活动，质物的占有和保管，对质权人来讲也时有不方便。

值得注意的是，抵押是在质押的基础上发展起来的担保方式，二者有诸多共同之处，因而在某些国家的立法上将二者合一，统称抵押。但是，二者的区别也是明显的：质押物须转移占有，而抵押物不转移占有；质押一般只适用于宜于并便于转移占有的动产（包括权利），而抵押通常适用于不动产及某些设有登记制度的动产；质押关系以担保物的转移占有为公示，抵押关系则以办理担保物的登记为公示。

3. 留置担保

留置是指债权人按照特定合同的约定而占有债务人的动产，债务人不按照合同约定的期限履行债务的，债权人有权依法留置该财产，以该财产折价或者以拍卖、变卖该财产的价款优先受偿。享有留置权的债权人称为留置权人，债务人称为留置人。留置一般适用于保管合同、运输合同和加工承揽合同以及法律规定的其他合同。

留置权是一种法定的担保物权，而非出于当事人的约定。但是，对于可以设立留置担保的合同，法律也允许当事人在合同中约定不得留置的物，从而排除对该物行使留置权。

留置的财产为可分物，留置物的价值应当相当于债务的金额，不可分物不能留置，留置权人负有妥善保管留置物的义务。债权人和债务人应当在合同中约定，债权人留置财产后，债务人应当在不少于两个月的期限内履行债务，债务人逾期不履行债务，债权人可以与债务人协议以留置物折价，也可以依法拍卖、变卖留置物。

在留置担保中，由于债权人已经占有、控制着债务人的有关财物，法律还赋予债权人对其付出劳务于其中的特定财物以留置权，这无疑能够产生相当的压力，有效地促使债务人履行债务，同时也对债权的实现提供了可靠的保障。留置权的缺陷在于，它只能适用于特定的几种合同关系中特定的财产之上，适用范围狭窄，留置期间，留置物不得使用，以致牺牲了物的使用价值和经济效用，并且要花保管费用，尤其是对于特定生产资料的留置，无论是对于债务人还是整个社会经济，都将造成一定的损失，因此，留置担保不宜过滥使用。

（四）建设工程合同担保的风险处理属性

在工程实践中，工程担保主要有投标担保、履约担保、业主工程款支付担保、预付款担保、保修担保、建设工程优先受偿权等。在这些担保方式中，或者由银行出具保函提供担保，或者由专业担保公司提供保证担保，或者由当事人以保证金的方式提供担保，或者以建设工程项目本身作为担保。银行保函和专业担保公司提供保证属于保证担保，是我国现行《担保法》明确规定的担保类型。由于保证金担保中并不适用定金罚则，所以保证金担保不属于我国《担保法》上所规定的定金担保，它也不属于我国现行法律所规定的其他担保类型，因此，保证金担保属于非典型担保。我国《合同法》第二百八十六条所规定的建设工程优先受偿权是以工程项目本身作为担保，但是由于我国现行《担保法》并没有规定法定抵押权，所以建设工程优先受偿权也无法纳入现行法律所规定的担保类型中。

在论及工程担保时，几乎皆未加论述地断定工程担保是一种风险转移措施。我们认为，无论归属典型担保还是非典型担保，工程担保均不是风险转移措施。首先，任何合同都存在违约的风险，当事人既然订立了建设工程合同，就表明他愿意承担合同相对方违约的风险，故合同违约的风险不属于风险转移的对象。工程担保的目的是将因合同相对方违约所造成的损失降低到最低，而不是将合同违约的风险转移出去。其次，风险转移的实质是将原本应由风险管理单位承担的损失转移给另一经济单位承担。而在工程担保中，违约责任原本就应由违约人承担，即便未约定担保，该违约责任依然应由违约人承担。再次，工程担保的目的并不是转移风险，而是降低损失发生的概率和减轻损失发生的程度。业主要求承包商提供担保，其目的仍然是希望承包商积极履行合同，因为业主所需要的毕竟是一个完美的工程成果。承包商要求业主提供担保，亦可作如是观。如果合同相对方不履行合同的，当事人亦可以通过工程担保来减轻损失的程度。

而损失控制的目的在于降低损失发生的概率和减少损失的程度，通过积极改善风险单位的特性，使其能为风险管理单位所接受。民法基本理论认为，债务人的总体财产是其债务履行的一般担保，按照债权平等性原则，先成立的债权并不能当然地得到优先受偿。如果债务人无限制地增加其债务，或者债务人财产灭失，债务人的财产便可能不能担保其所有债务的履行，部分债权人的债权便有不能获得清偿的危险。债务人总体财产的减少，对于债权人债权的实现无疑是一个风险。那么，债权人须采取措施积极改善此债务人总体财产这个风险单位的特性，以保证其债权的实现。债权人所能采取的重要措施之一，便是要求债务人提供担保。

为什么要求债务人提供担保便能改善债务人总体财产的特性呢？债权人为了使其债权不受债务人总体财产担保能力降低的影响，往往要求债务人以特定财产作为提供担保。以特定财产设置担保后，债权人有权将就该特定财产的交换价值优先受偿，而不论债务人总体财产的担保能力是否下降，即使该债务人破产，债权人仍然能够顺利实现其债权。例如，债权人要求债务人提供抵押，其目的在于将作为抵押物的特定财产与债务人的其他财产分割开来。其实质是在该抵押物与债务人的其他财产之间设置一道防火墙，并以该抵押物单独保障债权的实现，从而减少对债务人总体财产的依赖性。债务人的总体财产原本是笼统地担保其总体债务的履行，由于抵押的存在，便将债务人财产中的特定部分独立出来单独担保特定债权的实现，同时，债务人的其他财产同样也要保证债权人未曾实现部分债权的实现。可见，正是由于抵押的存在，改变了债务人总体财产的结构，而且，这种改变使债权人债权的实现获得了更为安全的保障。

这种为了减少对债务人总体财产的依赖，而将特定财产分割开来并独立于债务人总体财产以保障债权实现的措施，就是损失控制中的风险隔离措施，确切地讲，是风险隔离中的分割措施。这种措施的目的在于减少对特定风险单位的依赖性，而将该风险单位最大限度地分割，即使该风险单位的某部分受到损失，风险管理单位还可以从其他部分获得补偿。与抵押担保一样，设置留置、质押、保证金担保以及建设工程优先受偿权，均是通过“分割”措施而改变风险单位的特性。

但是，保证担保则有所不同。保证担保并不是将特定财产独立于债务人的总体财产，而是在债务人的总体财产之外，又增加了其他人的总体财产，共同作为债务履行的担保。显然，在保证担保中，债权人所采取的措施与前述“分割”措施不同。前述“分割”措施是将担保债权实现的总体财产分离开来，成为若干个较小而独立的单位。而在保证担保情形下，债权人所采取的措施却是增加担保债权实现的财产的总体数量，即便此时债权人对这些财产并没有优先受偿权，但是由于总体财产数量的增加，债权人债权的实现仍然获得了较为安全的保障。可见，保证担保同样是债权人为了减少对债务人总体财产的依赖性而采取的措施。这个措施就是将债务人的总体财产进行复制，这样，即便债务人原总体财产不能担保债权的实现，债权人还可以从复制的总体财产中获得补偿，在连带责任保证中，债权人甚至可以直接从复制的总体财产中获得补偿。保证人越多，说明债权人所复制的风险单位越多，从而也表明债权人的债权越安全。需要说明的是，这里所说的复制，并不要求债务人的财产与保证人的财产完全一致，而是强调保证人将在债务人所承担的债务范围内与债务人承担一样的法律责任。保证担保这种复制风险单位的措施，同样属于损失控制措施之列。

总之，工程担保属于损失控制措施，其中保证金担保和建设工程优先受偿权属于分割措施，而银行保函和专业担保公司保证属于复制措施。

二、建设工程合同宜采用的担保方式

(一) 不宜用于建设工程合同的担保

1.留置不适用于建设工程合同担保

留置担保适用于法律所规定的因特定合同（保管合同、运输合同、加工承揽合同等）所产生的债权，而且留置物应当以动产为限。建设工程合同不属于法律所规定的特定合同，而且建设工程项目属于不动产，所以，留置担保不能适用于建设工程合同担保。

2.抵押不宜用于建设工程合同担保

从国际工程风险管理实践看，承包人将自己的财产提供给发包人作为建设工程合同抵押担保的情形极为少见，银行、专业担保公司也少有将自己的财产提供给发包人作为抵押担保的。事实上，为了维系自身的正常经营，建筑企业已经将大部分可以抵押的财产向银行申请了抵押贷款。承包人的财产是其融资能力的具体体现，承包人融资能力强，则可以更好地履行建设工程合同。如果发包人要求承包人提供抵押担保，事实上是降低了承包人的融资能力，从而也束缚了承包人履行建设工程合同的能力。实践中，由于发包人处于更为有利的地位，也不会被动地接受约定抵押的束缚，在这种背景下，抵押担保一般不宜用于建设工程合同的担保。当然，根据我国《合同法》第二百八十六条的规定，承包人对于建设工程享有优先受偿权，此种优先受偿权被认为是法定抵押权。一般而言，承包人往往是在采取了其他可能的措施，仍然不能获得工程价款时，才会行使该权利。如果承包人要求发包人提供工程款支付担保的话，承包人则可以获得双重保障。在我国，法定抵押权已经成为建设工程合同担保的组成部分。

3.质押不宜用于建设工程合同担保

我国建筑企业拥有的动产多为建筑机械、交通车辆等经营性设备，如果这些动产拿去做质押，企业的经营将难以为继，事实上也很少有承包人将动产提供给发包人作为质押担保的情况。而建设工程合同当事人的支票、银行汇票等权利凭证则可以以保证金的形式提供给发包人作为担保。实践中，建设工程合同担保中的保证金主要有以下两种：一种是投标保证金，另一种是履约保证金。保证金可以使用支票、银行汇票、现金等方式提交。以支票、银行汇票等权利凭证提交保证金的担保方式，我们认为属于权利质押担保，而以现金方式提交的保证金，并不属于《担保法》所规定的担保类型。这种担保类型易于与《担保法》所规定的担保类型相混淆的只有定金担保，但是定金担保是一种双向担保，须适用定金罚则，而保证金是单项担保，并不适用定金罚则。如果认为法律所明确规定的担保类型属于典型担保，而法律没有明确规定但是仍然具有一定担保作用的担保类型属于非典型担保的话，以现金方式提供的保证金就是一种非典型担保。

采用保证金的担保方式，对发包人而言确实具有显著利益。但是，对承包人而言却有着明显的弊端：一方面，它限制了承包人的资金流转，不利于工程建设的进行，这种弊端在投标保证金中尚不太明显，但在履约保证金中却很突出，因为履约保证金往往数额大，押置周期长。另一方面，采用履约保证金，会造成变相的垫资施工，加剧工程款拖欠等现象，对承包人利益的保护实有不周。综合而言，质押不宜用于建设工程合同担保。

4.定金也不宜用于建设工程合同担保

定金也很少用于建设工程合同担保实践。究其原因，大概是由于建筑市场属卖方市场，发包人处于优势地位，要求发包人双倍返还定金是不现实的。另外，采用定金担保的方式也同样存在与保证金一样的缺陷。

(二) 建设工程合同宜采用保证担保

从理论上讲，除留置担保外，《担保法》所规定的担保类型均可以适用于建设工程合同的担保。但是，在工程实践中，除保证外的其他担保方式却不宜采用，也很少被采用。由于保证担保的经常使用，以致很多人将建设工程合同保证担保与建设工程合同担保混淆使用，尽管这两者实有区分的必要。因为保证担保只是担保类型中的一种，虽然保证担保是建设工程合同担保中最常使用的担保类型，但是我们不能否认其他担保类型在建设工程合同中使用的可能性和必要性。如果合同当事人经过协商一致采用其他担保方式并不违反法律和社会公共利益的，我们实在没有理由否认其合法性。

长期的国际工程风险管理实践（尤以美国保证担保为代表）表明，建设工程合同担保一般采用保证担保的方式。究其原因，主要有以下三个方面：

1.采用保证担保有利于建设工程合同的履行

建设工程合同一般履约周期长、涉及合同金额巨大、风险因素复杂，所以建筑业的生产具有对履约信用的高度依赖性。采用物的担保或金钱担保，在债务人违约时，债权人虽然可以通过行使担保物权或适用定金罚则获得补偿，但是不能保障合同目的的实现。在采用保证担保的情形下，为维护自身经济利益，保证人在提供保证担保时，必然会全面审核申请人的资信、实力、履约记录。通过保证人对承包人履约能力的考察，可以排除一部分承包人高估自己的履约能力而造成的违约。通过保证人对债务人的担保授信，使债务人免于向债权人或者保证人提供物的担保或者金钱担保而占用其银行信用额度，从而增强债务人的资金周转并成功履行合同。

2.采用保证担保有利于降低交易成本

市场信息不对称将导致市场信用不足，信用不足必然导致经济活动中潜伏着大量的风险因素，大量风险因素的存在致使市场主体不得不采取复杂的风险处理措施，从而也增加了市场交易成本。我国建筑市场的基本缺陷就是缺乏信用工具，使得市场信息处于严重的信息不对称状态，从而也使得市场优胜劣汰的机制不能得到有效发挥。为了改善建筑市场的信用状态，国家确实已经付出了大量成本，但是事实上收效并不明显。例如，对承包人实行严格的资质管理和市场准人机制；设立有形的建筑市场以强化招标投标管理；推行了强制性的社会监理和强制性的质量监督；对分包采取了严格的控制措施等。但是，发包人仍然不得不成立庞大的招标班子，动用大量的资源对承包人的资格加以考察，收取大量的质量及工期保证金，甚至扣留大笔工程尾款等。而承包人同样面临大量的工程款拖欠问题。采用保证担保这一信用工具当然也需支付一定的交易成本，但是由于保证人的介入，可以在以下方面进一步降低交易成本：对承包商严格有效的专业化资信预审可以补充或者代替行政方式的市场准人控制和发包人的自行考察；保证人对承包人的信用担保可以减少发包人动辄扣留工程款的现象，使承包人的资金周转和银行信用被占用的成本得以降低；通过增强市场信用而鼓励和促进建筑行业的专业化分工，从而提高整个行业运行效率。

3.采用保证担保有利于提高担保效率

在抵押、质押或者定金等担保方式中，或者没有第三人的介入，或者介入的第三人并不以经营信誉为主，在纠纷发生时必会经过漫长的处理过程。在建设工程合同保证担保中的保证人一般为银行、专业担保公司以及同业公会等，这些保证人以经营信誉为生，必然诚信而积极地参与索赔事务以及纠纷的处理，从而有助于提高索赔事务以及纠纷的处理效率，这是其他担保方式在建设工程合同担保中所不具有的优势。

（三）复制财产比分割财产更具优越性

工程担保属于损失控制措施，其中保证金担保和建设工程优先受偿权属于分割措施，而银行保函和专业担保公司保证属于复制措施。对特定债权人而言，分割债务人的总体财产确实能够在相当程度上有力地保证债权的实现，但是，从整个社会资源有效配置角度看，由于债务人的总体财产是有限的，对该总体财产的分割必然限制债务人总体财产的利用效率，而债务人总体财产是履行合同的根本保障，限制了债务人对其财产的利用效率，必然阻碍其工作成果的顺利完成。相比较而言，复制债务人的总财产对于提高财产的利用效率可能更具有优势。一方面，由于债务人的总体财产没有受到限制，债务人可以充分利用其总体财产积极完成工作成果；另一方面，由于担保债权实现的财产总体数量增加，债权人可以获得较为安全的保障。

在建设工程合同中，业主所需要的是一个完美的工程成果，承包商所需要的是顺利获得工程款。事实上，分割债务人的总体财产往往对双方当事人都不利，如在履约担保中，由于提交了保证金，承包商不能充分利用其财产来完成工程建设项目。这样，一方面业主不能得到一个完美的工程成果，损失发生后往往也得不到全面的补偿；另一方面，承包商自然不会顺利拿到工程款，可谓两败俱伤。在招投标阶段，由于工程建设活动尚未开始，采用保证金担保尚且可行，但是，在履约阶段，合同双方均须对其总体财产的积极利用来保证合同的履行，故采用保证金担保其实是有弊无利。银行保函与普通的保证担保则有所不同，在普通的保证担保中，保证人可以无偿地提供保证，而银行出具保函往往要求债务人（申请人或受益人）提供100%的反担保或者预存保证金，故银行保函与保证金担保有着同样的弊端。

虽然专业担保公司提供保证也要收取一定的保费，但是所收取的保费相对于银行苛刻的反担保措施来说无疑宽松许多。同时，由于专业担保公司具有高超的专业技能，因而其提供的保证具有无可比拟的优越性，例如在招投标阶段对投标人的审查，在施工阶段对工程建设活动的监督，就可以在宏观上淘汰不合格的施工队伍，净化建筑市场。通过专业担保公司提供担保，一方面可以保证优质工程成果的顺利完成，另一方面，由于其强大的经济实力，亦可以保证债权人债权的顺利实现，可谓一举两得。

总之，与损失控制相比，风险转移是一种较为消极的风险处理措施，将工程担保制度作为一种风险转移措施来设计，不利于整个建设工程风险管理体系的建立。在建设工程合同中，各方当事人都应该以工程建设活动为中心，积极投入到合同的履行过程中来。我们应该转变观念，在损失控制的理念之下来设计和推行工程担保制度。

三、建设工程合同保证担保的模式选择

（一）建设工程合同保证担保的历史演变

建设工程合同保证担保最早起源于美国，它是保证担保与建筑业发展到较高阶段相结合的产物。19世纪晚期，美国建筑业进入迅猛发展时期，公共工程的开支大约占到联邦预算的20%以上。当时，成为承包人的门槛和组建公司的成本很低，大量不够资格的建筑公司通过低价竞争获得了业务，结果大量工人工资以及材料供应商、分包商的工程款得不到支付，公共工程失败的比率急剧上升，支付义务以及劣质工程留给了政府。1894年，美国国会通过了“赫德法案”，要求所有公共工程必须事先取得工程保证担保，并以专业担保公司取代个人信用担保，公共工程担保制度正式得到美国联邦政府的确认。1908年，美国担保业联合协会成立，标志着担保业开始有了自己的行业协会，1909年，托尔保费制定局成立，为美国担保业联合会会员制定费率。1935年，美国国会通过了“米勒法案”，进一步完善了建设工程合同保证担保制度。此后几年内，美国许多州通过了“小米勒法案”，要求凡州政府投资兴建的公共工程项目均须事先取得工程担保。公共工程保

证担保制度从此在美国得以广泛推行。

由于建设工程合同保证担保充分利用信用手段，有效地保障了工程项目建设的顺利实施，建设工程合同保证担保制度迅速在世界范围内得到推广。许多国际性组织和国家行业组织在其制定的标准合同条件中规定了有关工程担保的条款，如《世界银行贷款项目招标文件范本》、英国土木工程师协会 ICE（(新工程合同条件（NEC）》、美国建筑师协会 AIA《建筑工程标准合同》、国际咨询工程师联合会（FIDIC）《土木工程施工合同条件》等都对工程担保作出了具体规定。

(二) 建设工程合同保证担保的涵义

建设工程合同保证担保是指保证人和建设工程合同一方当事人约定，当建设工程合同另一方当事人不履行建设工程合同约定的债务时，保证人将按照约定履行债务或者承担责任的行为。建设工程保证合同须用书面形式订立。在建设工程合同中涉及以下三个利益相关的民事主体。①保证人。保证人是指在建设工程保证合同中，应债务人的请求而提供保证的一方当事人。在建设工程保证合同中，保证人一般是从事担保业务的银行、专业担保公司、可以从事担保业务的金融机构、商业团体。如果债权人提出符合保证合同规定的索赔条件，保证人将代为履约或者负责赔偿。②债权人。债权人是指在建设工程保证合同中，接受保证担保的另一方当事人。发包人和承包人都可以作为债权人，在债务人违约时债权人有权按照保证合同约定的条款向保证人提出索赔。③债务人。债务人是提出保证担保申请的一方民事主体。但是，债务人并不是建设工程保证合同的当事人，发包人和承包人都可以作为债务人。建设工程保证担保合同的内容是保证人承诺如果债务人不按照建设工程合同的约定全面履行义务，以致造成债权人的损失时，保证人将在一定期限、一定金额范围内代为履行或者承担其他形式的赔偿责任。

(三) 建设工程合同的保证人

根据保证人的不同，在国际工程保证担保中，可以将建设工程合同保证担保分为以下四种模式。①银行保函模式，即由银行充当保证人，出具银行保函。这种模式在欧洲比较流行。②专业担保公司保证模式，即由专业担保公司充当保证人，开具担保保证书。美国是采用这种模式的主要国家。③同业保证模式，又叫替补承包商保证担保模式，即由另一家具有同等或者更高资信水平的承包人作为保证人来提供担保。这种模式在日本和韩国曾经得到广泛采用。④母公司保证模式，这是由母公司充当保证人为子公司提供保证，这种模式主要在英国被采用。

由母公司提供保证在ICE制定的《新工程合同文件》得到确认，这种模式要求若承包人有母公司的，承包人应当按照招标文件的规定，由母公司向发包人提供保证。在我国目前的法律背景下，母公司和子公司互为独立的民事主体，要求母公司为子公司提供保证并不具有法理上的依据。况且，我国的市场信用水平不高，母公司和子公司狼狈为奸的情形时有发生，由母公司为子公司提供保证对于损失控制多有不利。因此，第四种模式在我国并不具有推广意义。

同业保证担保模式是日本当年借鉴国际惯例而进行的创造。为了弥补建设资金的不足，降低工程成本和担保成本，日本以有限招标替代了完全公开的招标投标，以业主自行的资格预审替代了投标保函，以替补承包商的保证替代了银行或担保公司的履约担保。我们认为，这种模式起码存在以下缺陷。①同业担保企业并不是专业的风险经营机构，并不具备专门经营风险的能力。一旦中标人履约失败，同业担保人必须以原合同条件继续履行合同，虽然他可以事后行使追偿权以弥补损失，但是，已经履约失败的中标人的清偿能力必然有限，所以同业担保人发生损失的概率很高。可见，要求替补承包人提供保证并不具有合理性。②同业保证似乎将利益留在了同行业内，但是也将风险留在了整个行业内。试想，如果一个替补承包人成为很多个建设工程合同的保证人，一旦这个承包人破产，那么许多建设工程合同的保证将形同虚设，这势必会引起建筑行业内的连锁反应。③同业保证最明显的特征是由“竞争者提供担保”，如果同业竞争者拒绝提供担保，则中标人将可能不能签订合同，这种情况在我国建筑企业僧多粥少的条件是极有可能发生的。因此，同业担保模式或替补承包人保证模式在我国并不具有积极推广的意义。考虑到我国客观存在的建设资金短缺、金融机构担保能力有限、社会咨询服务行业不发达等现状，作为现阶段我国建设工程合同保证担保制度的一种补充，同业担保模式仍然具有积极意义。

银行保函模式在现阶段无疑应当成为我国建设工程合同保证担保制度的主导。其原因大概有以下几点：①我国专业担保公司成立较晚，实力薄弱，而银行实力雄厚、信誉良好，代为偿债的能力最为可靠；②在商业领域，除现金外，几乎任何款项的支付都需通过银行，所以银行对被担保方的资金安排比较熟悉，便于对被担保方资金实行监督管理，而保险公司和专业担保公司则缺乏这一有利条件；③银行保函便于进行建设工程保证担保赔付和追偿损失。尽管银行保函具备以上优点，但是银行保函也存在下列缺陷。①银行对于承包商的资质审查往往局限于承包商财务状况的好坏，而对承包商技术水平和管理能力则不会彻底核查。②银行通常还要求承包商提供一定的保证手段，如要求申请人向银行交存保证金或抵押物。银行在评定承包商信用等级的基础上，确定提供保证金或抵押品的比例，这实际上占用了承包商的信用额度，减弱了承包商的融资能力。③银行保函强调的是违约后的赔偿，出具履约保函的银行仅仅给予业主一定数额的赔偿，却把复杂的善后处理工作留给了业主，不能达到工程最后按质如期交付的目标。

采用专业性的担保公司保证模式能够避免上述问题。专业担保公司提供保证时，必然会对投标人或承包人的资质、财务状况、技术水平和管理能力进行详细的核查和评估，这对建设工程合同的履行无疑具有重要意义。相对于银行而言，专门从事保证业务的专业担保公司更为专业，其对被保证人的监督和支持也就更有效率。虽然专业担保公司也会向被保证人收取保费，但是这些费用相对较少，也不实际占用被保证人的信用额度。国际咨询工程师联合会在《土木工程施工合同条件应用指南》中指出，持有担保书的业主不能要求担保人支付一笔金额，业主只能要求完成合同。业主投资的目的是按质如期得到工程产品，而不是谋求某种赔偿。对于承包商履约保证担保，一旦证实承包商确已违约，开具履约保证书的担保公司首先要确保业主按照合同规定最终完成工程建设，双方不能达成一致才进行赔偿。可见，专业担保公司保证模式更符合建设工程合同双方当事人的利益。

通过上述分析，完善我国建设工程合同保证担保制度，应当以建立健全专业担保公司的保证模式为主要目标。现阶段应积极培育和扶持专业担保公司的发展。在我国专业担保公司尚未发展壮大起来的情况下，应以银行保函为主导，将来银行保函应当主要运用于发包人提供担保的场合。而对于同业担保，宜谨慎借鉴使用，可以作为一种过渡阶段的补充，同时应明令禁止彼此担保、三角担保和过渡担保。这样，将最终形成以专业担保公司保证为主、银行保函为辅的建设工程合同保证担保体系。

(四) 建设工程合同的保函

保函是保证合同的一种特殊形式，出具保函的人为保证人，接受保函的人为债权人。根据保函的赔付条件不同进行划分，可将建设工程合同保证担保保函分为无条件保函和有条件保函。在国际上，保函一般可以由银行、专业担保公司或可以从事担保业务的保险公司出具。

无条件保函即“见索即付”保函，这种保函起源于20世纪70年代的中东地区。美国银行业为规避严格的金融分业管理而提供的一种被称为备付信用证（stand-byletterofcredit）的产品与无条件保函类似。就无条件保函索赔时，发包人无需证明承包人违约，而只需按照保函上所规定的索赔程序出示相关文件，保证人就需付款，就如同承兑一般的银行票据。可见，这种保函并不是法律意义上的严格的保证担保。保证人只以担保总额为限承担经济赔偿，并不承担实际履行的责任。在无条件保函中，保证人往往会采取诸如收取100%的保证金或接受等额的抵押物等严格的反担保措施，或将其视同信贷，将担保金额严格控制在其对承包商的授信额度以内。而赔付发生以后，垫付金额立即转为对承包商贷款。

有条件保函要求担保公司的赔付必须基于被担保人的违约责任。有条件保函其实又可分为传统模式和现代模式两类。传统的有条件保函起源于欧洲。1978年出版的《国际商会第325号出版物：合同保函统一规则》所规定的就是这种保函模式。在这种保函模式下，业主的索赔要求必须经承包商书面同意，或按照合同约定经过仲裁或法院判决，根据仲裁裁决书或法院判决书上的金额执行。这种模式的特点是赔付必须基于违约责任，但保证人无需介入对违约责任的认定。它比较便于银行的操作，但缺点是业主在遭受损失后很难立即得到赔付，诉讼往往程序烦琐且时间漫长，法律费用高昂。这种保函现在已越来越少被使用。而现代模式的有条件保函为美国首创。在这种模式下，承包人违约后，保证人将在担保限额内对承包人未履行的合同义务负责，同时也继承了承包人的合同权利。保证人可以自行选择承担责任的方式，包括：①提供资金、技术或管理上的协助，支持承包人履行合同义务；②引入新的承包人以协助履行合同义务；③将未完成的工程发包并向承包人支付因此而增加的金额；④给予发包人经济赔偿。现代模式的有条件保函鼓励保证人对建设工程合同的积极介入。1993年出版的《国际商会第524号出版物：合同担保书统一规则》正是参照美国的有条件保函而制定的。

根据以上介绍，可以发现无条件保函与有条件保函主要存在以下区别。①对于无条件保函，保证人无须对建设工程合同风险做太多的了解，无须对被保证人的履约能力进行事前的仔细调查论证。而在有条件保函，保证人为了自身的利益，必然会对被保证人的资质、管理能力以及履约能力等进行详细的调查，并对建设工程合同的风险因素进行认真的研究。显然有条件的保函更有利于损失控制。②无条件保函多由银行出具，而有条件保函则多由专业担保公司或可以从事担保业务的保险公司出具，这显然是由保证人的专业性不同所致。无条件保函更具有银行票据的性质，而有条件保函则是真正意义上的保证担保。③无条件保函一般需要债务人提供足够的反担保，这无疑将大量占用了被保证人的信用额度。而有条件保函由于经过了非常慎重的风险识别和衡量，保证人通常采取严格的反担保措施，这无疑更能保护债务人的履约能力。④对于无条件保函，债务人仅可以以欺诈或违反程序等极有限的抗辩权对抗债权人的索赔，债权人可能以对保函索赔相威胁.随时强迫债务人接受一些不公平的要求。而有条件保函一般以债权人证明债务人违约为索赔条件，这充分照顾到了债权人和债务人各自的合理利益。⑤无条件保函索赔的程序性成本较低，而在有条件保函索赔的程序性成本较高。

根据保额的高低不同，保函可以分为高保额保函和低保额保函。美国是实行高保额的国家，其履约保证担保和付款保证担保都分别为100%。加拿大实行的保额达50%，其他国家和地区则普遍实行的是低保额保函。履约保证担保最低的是西班牙，其保额仅为4%。应当注意的是，随着对公共投资项目事先强制性保证担保的国际趋势，越来越多的国家和地区正在逐步提高保额。如日本和韩国正在将履约担保的保额提高到30%～40%，欧盟拟议中的保额标准则是50%。一般而言，实行低保额的地区，无条件保函较为流行；而实行高保额的地区，有条件保函则更加流行。可见，高保额有条件保函模式和低保额无条件保函模式在国际上得到了普遍的采用。

在高保额有条件保函模式下，一般无须对建设工程合同不同阶段的履约责任分别加以担保，通常采用投标担保、履约担保和承包人付款担保这三种担保品种。例如，美国100%的履约担保事实上涵盖了国际上常见的预付款担保、保修担保、保留金担保等名目繁多的担保类型。在这种模式下保证人须对债务人进行资格审查，并为承包人履行合同义务提供必要的支持。采用这种模式的公平性较高，并对整个建筑市场的风险控制极为有利。

高保额有条件保函模式虽然是一种比较公平而且高效的建设工程合同保证担保模式，但是其实施的条件也要求较高，如果在实施条件不具备的情况下强制实施，其结果可能适得其反。一般而言，有效实施高保额有条件保函模式应当具备以下条件：①对保函的制度化要求较高，即必须形成一整套关于合同保函的制度性规范；②须有专业性的从事担保业务的机构；③须有成熟的担保市场，不仅要保证担保市场的公平竞争而且还须有其他市场化的配套措施。显然，上述条件在我国现阶段并不完全具备。

在低保额无条件保函模式下，一般对建设工程合同分几个阶段进行担保，包括投标担保、履约担保、预付款担保、保修担保、保留金担保等。这种保函的实质是在建设工程合同订立和履行过程中，债权人始终掌握债务人一定的财产，以便债务人产生履行合同的压力而积极履行义务。由于不需责任认定程序，索赔手续简单，这种保函为发包人所青睐。同样，由于不需要专业的责任认定，银行成为出具这种保函的主力。在专业担保公司不成熟和担保市场不完善的条件下，这种模式往往由市场自发形成，但是这种模式公平性较低。低保额无条件保函模式的实施条件，不像高保额有条件保函的实施条件那样严格。这种模式在担保市场并不发达或者发展中国家得到普遍采用。

根据我国的实际情况，我们认为现阶段我国推行建设工程合同保证担保应以低保额无条件保函为主，但是我国建设工程合同保证担保制度应以高保额有条件保函模式为发展目标。通过积极培育我国专业担保公司和担保市场，最终形成高保额有条件保函为主、低保额无条件保函为辅的保函模式。

四、建设工程合同的担保类型

根据债务人的不同，可以将建设工程合同保证担保分为要求承包人提供的保证担保和要求发包人提供的保证担保。前者的债务人为承包人，后者的债务人为发包人。要求承包人提供的保证担保包括投标保证、履约保证、付款保证、维修保证、预付款保证、分包保证、差额保证、完工保证等，而要求发包人提供的保证担保主要是指业主工程款支付担保。建设工程优先受偿权、保证金、信托基金则不属于保证担保的担保类型。

(一) 投标担保

投标担保是指担保人向招标人提供的，保证投标人按照招标文件的规定参加招标活动的担保。投标担保主要有以下两项内容：①保证投标人在投标有效期内不撤回投标文件；②保证如果投标人中标后将按照招标投标文件与招标人签订建设工程合同。如果投标人违反上述两条的，担保人将依法承担担保责任。这是在招标投标阶段采用的担保方式。

在招标投标过程中，建设工程合同虽未成立，但是招标人已经为招标投标活动投入了大量的人力、物力、财力，如果投标人在投标有效期内撤回投标或者中标后不签订合同，那么招标人将面临损失。换言之，在招标投标过程中，存在投标人在投标有效期内撤回投标或者中标后不签订合同的风险因素。为了减轻这一风险因素的危险性和降低损失的程度，招标人必须采取风险处理措施，要求投标人提供投标担保就是这种措施之一。在投标担保中，招标人要求投标人承担责任的法律性质属于缔约过失责任。

根据建设部《关于在房地产开发项目中推行工程建设合同担保的若干规定（试行）》(建市〔2004〕137号，以下简称《工程建设合同担保规定》) 第五条的规定，我国投标担保有保证和投标保证金两种方式，以保证方式提供担保的，可以采用银行保函、专业担保公司保证。投标保证担保小影响投标人的资金周转，另外，将保证人引入到招标投标过程中来，由于有保证人的监督，可以加强对投标人的资格审查，督促投标人积极履行义务。因此，在投标担保中应当积极提倡保证担保方式。

关于投标担保的有效期和保证人承担责任的方式，《工程建设合同担保规定》第二十一、二十二条作出了规定。投标担保的有效期应当在合同中约定，合同约定的有效期截止时间为投标有效期后的三十天至一百八十天。除不可抗力外，中标人在截标后的投标有效期内撤回投标文件，或者中标后在规定的时间内不与招标人签订承包合同的，招标人有权要求保证人按照下列方式之一，承担保证责任：①代承包人向招标人支付投标保证金，支付金额不超过双方约定的最高保证金额；②招标人依法选择次低标价中标，保证人向招标人支付中标价与次低标价之间的差额，支付金额不超过双方约定的最高保证金额；③招标人依法重新招标，保证人向招标人支付重新招标的费用，支付金额不超过双方约定的最高保证金额。

投标担保的另一种方式就是投标保证金。投标保证金可以采用支票、汇票、现金等形式提供。如前所述，以支票、汇票等权利凭证提供的投标保证金其实是权利质押担保，而采用现金提供的投标保证金是一种现行法律规定之外的非典型担保类型。关于投标保证金的数额，在相关规定中作出了规定。2001年，《房屋建筑和市政基础设施工程施工招标投标管理办法》(建设部令第89号)第二十七条的规定，招标人可以在招标文件中要求投标人提交投标担保。投标保证金可以使用支票、银行汇票等，一般不得超过投标总价的2%，最高不得超过50万元。《工程建设合同担保规定》第十九条则规定，投标担保的担保金额一般不超过投标总价的2%，最高不得超过80万元人民币。可见，随着社会经济的发展，投标保证金的限额正逐步在提高，一般而言，不超过投标总价的2%，最高不超过80万元人民币。

《工程建设合同担保规定》第十八条在规定投标担保的担保方式时，使用了“定金(保证金)”的字样。这可能有两种解释，一种是可以采用定金或保证金的方式，一种解释是括号中的保证金是对定金的解释。这个行政规章关于“定金(保证金)”的规定具体是什么意思？目前尚没有权威解释。我们认为，如果保证金是对定金的解释的话，这一条规章就有违法之嫌，因为定金这个由法律规定的专门术语，国务院部委并无解释之权。不过这条规定并非强制性规定，当事人在招标投标过程中完全可以采用定金或保证金的字眼。如果采用“定金”字样就必须适用定金罚则，即如果招标人不与中标人签订建设工程合同的，应当双倍返还定金。如果中标人不与招标人签订建设工程合同的，则无权要求返还定金。如果采用“保证金”字样，则这种担保就只具有单向性，并不当然适用定金罚则。

投标保证金操作简便，但是限制了投标人的资金周转。根据民法基本理论，孳息应归原物所有人所有，所以，投标保证金的利息应归投标人所有。但是在实践中，招标人仅退还的投标保证金并不包括投标保证金利息，这对投标人来说是不公平的。假设一个招标代理机构经过资格预审选择了七位投标人参加投标。一位投标人提交的投标保证金80万元，投标有效期为30天，银行同期活期年利率为0.72%，那么在投标有效期内，投标保证金利息大致为$80\times7\times0.72\%\div12=0.336$(万元)。如果一个甲级招标代理机构的年代理最小额度为3000万元，那么，即使招标代理机构按时将投标人的投标保证金退还，仍然每年可以得到除招标代理费以外不少于10万元的利息收入。可见，招标代理机构或招标人无意或恶意滞留投标人的投标保证金带来的额外收入是相当可观的。针对这种不公平的现象. 我们认为，可以设立投标保证金专门账户，规范投标保证金的提交和管理，退还投标保证金时，投标保证金利息应一并退还。

(二) 业主工程款支付担保

业主工程款支付担保，又称发包人工程款支付担保。它是指为保证发包人履行建设工程合同约定的工程款支付义务，由担保人为发包人向承包人提供的保证发包人支付工程款的担保。根据《工程建设合同担保规定》第五条的规定，业主工程款支付担保应当采用保证担保的方式，这是一条强制性的规定，必须予以遵守。在业主工程款支付保证担保合同中，一方当事人是保证人，另一方当事人是承包人。担保的内容是保证发包人按照合同约定履行支付工程款的义务。发包人工程款支付担保是在建设工程合同有效成立之后适用的担保方式。

在建设工程合同中，始终存在发包人不支付工程款的风险因素，要求发包人提供担保，对承包人来说是一种风险控制措施。目前，工程款拖欠已经成为我国严重的社会问题，业界一致认为，推行发包人工程款支付担保是解决这一问题的重要措施。在国际工程中，几乎找不到承包人工程款支付担保或业主支付担保这种担保品种。美国没有设立业主支付担保，但是该国一方面严格禁止没有落实资金来源的公共投资项目上马，另一方面利用工程留置权来解决工程款支付问题。英国则是通过信托基金的方式来解决工程款支付问题。在世行招标文件和FIDIC合同条件中也没有提及业主工程款支付担保问题，而是通过其他条款解决业主工程款支付问题。可见，业主工程款支付保证担保是我国在特殊条件下的创新之举。

《工程建设合同担保规定》对发包人支付担保的担保额度、有效期等做出了规定。该规定第十一条规定："业主在签订工程建设合同的同时，应当向承包商提交业主工程款支付担保。未提交业主工程款支付担保的建设资金，视作建设资金未落实。"发包人工程款支付担保可以采用银行保函、专业担保公司的保证。发包人支付担保的担保金额应当与承包人履约担保的担保金额相等。对于工程建设合同额超过 1 亿元人民币以上的工程，发包人工程款支付担保可以按工程合同确定的付款周期实行分段滚动担保，但每段的担保金额为该段工程合同额的 10% ~ 15%。发包人工程款支付担保采用分段滚动担保的，在发包人、项目监理工程师或造价工程师对分段工程进度签字确认或结算，发包人支付相应的工程款后，当期发包人工程款支付担保解除，并自动进入下一阶段工程的担保。发包人工程款支付担保的有效期应当在合同中约定。合同约定的有效期截止时间为发包人根据合同的约定完成了除工程质量保修金以外的全部工程结算款项支付之日起三十至一百八十天。发包人工程款支付担保与建设工程合同应当由发包人一并送建设行政主管部门备案。

（三）承包人履约担保

承包人履约担保是指由保证人为承包人向发包人提供的，保证承包人履行建设工程合同约定义务的担保。担保的内容是保证承包人按照建设工程合同的约定诚实履行合同义务。这是在合同成立并有效之后采用的担保方式。

根据《工程建设合同担保规定》第五条的规定，承包人履约担保应当采用保证担保的方式，又根据我国《招标投标法》第四十六条和第六十条的规定，承包人可以采用履约保证金的方式，这就出现下位法的强制性规定与上位法规定相矛盾的情况。我们认为，根据上位法优于下位法的原则，《工程建设合同担保规定》第五条的规定并不能排除履约保证金的适用，所以承包人履约担保可以采用履约保证金和保证的方式。履约保证金可以以支票、汇票、现金等方式提供。中标人不履行与招标人订立的合同的。履约保证金不予退还，给招标人造成的损失超过履约保证金数额的，还应当对超过部分予以赔偿；没有提交履约保证金的，应当对招标人的损失承担赔偿责任。承包人履约担保采用保证方式的，可以采用银行保函、专业担保公司保证。具体方式由招标人在招标文件中作出规定或者在建设工程合同中约定。同一银行分（支）行或专业担保公司不得为同一建设工程合同提供业主工程款支付担保和承包人履约担保。承包人履约担保的担保金额不得低于建设工程合同价格（中标价格）的10%。采用经评审的最低投标价法中标的招标工程，担保金额不得低于工程合同价格的15%。承包人履约担保的有效期应当在合同中约定。合同约定的有效期截止时间为建设工程合同约定的工程竣工验收合格之日后三十至一百八十天。承包人由于非发包人的原因而不履行建设工程合同约定的义务时，由保证人按照以下方式之一，承担保证责任：①向承包人提供资金、设备或者技术援助，使其能继续履行合同义务；②直接接管该项工程或者另觅经发包人同意的有资质的其他承包商，继续履行合同义务，承包人仍按原合同约定支付工程款，超出原合同部分的，由保证人在保证额度内代为支付；③按照合同约定，在担保额度范围内，向发包人支付赔偿金。发包人向保证人提出索赔之前，应当书面通知承包人，说明其违约情况并提供项目总监理工程师及其监理单位对承包人违约的书面确认书。如果承包人索赔的理由是因建筑工程质量问题，承包人还需同时提供建筑工程质量检测机构出具的检测报告。

（四）承包人付款担保

承包人付款担保，是指担保人为承包人向分包人、材料设备供应商、建设工人提供的，保证承包人履行工程建设合同的约定向分包人、材料设备供应商、建设工人支付各项费用、价款以及工资等款项的担保。这是建设工程合同有效成立之后的担保方式。

这种保证担保类型也是为了解决工程款拖欠问题。一方面，通过承包人付款担保切断了发包人拖欠总承包人工程款，总承包人又拖欠分包人工程款、材料供应商货款、建设工人工资的债务链条；另一方面，也控制了由于承包人在获得工程款后或挪作他用或恶意拖延付款或携款潜逃可能给它方当事人造成的损失。

承包人付款担保应当采用保证担保的方式，具体而言，可以采用银行保函、专业担保公司的保证。承包商付款担保的有效期应当在合同中约定。合同约定的有效期截止时间为自各项相关工程建设分包合同（主合同）约定的付款截止日之后的三十至一百八十天。承包商不能按照合同约定及时支付分包人工程款、材料供应商货款、建设工人工资等各项费用和价款的，由担保人按照担保函或保证合同的约定承担担保责任。

（五）预付款保证担保

预付款保证是指保证人为承包人提供的，保证承包人将发包人支付的预付款用于工程建设的保证担保。这种保证担保类型是为了防止承包人将发包人支付的工程预付款挪作他用、携款潜逃或被宣告破产而设计的。在这种保证类型下，通常需要保证人为承包人提供同等数额的预付款保证，或者提交预付款银行保函。随着发包人按照工程进度支付工程款并逐步扣回预付款，预付款保证责任将随之降低直至最终消失。预付款保证的额度一般为工程合同价的10%～30%。

（六）保修保证担保

保修保证是指保证人为承包人向发包人提供的，保证在工程质量保修期内出现质量缺陷时，承包人将负责维修的保证担保。保修保证既可以包含在承包人履约保证内，也可以单独约定，并在工程完成后以此来替换承包人履约保证。保修保证的额度一般为工程合同价的1%～5%。

根据我国《建筑法》和《建设工程质量管理条例》的规定，我国实行建设工程质量保修制度。《建设工程施工合同（示范文本）》（GF—1999—0201）在文本附件中设立了质量保修金。虽然质量保修金确实具有积极意义，但是其缺陷也是显然的。这些不足主要表现在质量保修金比例过高、押置时间长以及经常被发包人不合理扣除等方面。我们认为实行保修保证可以弥补这些缺陷。保修保证的实质是承包人以提供保证的形式换回质量保修金，合同双方可以及时完成真正的工程款结算，发包人在质量保修期内的利益也得到了很好的维护。当然，光靠保修保证并不能解决工程保修的问题，保修保证须与保修保险相结合才能更好地解决工程保修的问题。

第二节　建设工程合同风险的保险转移

一、保险与风险

（一）保险的概念和特征

根据我国《保险法》第二条的规定，保险是指投保人根据合同约定，向保险人支付保险费，保险人对于合同约定可能发生的事故因其发生所造成的财产损失承担赔偿保险金责任。或者当被保险人死亡、伤残、疾病或者达到合同约定的年龄、期限时承担给付保险金责任的商业保险行为。这个定义可从以下方面来认识：①保险法所界定的保险特指财产保险和人身保险；②保险法所界定的保险特指商事保险，不包括社会保险；③保险法所界定的保险行为须以保险合同的成立为前提，投保人将据此交付保险费，保险人将据此承担保险责任。从法学角度分析，保险是一种合同行为。

而从风险管理学的角度来看，保险是一种风险转移措施。保险并不否定风险因素的存在，而是承认风险因素的存在。风险因素的存在并不必然产生损失，损失是否发生需要风险因素与风险事故的结合。风险因素虽然存在，但风险事故的发生与否却具有不确定性，从而也导致损失发生与否的不确定性。保险就是针对可能发生的风险事故，以及由此导致的损失采取措施的制度。可见，保险的实质并不是保证损失不发生，而是保证在损失发生后风险管理单位得到补偿。如果不存在保险，风险因素与风险事故相结合所致的损失将由风险管理单位自行承担。由于保险的存在，风险因素与风险事故相结合所引致的损失将由保险人承担，所以保险是一种风险转移措施。

从经济学的角度来看，保险则属于经济范畴。如果将众多面临同样风险因素的同质风险单位集合起来，我们能够比较准确地预测风险事故发生的频率，从而降低风险的代价，保险正是根据这个原理展开的。集合风险单位的方法有两种：一种是直接结合，一种是间接结合。直接结合是指在一定的范围内，面临同样风险因素的经济单位，为共同的利益，本着“一人为众，众人为一”的精神，建立互助团体。于是众多的风险单位便直接结合在一起，互助保险就是这样的。例如，某社区有民宅1000栋，每栋房屋的价值都为20万元，假定每年因火灾致损的概率为1%，则每户每年交付200元，形成一笔基金，便可以补偿每年因火灾所致的房屋损失。间接集合是指由第三者作为风险经营主体，吸收面临特定风险因素的经济单位，这些经济单位通过购买保险单将其所面临的风险转移给保险公司，于是众多的同质风险单位因为保险公司的组织得以集合，保险公司再将集中的风险损失分散给各个独立的经济单位。可见，保险是集合同类风险单位以分摊损失的一种经济制度，其手段是集合大量同类风险单位，其作用是损失的分摊，其目的在于补偿因风险事故的发生所导致的损失。保险的特征体现于保险与类似事物的比较之中。

1.保险与储蓄

保险与储蓄都是用现在的剩余以应付将来的经济需要。在人寿保险中，二者有很大的相似性，但二者毕竟是不同的。①保险是一种互助行为，而储蓄则是一种自助行为。②保险金的给付或赔偿须待保险合同约定的条件成就或期限到来，而存款人获得本金和利息是确定的。③保险事故发生后，不论保险费缴付的多少和时间的长短，被保险人或受益人均可以获得保险金的给付或赔偿。储蓄虽可获得本金和利息之和，但是利息除与本金有关外，还与储蓄时间的长短有关。④被保险人或受益人保险金的获得是不确定的，而且其所获得的保险金远远超过其所缴付的保险费，所以保险具有射幸性。储蓄则不具有射幸性。

2.保险与赌博

保险与赌博都具有射幸性，都是由于偶然事件的发生而获得金钱或财物，但二者在本质上是不同的。①保险的动机是人类互助合作的崇高精神，谋求人类生活的安定；而赌博的动机则是人类欺诈贪婪的本性。②保险是合法行为；而赌博在我国则是非法行为。③保险基于科学的精算基础；而赌博则基于完全的偶然性。④保险的标的是保险利益；而赌博则可以是任何对象。⑤通过保险，变不确定为确定，变危险为安全，可谓化险为夷；而赌博变确定为不确定，变安全为危险，可谓是混乱和罪恶的制造者。

3.保险与救济

保险与救济都是对不幸事件损失进行补偿的行为，但是，二者的不同也是明显的。①保险是一种双方约定的行为，而救济则是一种单方面的施舍；②在保险中，被保险人或受益人保险金的获得须支付对价，而救济则不需支付对价；③在保险中，损失的补偿对象是特定的，而救济的对象则不确定，任何受灾单位和个人都可以获得救济。

（二）保险的利与弊

1.保险的积极作用

补偿风险事故所致的损失，保证经济生活的安定。风险事故发生，风险管理单位将陷于困境，保险公司对于发生约定保险事故所致损失给予补偿，将使那些不幸的企业、家庭或个人及时恢复或接近其原有的经济状况。不仅使经济单位得到了安全保障，维护社会稳定，而且经济单位能够及时恢复生产经营，使税收增加，福利补贴减少，全社会将因此而受益。

减少损失的不确定性，促进资源的合理配置。一方面，投保人（被保险人）通过购买保险将自己面临的风险转移给保险公司，从而减少了其不可预期的损失。另一方面，保险公司作为职业的风险经营者，集中了大量的风险单位，由于“大多数法则”的作用，风险预测成为可能。就全社会而言，不可预期损失也将因此大为减少。另外，借助保险，各行业的风险可以较少的代价转移给保险公司，有限的资源得以按照社会的需要做出合理的配置，从而创造出更多的社会财富。

为社会提供长期资本来源。保险公司所收保险费，积累形成保险基金，这是一笔巨额的社会储蓄。特别是寿险公司提供的责任准备金，一般被投资于有价证券或不动产抵押贷款。这是长期资本的重要来源，对促进经济的发展具有重要意义。

提供风险管理服务。保险公司作为职业的风险经营者，其一切日常业务几乎都与风险管理有关，保险公司代表了全社会风险管理的水平。保险公司不仅掌握了大量的风险事故及其损失的统计资料，而且还有专家对这些资料进行风险研究。保险公司有义务、有能力、也乐意为自己的客户乃至整个社会提供风险管理服务。

2.保险的消极影响

凡事总有两面，保险同样如此。保险的消极影响体现在两个方面。保险将导致保险经营费用的发生。保险公司是集合风险单位进行风险处理的组织者，其运行自然需要，保险经营费用，包括损失控制费用、损失理算费用、税金以及日常管理费用等。这些费用加上合理利润和意外准备金，都要从所收的保险费中得到补偿。换言之，这些费用最终要由投保人承担。通常情况下，人身保险的费用约为保费收入的15%～20%，财产与责任保险的费用约为保费收入的30%～40%。如果没有保险业，这些费用可以配置到别处。

保险会导致道德风险和心理风险的增加。由于保险的存在，一些人能够或者相信通过制造风险事故造成损失而获利，这就增加了造成损失或加剧损失机会。由于购买了保险，有些人就降低了谨慎程度，或者比未购买保险时更愿意冒险行事，这就是心理风险的增加。心理风险的增加比道德风险的增加更具有普遍性。

作为一种风险处理手段，保险有利也有弊，但是总的来讲是利大于弊。充分发挥其积极作用，努力克服其消极影响，这是我们追求的目标。现代保险业采取了许多严密的措施来降低保险的成本，减轻其消极影响。例如，改变销售方法和管理程序以降低经营费用，采取共保或免赔以减少道德与心理风险等。

(三)保险与风险的关系

1.保险标的相当于风险单位

在风险管理学上，风险单位是指作为风险管理对象的财产及有关利益。风险单位的外延极为广泛，小到风险管理单位的一辆小汽车，大到风险管理单位的所有财产。一个经济单位对于其他风险管理单位来说，也可以被看作一个风险单位，比如对于债权人来说，由于债权人对债务人享有债权，债务人可以看作一个风险单位。又如债权人要求债务人提供担保，事实上是债权人针对债务人这个风险单位所采取的风险处理措施。保险标的是指作为保险对象的有关财产及其利益或者人的寿命和身体。比如某经济单位将其所有的一辆小汽车投保，该辆小汽车就是保险标的。显然，这辆小汽车在风险管理学上被认为是风险单位，而在保险学上被认为是保险标的。我们认为，保险学上的保险标的即相当于风险管理学上的风险单位，只是这两个术语分别属于不同的学科而已。

2.保险事故相当于风险事故

风险由风险因素、风险事故和损失三个要素构成。风险因素是指促使或引起风险事故发生的条件，以及风险事故发生时，致使损失增加、扩大的条件。风险因素是风险事故发生的直接原因，也是造成损失的间接原因。例如，对于火灾而言，建设工程的建筑材料以及干燥的气候就是风险因素。风险事故是指引起损失发生的直接原因，是使损失的可能性转化为现实性的媒介。火灾的发生使建筑材料受到损失，火灾就是风险事故。现实生活中，致使建筑材料损失的风险事故并不只有火灾一种，还可能是地震、洪水、盗窃等。保险事故是指保险合同约定的保险责任范围内的事故。例如，保险合同约定，建筑材料因火灾而损失的，保险人将承担赔偿保险金的责任，火灾就是保险事故。可见，同样是火灾，在风险管理学上被认为是风险事故，而在保险学上则被认为是保险事故。我们认为保险学上的保险事故即相当于风险管理学上的风险事故。至于保险责任，就是对风险管理学上的损失补偿。

3.风险的存在是保险产生和存在的基础

保险的目的是对损失的补偿，若无风险也就不会有损失，保险也就没有存在的前提。所以，无风险，即无保险，风险系保险之“原料”。在建设工程活动中，风险无处不在，风险的存在就可能会产生损失，于是建设工程活动的主体产生了补偿损失的需要，建设工程保险因此产生。

4.风险的发展是保险发展的动力

风险从来就有，保险却是后来才产生的。这显然是由于生产力的提高和管理技术的进步，人们逐渐找到保险这种管理风险的技术。随着社会经济的发展，新的风险逐渐产生，新的风险的产生，使得人们对保险有了新的要求，于是新的保险险种逐渐出现。保险的发展就是建立在风险的发展基础上的。

5.保险是风险转移的有效措施

面对风险所造成的巨大损失，人们可以采取很多措施予以处理，比如风险避免、损失控制、风险自留等。但是，有的风险是无法避免的、难于控制的或者难以承受的，于是人们利用保险这种措施，将损失转移给保险人。特别是在建设工程中，涉及风险因素众多，风险因素危险性较大，造成的损失也较大。建设工程活动的主体往往难以承受，于是利用建设工程保险将建设工程风险转移给保险人。保险以小额的财务支出换取较大的损失补偿，被视为有效的风险转移措施。

6.风险管理的水平制约着保险的效益

风险管理单位对风险的识别是否全面，对风险的衡量是否准确，风险管理决策是否正确，直接影响风险管理单位是否采取保险措施转移风险。在我国，由于建设单位的风险管理水平普遍较低，建设单位一般没有投保建设工程保险的热情。整个行业的风险管理水平制约着该行业保险的水平，风险管理水平也同样决定着整个社会保险业的水平。

（四）可保风险及其条件

无风险，即无保险。但是并非所有的风险均可为保险所处理。亦即保险所能处理的风险是有一定条件和范围的。而在此条件和范围内被保险处理的风险均可谓之“可保风险”。对于不可保风险，保险或者不适用，或者得不偿失，因此在风险管理中保险的适用是有条件的。可保风险是针对一定时期内的保险市场而言的，随着社会经济以及保险市场的发展，可保风险的范围将逐步扩大。讨论可保风险应具备的条件，就是研究保险在风险管理中的适用范围，这对于风险管理和保险来讲，无疑都具有重要的意义。一般来讲，理想的可保风险须同时具备以下条件：

1.可保风险是纯粹风险而非投机风险

风险可以分为纯粹风险和投机风险，保险通常只适用于纯粹风险，但有个别例外。投机风险一般无法保险，究其原因，大概有以下四个方面：①投机风险有获利可能，因而使损失的预测变得困难；②投机风险有时表现为基本风险，其风险损失是一般商业保险所不能承担的；③投机风险的损失有时并非意外，这与保险的宗旨相悖；④投机风险的损失，对某人而言是损失，但是对他人而言可能是利益，因而对全社会而言可能并无损失。当然，例外情形也是存在的，比如有的保险公司的人寿保险单，其面值随消费品物价指数的改变而调整。

2.风险事故的发生是意外的

但风险事故所造成的损失本身是可以确定的。风险事故的发生与否，必须是风险管理单位所不能控制的。即损失的发生对被保险人来说是意外的，否则有违保险的宗旨。因此，诸如自杀自伤、自然损耗等，保险公司并不承保。保险的运作，须以损失可以确定为前提，否则损失的补偿和保险金的给付将无法进行。因此风险事故所致的损失必须在时间、地点、原因以及数额上都能够明确界定。损失可以确定，也是保险公司进行险种设计、厘定费率的前提条件。

3.损失的幅度不宜太大也不宜太小

损失幅度过小，也就意味着风险因素的危险性较小，风险管理单位可以通过其他风险处理措施解决。而且，开设此类小额保险，经营成本相对较高，对于投保人来说。不如采取其他风险处理措施更为经济。因此，保险公司一般有最低保险费的要求，对于一支铅笔、一个打火机可能的损失通常是不能保险的。在一定的时期内，保险市场所能提供的总保险金额，在一定程度上体现了整个社会对自然灾害和意外事故的抵御能力，而这种能力在一定时期内是有限的，因此可保风险的损失幅度要受承保能力的限制。损失幅度过大，不可保，这就是所谓巨灾风险不可保。通常情况下，地震、海啸、台风这样的巨灾是不能承保的，因为其超过了保险公司的承受能力。当然，实务中也有承保的，但是一般要经过特别约定。

4.存在大量独立的同质风险单位

所谓“独立”，是指该风险单位是否会发生损失，发生多大损失，与其他风险单位无关。所谓“同质”，是指这些风险单位所面临的风险因素是相同或近似的，从而因风险事故的发生所致的损失概率和程度大体相当。这是保险经营的数理基础——“大多数法则”的基本要求。保险是多数人负担少数人损失的一种互助行为，因此，就某种特定的风险而言，须有大量独立的风险单位参加。若参加的风险单位较多，则或者保险基金筹集不足而无法提供补偿，或者通过提高保险费率来筹足基金，当费率上升到一定水平，则投保人将无力负担或者采用其他风险处理措施。若参加的风险单位不独立，即风险单位间存在连带关系，则多数风险单位存在同时出险的可能，那么大多数法则将失灵，因而所筹集的风险基金可能不足。

理想的可保风险为风险管理单位和保险人提供了管理和经营的原则。但是事实上，完全满足这些条件的风险并不多。于是，人们采取一定的技术手段，使这些不满足条件的风险成为可保风险。例如，通过适当的风险分类实现风险同质；通过再保险、共保方式增加风险单位或者使风险单位独立，从而扩大承保能力。因此，诸如一定条件下的自杀、疾病风险、航空航天风险等都变得可保。事实上，随着保险技术和承保能力的提高，可保风险的范围也正在逐步扩大。

二、保险合同法律关系

(一) 保险合同的概念和特征

保险合同是投保人与保险人约定保险权利义务关系的协议。这个概念可从以下几个方面来理解：①保险合同的当事人是投保人和保险人，虽然被保险人和受益人基于保险合同的成立而享有某些权利，但并不必然是保险合同的当事人；②投保人与保险人之间的关系是保险权利义务关系，即他们在履行合同义务的同时享有合同权利；③这种权利义务关系是双方当事人协商一致的结果，而不是任何一方单方面意思表示的结果。

(一) 保险合同的特征

保险合同是双务合同。双务合同是相对于单务合同而言的概念。双务合同是指合同当事人双方互为权利义务主体。一方的权利是对方的义务，另一方的义务则是对方的权利。在保险合同中，投保人负有支付保险费的义务，而保险人享有获得保险费的权利，并在保险事故发生时，保险人负有赔偿或者给付保险金的义务。值得注意的是，在保险合同中投保人支付保险费的义务是确定的，但保险人给付保险金的义务须待保险事故发生时始能确定，由于保险事故的发生与否并不确定，保险人给付保险金的责任也是不确定的。

保险合同是有偿合同。有偿合同是相对于无偿合同而言的概念。有偿合同是指必须履行对待给付义务的合同。在保险合同中，保险人给付保险金是以投保人支付保险费为对待条件的，所以保险合同是有偿合同。需要注意的是，所谓对待给付义务，并不是指双方当事人的义务内容完全相等。

保险合同是诺成合同。诺成合同是相对于实践合同而言的概念。诺成合同是指合同当事人意思表示一致即可成立的，无需合同标的物实际交付的合同。根据《保险法》第十三条的规定，投保人提出保险要求，经保险人同意承保，并就合同的条款达成协议，保险合同成立。可见，在我国，保险合同的成立以双方意思表示一致为要件，而不需保险费的实际交付，所以，保险合同是诺成合同。投保人不按约定交付保险费，只是保险合同解除的条件，而不是合同成立的条件。

保险合同一般为格式合同。格式合同是相对于协商合同而言的概念。格式合同是指当事人为了重复使用而预先拟定，并在订立合同时未与对方协商的合同。保险单或者其他保险凭证通常是保险合同所采用的书面形式，也是保险合同成立的证明。根据《保险法》第一百零七条的规定，关系社会公众利益的保险险种、依法实行强制保险的险种和新开发的人寿保险险种等的保险条款和保险费率，应当报保险监督管理机构审批。保险监督管理机构审批时，遵循保护社会公众利益和防止不正当竞争的原则。审批的范围和具体办法，由保险监督管理机构制定。其他保险险种的保险条款和保险费率，应当报保险监督管理机构备案。在实务中，投保人一般只能对保险条款做出接受或者不接受的选择。投保人和保险人一般不得将已标准化和定型化的合同予以任意更改。

保险合同是射幸合同。射幸合同是相对于交换合同而言的概念。射幸即为“碰运气”的意思。所谓射幸合同是指当事人一方付出的代价所获得的只是一个机会，可能因此机会就未来的损失获得补偿，也可能仅有付出而无利益可言。保险合同的射幸性来源于风险事故发生与否的不确定性。在合同有效期内，如果约定的风险事故发生，则被保险人或者受益人可以获得远远超过保险费的补偿；如果没有发生合同约定的风险事故，则被保险人或者受益人不能获得任何利益。对于保险人来说，如果发生保险事故，则将可能给付远远超过该笔保险费的保险金；如果没有发生保险事故，则获得了保险费，但不付出代价。需要注意的是，保险合同的射幸性与赌博不同。在保险合同中，被保险人所获得的保险金是对其所受损失的补偿，被保险人的财产事实上并无增加，而在赌博中，无所谓对损失的补偿问题。

保险合同是非要式合同。非要式合同是相对于要式合同而言的概念。要式合同是指以履行特定形式为合同成立要件的合同，非要式合同则是指不要求履行特定的形式即可成立的合同。保险合同是否为非要式合同，学者间是有争议的。根据《保险法》第十三条的规定，投保人提出保险要求，经保险人同意承保，并就合同的条款达成协议，保险合同成立。保险人应当及时向投保人签发保险单或者其他保险凭证，并在保险单或者其他保险凭证中载明当事人双方约定的合同内容。我们认为，保险合同的成立不以履行特定形式为要件。只需双方当事人意思表示一致即可，因此保险合同应当属于非要式合同。至于保险单或者其他保险凭证的交付，是合同成立之后，保险人负有的义务。保险单的交付虽具有证明保险合同的作用，但并不表明保险单的交付是保险合同成立的要件。

依不同的标准，保险合同可以分为不同的种类。依保险标的的不同，可分为财产保险合同和人身保险合同；依保险价值在保险合同中是否预先确定为标准，可分为定值保险合同和不定值保险合同；依保险人承保风险的种类和范围的不同；可分为特定风险保险合同和一切风险保险合同；依保险金额与保险价值的关系的不同，可分为足额保险合同、不足额保险合同和超额保险合同；依保险人的不同，可分为单保险合同和重复保险合同；依保险人次序的不同，可分为原保险合同和再保险合同。

（二）保险合同的基本原则

保险合同的基本原则是指贯穿于保险合同订立、履行、理赔等过程的指导思想和方针。它是保险合同当事人应当遵守的基本准则。一般认为，保险合同的基本原则有以下几项。

1.合法性原则

合法性原则要求在保险活动中。行为人的保险行为必须符合法律、行政法规的规定，否则保险行为无效。具体包括以下几个方面：①保险合同的内容应当合法，例如行为人以违禁物品投保运输险，则属违法行为，其投保活动不发生法律效力；②保险合同的形式应当合法，若法律规定保险合同的存在必须以保险单或其他保险凭证为形式要件时，则保险行为应当符合法律规定的形式要件；③保险活动本身必须遵守法律法规的规定，不仅要遵守《保险法》，还要遵守《民法通则》《合同法》《反不正当竞争法》等法律法规的规定。

2.诚实信用原则

在保险活动中，由于保险人对保险标的无法加以控制，对保险标的的实际情况难以获得详细的信息，相关资料只能依赖投保人或被保险人提供，保险人通常是基于对投保人的充分信任而接受投保的。同时，由于保险的专业性较强，投保人或被保险人一般对专业性的东西不了解，他们通常是基于对保险人的信任而进行投保的。因此，诚实信用原则在保险活动中就显得尤其重要。

对投保人而言，遵循诚实信用原则主要应当履行以下两方面义务。①如实告知。如实告知义务是指在订立保险合同时，投保人应当将其所知道的或应当知道的有关保险标的的重要情况诚实地向保险人陈述。在我国，如实告知的义务采用“询问回答主义”，即投保人只要如实回答保险人的询问即可，并没有无限提供保险标的有关情况的义务。②信守保证。即在保险合同中，投保人担保对某一事项的作为或者不作为，或担保某一事项的真实性。如果投保人违反保证，将导致合同解除或者无效，保险人不承当保险责任。

遵循诚实信用原则，对保险人来说，也主要履行以下两方面的义务。①订立保险合同，保险人应当向投保人说明保险合同的条款内容。保险合同中规定有关于保险人责任免除条款的，保险人在订立保险合同时应当向投保人明确说明，未明确说明的，该条款不产生效力。②保险人应当拥有足够的偿付能力履行约定的赔偿或者支付保险金的保险责任。根据我国《保险法》第十六条的规定，除该法另有规定或者保险合同另有约定外，保险合同成立后，保险人不得解除保险合同。该法在第十五条同时还规定，除该法另有规定或者保险合同另有约定外，保险合同成立后，投保人可以解除保险合同。

3.保险利益原则

保险利益是指投保人对保险标的具有法律上承认的利益。保险标的是指作为保险对象的财产及其有关利益或者人的寿命和身体。保险利益原则是指投保人应当对保险标的具有保险利益，其所签订的保险合同才具有法律上的效力，才受法律保护。根据我国《保险法》第十二条的规定，投保人对保险标的应当具有保险利益。投保人对保险标的不具有保险利益的，保险合同无效。可见，投保人对保险标的具有保险利益，是保险合同的生效要件。

4.损失补偿原则

损失补偿原则有两个方面的涵义：①只要因保险事故的发生，造成保险合同约定范围内的损失，受损失方就有权按照有关规定或者约定获得全面而充分的赔偿；②赔偿的数额应当以实际损失为限，投保人或被保险人不能通过损失赔偿获得更多的利益，所以，我国《保险法》规定，在超额保险的情况下，超过保险价值的部分无效。代位求偿权制度和委付制度就是由损失补偿原则衍生而来的。必须注意的是，由于人身价值的不可衡量性，损失补偿原则只适用于财产保险合同，一般不适用于人身保险合同。

5.近因原则

近因是指导致结果发生的起决定性作用的原因。在保险活动中，造成保险标的损失的主要的、决定性的原因，即属近因。近因原则是保险理赔过程中必须遵循的一条重要原则。它是确定保险人对保险标的的损失是否负保险责任以及负何种保险责任的原则。根据近因原则，保险人只对与损失有直接因果关系的承保风险所造成的损失承担赔偿或者给付保险金责任，对不是承保风险所造成的损失，不负赔偿或者给付保险金责任。风险由风险因素、风险事故和损失三个要件构成。任何一个保险标的都面临若干个风险因素，由于不同的风险因素，可能发生不同的风险事故，例如一栋房屋，可能因火灾、洪水、地震等风险事故的发生而受损。如果投保人对该房屋投保火灾险，则该房屋因火灾而受损时，保险人应当负赔偿保险金的责任。但是，如果该房屋是因洪水或者地震而受损时，由于该损失并不是因保险人所承保的风险事故而受损，即该损失与保险人所承保的风险事故并无直接的因果关系，所以保险人不负赔偿保险金的责任。当然，由于现实生活中的情况比较复杂，特别是在多种风险事故共同造成保险标的损失的场合，近因原则的运用则要复杂得多。

（三）保险合同的主体、客体与内容

1.保险合同的主体

保险合同的主体是指在保险合同中享有权利和承担义务的人。一般将保险合同的主体分为保险合同的当事人和保险合同的关系人。

保险合同的当事人：保险合同的当事人是指订立保险合同的双方当事

人，即投保人和保险人。投保人：又称要保人或保单持有人，是指与保险人订立保险合同，并按照保险合同负有支付保险费义务的人。作为保险合同的投保人须具备以下两个条件：①须具备民事权利能力和民事行为能力；②对保险标的须具有保险利益。投保人不具备这两个条件，其所签订的保险合同无效。在保险合同中，投保人负有支付保险费的义务。

保险人：又称承保人，是指与投保人订立保险合同，并承担赔偿或者给付保险金责任的保险公司。根据我国《保险法》的规定，保险人的组织形式为股份有限公司和国有独资公司。在保险合同约定的保险事故发生后，保险人负有依照约定赔偿或者给付保险金的义务。

保险合同的关系人保险合同的关系人是指对保险合同享有相关利益的人，即被保险人和受益人。被保险人：被保险人是指其财产或者人身受保险合同保障，享有保险金请求权的人，投保人可以为被保险人。被保险人可以是自然人、法人或者其他组织。可以从以下方面来理解保险合同中的被保险人。①被保险人是在保险合同约定的保险事故发生时受到损失的人。被保险人所受到的损失可以是财产损失，也可以是人身损失。这里的财产损失应做广义的理解，当保险事故发生时，被保险人依法负有对第三者进行赔偿的，被保险人的赔偿责任也被认为是财产损失。被保险人受到的财产损失表现为其财产的减少，人身损失表现为其身体、健康以及生命受到损害。②被保险人可以是投保人，但投保人并不必然是被保险人。因为在投保人为他人利益而投保时，被保险人是第三人。③被保险人的民事能力没有严格的限制，可以是限制民事行为能力人和无民事行为能力人。但是，为保护无民事行为能力人的人身利益，无民事行为能力人一般不得作为以死亡为给付保险金条件的人身保险的被保险人。④被保险人是享有保险金请求权的人。在财产保险中，被保险人的继承人可以继承该保险金请求权。在人身保险中，保险金请求权可以由被保险人行使，也可以由受益人行使，在没有约定受益人而被保险人死亡的场合，被保险人的继承人可以继承保险金请求权。

受益人：又称保险金受领人，受益人是指在人身保险合同中由被保险人或者投保人指定的享有保险金请求权的人，投保人、被保险人可以为受益人。对于受益人，可以从以下几个方面来理解。①受益人只存在于人身保险合同中，在财产保险合同中并不存在受益人。②受益人是基于投保人或者被保险人的指定而产生的。投保人指定受益人时，须经被保险人同意。被保险人为无民事行为能力人或者限制民事行为能力人的，可以由其监护人指定受益人。投保人或者被保险人的指定是受益人产生的基础，故受益人不受民事能力和保险利益的限制。③投保人和被保险人可以作为受益人。但是，投保人指定自己为受益人时，也须被保险人同意。④受益人是享有保险金请求权的人。由于受益人是基于投保人或者被保险人的指定而产生，受益人并不负有支付保险费的义务，保险人也无权请求受益人支付保险费。

2.保险合同的客体

民事法律关系的客体是指民事法律关系当事人的权利和义务所共同指向的对象。如果没有民事法律关系的客体，民事权利和民事义务就无所依托。保险合同的客体就是保险利益。保险利益是投保人对保险标的具有的法律上承认的利益。与保险利益密切相关的一个概念是保险标的。保险标的是指作为保险对象的财产及其有关利益或者人的寿命和身体。在保险合同中，保险人所承保的是投保人或被保险人对保险标的所享有的利益，而不是保险标的本身的安全。所以应将保险利益和保险标的区别开来。

并不是投保人或被保险人对保险标的的任何利益都是保险利益，是否是保险利益，应当具备这样几个要件：①须是合法的利益，对因盗窃、诈骗、抢劫等获得的财产显然不具有保险利益；②该利益须是经济上的利益，即可以用金钱衡量；③该利益须是可以确定的利益，包括已经确定的利益和可以被确定的利益。保险利益可以是投保人对保险标的具有的经济上的利益，也可以是投保人依法或者依约定应当承担的责任等。如果保险事故的发生，使投保人或被保险人受到损失，则表明投保人或被保险人对该保险标的具有保险利益；如果保险事故的发生，投保人或被保险人并没有受到损失，则表明该投保人或被保险人对该保险标的不具有保险利益。

保险利益是保险合同的生效要件，故投保人对保险标的应当具有保险利益。投保人对保险标的不具有保险利益的，保险合同无效。如果投保人对保险标的没有保险利益，但被保险人同意投保人为其订立保险合同的，视为投保人对保险标的具有保险利益。一般而言，在财产保险合同中，投保人或被保险人对其所有的或由其控制或管理的财产以及投保人或被保险人依法应当承担的赔偿责任具有保险利益。在人身保险合同中，根据《保险法》

第五十三条的规定，投保人对下列人员具有保险利益：①本人；②配偶、子女、父母；③前项以外与投保人有抚养、赡养或者扶养关系的家庭其他成员、近亲属。除上述规定外，被保险人同意投保人为其订立合同的，视为投保人对被保险人具有保险利益。

3.保险合同的内容

保险合同的内容即是保险合同所记载的事项，是保险合同的主体享有权利、履行义务和承担责任的依据。保险合同的内容通常以条款的形式表现在合同中。这些条款大概可以分为两类：法定条款和约定条款。法定条款为必备条款，任何保险合同都不可或缺。否则将导致合同无效；约定条款为任意条款，由双方当事人自由约定，但是，有无此条款不影响合同的效力。

我国《保险法》第十九条规定了保险合同应当具备的法定条款。法定条款包括下列事项：①保险人名称和住所；②投保人、被保险人名称和住所，以及人身保险的受益人的名称和住所；③保险标的；④保险责任和责任免除；⑤保险期间和保险责任开始时间；⑥保险价值；⑦保险金额；⑧保险费以及支付办法；⑨保险金赔偿或者给付办法；⑩违约责任和争议处理；⑪ 订立合同的年、月、日。同时。该法第二十条作出了关于约定条款的规定，即投保人和保险人在法定条款之外，可以就与保险有关的其他事项作出约定。

保险合同的法定条款有其特殊性，下面择其要者而言之。①保险标的。保险标的是指作为保险对象的财产及其有关利益或者人的寿命和身体。在有形财产保险合同中，保险标的是可能发生保险事故的财产；在责任保险合同中，保险标的是被保险人依法可能承担的民事赔偿责任；在人身保险合同中，保险标的是人的寿命和身体。保险标的是判明险种的依据，在保险合同中载明保险标的可以判断投保人对其是否具有保险利益，同时可以确定保险责任的范围。②保险责任和责任免除。保险责任是指保险人对于保险合同中约定的保险事故的发生所造成的损失以及被保险人死亡、伤残、疾病或者达到合同约定的年龄、期限时，应承担的赔偿或者给付保险金的责任。保险责任可以分为基本保险责任和特约保险责任。基本保险责任是指保险单基本条款规定的保险责任。特约保险责任是指保险单的附加条款约定的保险责任。责任免除，又称除外责任，是指保险合同约定的不予承担赔偿或者给付保险金的情形。除外责任是对保险责任的限制性规定。除外责任条款一般包括；战争或军事行为所造成的损失；财产的自然损耗；货物固有的瑕疵；被保险人的故意行为等。③保险期间和保险责任的开始期间。保险期间是指保险人承担保险责任的有效日期，也是保险合同的有效期间。一般而言，在保险期间发生保险事故的，保险人应承担保险责任；保险期间之外发生的保险事故造成保险标的损失的，保险人不承担责任。保险期间通常有两种表示方式，一种是以保险业务的全过程为起止时间，一种是按年、月、日计算。前者常用于建设工程保险合同和运输保险合同，后者用于一般的保险合同。保险责任的开始时间是指保险人开始承担保险责任的时间。实践中，通常以约定起保日的零点为保险责任开始的时间，以合同期届满日的24时为保险责任的终止时间。需要注意的是，保险责任的开始时间和保险合同的成立时间不是同一个概念。一般而言，保险合同成立在前。保险责任的开始在后，但也不排除二者同时发生的情况。④保险价值。保险价值是以货币衡量的保险标的的市场价值。它是投保人或被保险人保险利益的价值体现。在非人身保险中，保险价值是确定保险金额的依据。保险标的的保险价值。可以由投保人和保险人约定并在合同中载明，也可以按照保险事故发生时保险标的的实际价值确定。保险金额不得超过保险价值；超过保险价值的，超过的部分无效。保险金额低于保险价值的。除合同另有约定外，保险人按照保险金额与保险价值的比例承担赔偿责任。⑤保险金额。又称保额，是指保险人承担赔偿或者给付保险金责任的最高限额。保险金额是保险费的计算依据。在财产保险中，保险金额以保险价值为依据确定；在人身保险中，保险金额直接由当事人在合同中约定。⑥保险费和保险费率。保险费，简称保费，是指投保人为转移风险而向保险人支付的对价。保险费是保险基金的来源。保险费一般以保险金额乘以保险费率，再乘以保险期限得来。保险费率即是保险价格，是计算保险费的依据，它反映了一定时期保险费与保险金额的比例关系。⑦保险金赔偿或者给付办法。保险金赔偿或者给付办法即是保险人承担责任的方式。保险人承担保险责任，以支付金钱为原则，但也可以约定以其他方法补偿损失，例如某建筑工程一切险合同中约定："对保险财产遭受的损失，本公司可选择以支付赔款或以修复、重置受损项目的方式予以赔偿。"

(四)保险合同的订立与履行

1.保险合同的订立

保险合同的订立是指投保人与保险人就保险合同的条款进行协商并达成一致意见的过程。根据我国《保险法》第十三条的规定，投保人提出保险要求，经保险人同意承保，并就合同的条款达成协议，保险合同成立。保险人应当及时向投保人签发保险单或者其他保险凭证，并在保险单或者其他保险凭证中载明当事人双方约定的合同内容。经投保人和保险人协商同意，也可以采取上述规定以外的其他书面协议形式订立保险合同。可见，保险合同的订立和一般合同的订立一样要经历要约和承诺两个程序。

投保人提出保险要求为要约，保险人同意承保即为承诺。保险人作出承诺，保险合同即告成立。投保人提出保险要求通常以填具投保单的形式表示，保险人承诺即为对投保单的接受。投保单通常由保险人事先制作成标准格式。投保单本身不是保险合同文本，如果投保人填具并为保险人接受后，它可以成为保险合同的组成部分。保险单是投保人与保险人就保险合同达成一致后，保险人向投保人签发的证明保险合同成立的正式书面凭证。保险单载明了保险合同的主要内容，包括双方当事人的权利义务、保险标的以及其他主要条款等。其他保险凭证有暂保单、小保单以及联合凭证等。需要注意的是，只要投保人和保险人就保险合同条款达成一致意见，保险合同即告成立，保险单的签发，并不是保险合同成立的要件。保险费的交付，也不是保险合同成立的要件。

保险合同是典型的诚信合同，投保人和保险人在订立合同过程中，应当切实履行相关的诚信义务，否则将会导致合同无效、解除等效果。订立保险合同，保险人应当向投保人说明保险合同的条款内容，并可以就保险标的或者被保险人的有关情况提出询问投保人应当如实告知。投保人故意隐瞒事实、不履行如实告知义务的，或者因过失未履行如实告知义务、足以影响保险人决定是否同意承保或者提高保险费率的，保险人有权解除保险合同。投保人故意不履行如实告知义务的，保险人对于保险合同解除前发生的保险事故，不承担赔偿或者给付保险金的责任，并不退还保险费。投保人因过失未履行如实告知义务，对保险事故的发生有严重影响的，保险人对于保险合同解除前发生的保险事故，不承担赔偿或者给付保险金的责任，但可以退还保险费。保险合同中规定有关于保险人责任免除条款的，保险人在订立保险合同时应当向投保人明确说明，未明确说明的，该条款不产生效力。

保险合同的有效要件。与一般合同的有效要件一样，通常认为有行为人主体合格、意思表示一致以及合同内容合法这三项。导致保险合同无效的要件，原则上可以适用我国《民法通则》和《合同法》上关于无效合同的规定。此外，导致保险合同无效的情形还有：投保人对保险标的无保险利益；投保人为无民事行为能力人投保以死亡为给付保险金条件的人身保险合同，法律另有规定的除外；以死亡为给付保险金条件的保险合同，未经保险人书面同意并认可保险金额的，但法律另有规定的除外；恶意的重复保险等。

2.保险合同的履行

保险合同的履行是指保险合同依法成立并生效后，合同当事人依照合同约定全面完成各自义务的过程。从实体上看，保险合同的履行包括投保人、被保险人以及保险人合同义务的履行。从程序上看，保险合同的履行包括索赔、理赔以及代位求偿三个阶段。①投保人、被保险人的义务交付保险费的义务。保险合同成立后，投保人按照约定交付保险费。根据约定的不同，可以一次性交付，也可以分期交付。保险人对人身保险的保险费，不得用诉讼方式要求投保人支付。②防险义务。防险义务是指在保险合同成立后，投保人或被保险人不得因已投保而放任或促使保险事故的发生，而应尽最大的义务防止保险事故的发生。在财产保险中，这类义务的内容主要包括：被保险人应当遵守国家有关消防、安全、生产操作、劳动保护等方面的规定，维护保险标的的安全。根据合同的约定，保险人可以对保险标的的安全状况进行检查，及时向投保人、被保险人提出消除不安全因素和隐患的书面建议。投保人、被保险人未按照约定履行其对保险标的安全应尽责任的，保险人有权要求增加保险费或者解除合同。保险人为维护保险标的的安全，经被保险人同意，可以采取安全预防措施。投保人或被保险人故意制造保险事故的，保险人不承担保险责任。在人身保险合同中，投保人或受益人违反此类义务以及由此而导致的法律效果主要有以下几种情形：投保人、受益人故意造成被保险人死亡、伤残或者疾病的，保险人不承担给付保险金的责任。投保人已交足两年以上保险费的，保险人应当按照合同约定向其他享有权利的受益人退还保险单的现金价值。受益人故意造成被保险人死亡或者伤残的，或者故意杀害被保险人未遂的，丧失受益权。以死亡为给付保险金条件的合同，被保险人自杀的，保险人不承担给付保险金的责任，对投保人已支付的保险费，保险人应按照保险单退还其现金价值。但是，以死亡为给付保险金条件的合同，自成立之日起满两年后，如果被保险人自杀的，保险人可以按照合同给付保险金。被保险人故意犯罪导致其自身伤残或者死亡的，保险人不承担给付保险金的责任。投保人已交足两年以上保险费的，保险人应当按照保险单退还其现金价值。③危险程度增加的通知义务。被保险人在知道保险标的面临风险因素的危险性有所增加时，有及时通知保险人的义务。在合同有效期内，保险标的危险程度增加的，被保险人按照合同约定应当及时通知保险人，保险人有权要求增加保险费或者解除合同。被保险人未履行规定的通知义务的，因保险标的危险程度增加而发生的保险事故，保险人不承担赔偿责任。④出险通知义务和出险施救义务。投保人、被保险人或者受益人知道保险事故发生后，应当及时通知保险人。保险事故发生时，被保险人有责任尽力采取必要的措施，以防止或者减少损失。⑤提供索赔依据的义务。保险事故发生后，依照保险合同请求保险人赔偿或者给付保险金时，投保人、被保险人或者受益人应当向保险人提供其所能提供的与确认保险事故的性质、原因、损失程度等有关的证明和资料。保险人依照保险合同的约定，认为有关的证明和资料不完整的，应当通知投保人、被保险人或者受益人补充提供有关的证明和资料。

损失补偿义务。这是指对于保险合同中约定的保险事故的发生所造成的损失以及被保险人死亡、伤残、疾病或者达到合同约定的年龄、期限时，保险人应向被保险人或者受益人赔偿或者支付保险金。损失补偿义务包括对合同约定的保险标的的损失以及被保险人采取施救措施所支付的合理费用的补偿。《保险法》第四十二条就规定，保险事故发生后，被保险人为防止或者减少保险标的的损失所支付的必要的、合理的费用，由保险人承担；保险人所承担的数额在保险标的损失赔偿金额以外另行计算，最高不超过保险金额的数额。被保险人为查明和确定保险事故的性质、原因和保险标的的损失程度所支付的必要的、合理的费用，由保险人承担。

特定情况下退还保险费的义务。根据《保险法》第三十八条的规定，有下列情形之一的，除合同另有约定外，保险人应当降低保险费，并按日计算退还相应的保险费：①据以确定保险费率的有关情况发生变化，保险标的危险程度明显减少；②保险标的的保险价值明显减少。

保密义务。保险人或者再保险接受人对在办理保险业务中知道的投保人、被保险人、受益人或者再保险分出人的业务和财产情况及个人隐私，负有保密的义务。

保险法上的索赔是指被保险人或者受益人因保险事故发生而受损或出现合同约定事项后，在法定期限内，向保险人请求赔偿或者给付保险金的行为。

索赔的主体就是享有保险金请求权的人。索赔主体一般为被保险人或受益人。但是，在财产保险合同中，被保险人死亡的，被保险人的继承人可以行使保险金请求权。在责任保险中。受害的第三者可以依照法律的规定或者合同的约定直接向保险人行使保险金请求权。在人身保险合同中，被保险人死亡后，遇有下列情形之一的，保险金作为被保险人的遗产，被保险人的继承人享有保险金请求权：①没有指定受益人的；②受益人先于被保险人死亡，没有其他受益人的；③受益人依法丧失受益权或者放弃受益权，没有其他受益人的。

人寿保险以外的其他保险的被保险人或者受益人，对保险人请求赔偿或者给付保险金的权利，自其知道保险事故发生之日起两年不行使而消灭。人寿保险的被保险人或者受益人对保险人请求给付保险金的权利，自其知道保险事故发生之日起五年不行使而消灭。

索赔的程序分为以下几个步骤：①出险通知；②保护现场，接受检查；③提出索赔请求和索赔证据；④领取保险赔偿金或保险金。

理赔是指保险人基于保险金请求权人的索赔请求。根据保险合同以及有关索赔资料，审核保险责任以及赔偿或支付保险金的行为。理赔一般经历以下几个步骤。①立案检验、现场勘察。②审核责任。保险人收到被保险人或者受益人的赔偿或者给付保险金的请求后，经审核对不属于保险责任的，应当向被保险人或者受益人发出拒绝赔偿或者拒绝给付保险金通知书。③赔付。保险人收到被保险人或者受益人的赔偿或者给付保险金的请求后，应当及时作出核定，并将核定结果通知被保险人或者受益人；对属于保险责任的，在与被保险人或者受益人达成有关赔偿或者给付保险金额的协议后十日内，履行赔偿或者给付保险金义务。保险合同对保险金额及赔偿或者给付期限有约定的，保险人应当依照保险合同的约定，履行赔偿或者给付保险金义务。保险人未及时履行上述规定义务的，除支付保险金外，应当赔偿被保险人或者受益人因此受到的损失。任何单位或者个人都不得非法干预保险人履行赔偿或者给付保险金的义务，也不得限制被保险人或者受益人取得保险金的权利。保险人自收到赔偿或者给付保险金的请求和有关证明、资料之日起六十日内，对其赔偿或者给付保险金的数额不能确定的。应当根据已有证明和资料可以确定的最低数额先予支付。保险人最终确定赔偿或者给付保险金的数额后，应当支付相应的差额。④损余处理。《保险法》第四十四条规定："保险事故发生后，保险人已支付了全部保险金额，并且保险金额相等于保险价值的。受损保险标的的全部权利归于保险人；保险金额低于保险价值的，保险人按照保险金额与保险价值的比例取得受损保险标的的部分权利。"保险人取得受损保险标的的权利或部分权利后，自然可以对这些权利进行处理。

保险人的代位求偿权是指在保险人履行了保险责任后，依法享有的在其赔付限度内，代行被保险人依法向造成损失的第三者请求赔偿的权利。保险人享有代位求偿权的依据是《保险法》第四十五条。该条规定，因第三者对保险标的的损害而造成保险事故的，保险人自向被保险人赔偿保险金之日起，在赔偿金额范围内代位行使被保险人对第三者请求赔偿的权利。应当注意，保险人的代位求偿权只存在于财产保险合同中，而且只存在于因第三者对保险标的的损害而造成保险事故的场合。

保险事故发生后，被保险人已经从第三者取得损害赔偿的，保险人赔偿保险金时，可以相应扣减被保险人从第三者已取得的赔偿金额。保险人行使代位请求赔偿的权利，不影响被保险人就未取得赔偿的部分向第三者请求赔偿的权利。保险事故发生后，保险人未赔偿保险金之前。被保险人放弃对第三者的请求赔偿的权利的，保险人不承担赔偿保险金的责任。保险人向被保险人赔偿保险金后，被保险人未经保险人同意放弃对第三者请求赔偿的权利的，该行为无效。由于被保险人的过错致使保险人不能行使代位请求赔偿的权利的，保险人可以相应扣减保险赔偿金。除被保险人的家庭成员或者其组成人员故意损害保险标的而造成保险事故的以外，保险人不得对被保险人的家庭成员或者其组成人员行使代位请求赔偿的权利。在保险人向第三者行使代位请求赔偿权利时，被保险人应当向保险人提供必要的文件和其所知道的有关情况。保险人行使代位求偿权所获得的金额不得超过其已支付的保险赔偿金，如有超过，超过的部分应退还给被保险人。

三、建设工程保险的历史与现实

（一）建设工程保险的概念和特点

建设工程保险是适应现代工程技术和建筑业的发展，由火灾保险、意外伤害保险以及责任保险等演变而来的综合性保险。它主要承保建设工程施工期间以及工程结束后一段时间，因自然灾害、意外事故以及人为原因造成财产损失、人身伤害以及第三者责任等。我国保险业多将建设工程保险定位于财产保险类别，但是考虑到建设工程保险的保险标的以及保险公司的实际发展情况，我们认为将建设工程保险仅仅定位于财产保险是不恰当的。从广义上讲，责任保险可以划入财产保险的类别，但是，在建设工程保险中，还有无法划入财产保险标的的人身伤害保险，比如建筑职工意外伤害保险，这是无论如何不能划入财产保险之内的。另外，将建设工程保险作为一种综合性保险险种，更有利于保险公司业务的开展和保险业的发展。

基于以上考虑，建设工程保险可以这样界定，即建设工程保险是指投保人根据保险合同的约定向保险人支付保险费，保险人对于合同约定的在工程建设过程中以及工程完成后一段时间内可能的事故，因其发生造成的财产损失或人身伤害承担赔偿或者给付保险金责任的保险行为，可以从以下几个方面来理解其含义：①建设工程保险是与建设工程施工密切相关的险种，它是以主保险标的的名称即建设工程来命名的；②建设工程保险的保险期不仅包括建设工程施工阶段，而且还可以延续工程完成后一段时间；③建设工程保险的保险责任较广，不仅包括财产损失、第三者责任，还包括人身伤害；④建设工程保险涉及财产保险、责任保险和人身保险。

建设工程合同担保是与建设工程保险相似的一个概念，二者都是风险处理措施，在管理模式、会计制度以及对建设工程合同主体的监督上确有相似之处，但是，二者也存在根本不同，主要表现在以下两方面。①建设工程保险是一种风险转移措施，而建设工程担保则是一种损失控制措施。在建设工程保险中，投保人购买保险，是为了转移自己不能控制的风险，保障自己的利益。而在建设工程合同担保中，债务人提供担保并不是为了转移风险，而是为了满足对方提供信用保证的要求。事实上，债务人也没有能够转移风险，因为保证人在承担保证责任后，享有对债务人的追偿权。②二者针对的风险不同。建设工程保险针对的是建设工程中的不能控制的纯粹风险，如因火灾、盗窃、洪水等事故而导致的损失。而建设工程合同担保针对的是建设工程合同的投机风险，如中标人不与招标人签订合同、承包人不履行合同等事故而造成的损失。上述两点是二者的根本差别，其他任何不同均源于此。与其他普通保险相比，建设工程保险的特点取决于其综合性以及建设工程本身的专业性。

1.承保风险专业性较强

一项建设工程面临的风险因素多种多样，错综复杂。在具体的建设工程保险业务中，风险分析估算、保险费率厘定、保险合同条款等都需要建设工程专业、保险专业、法学专业、数学专业、管理专业等多学科的综合性知识。因此，从事建设工程保险业务要求具有较高的专业水准。

2.保险金额一般较高

建设工程项目的投资少则几百万，多则上亿。保险金额以保险标的的保险价值为基础进行计算，建设工程保险的保险标的较广，保险价值也较高，因此其保险金额相应也较高。

3.承保期限难以确定

普通财产的保险期限一般按年度计算，通常按一年计取保险费，而建设工程保险的保险期间则通常按工期来确定。实践中，建设工程的工期事实上是不确定的，可能提前也可能延期，这样，建设工程保险的保险期间也可能提前或者延期，存在不确定性。

4.保险标的在投保时通常并不完整

普通保险在投保时保险标的是现实存在而且完整的。而在签订建设工程保险合同时，工程往往尚未动工或者仅仅进行了一部分，保险标的并未完整的呈现在当事人面前，此时的保险金额源于对工程的预算资料和估计，所

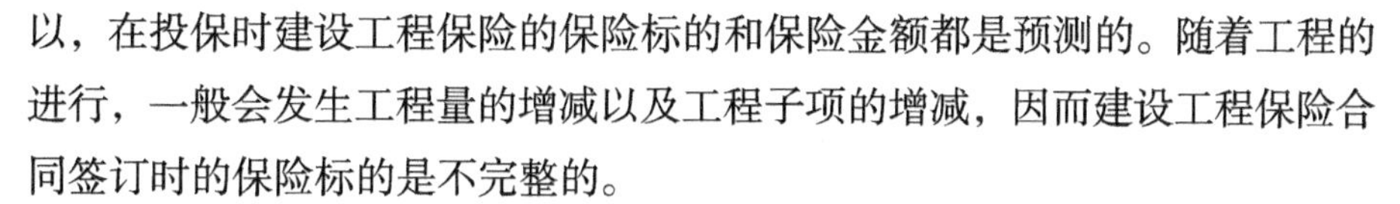

以，在投保时建设工程保险的保险标的和保险金额都是预测的。随着工程的进行，一般会发生工程量的增减以及工程子项的增减，因而建设工程保险合同签订时的保险标的是不完整的。

5.不同险种的内容存在交叉

在投保安装工程险时，保险责任中包括超负载、超电压、碰线、电弧、走电、短路、大气放电及其他电气引起的事故。这些保险责任本来是针对安装工程保险的特点而设置的，但是实际上这也是机器损坏险的保险责任，即电气原因造成的损失在安装工程保险的保单项下也可以负责赔偿。另外，在建筑工程保险中，往往包含安装工程保险的安装项目，而在安装工程保险中也往往包括一部分为安装工程服务的土木工程项目。因此，工程保险不像传统的财产保险那样单一，这是其他险种所不具有的。

6.承保风险因素范围较广

普通险种只承保造成保险标的损失的少数风险因素，例如火灾险仅对因火灾造成的财产损失负责。但是，在建设工程保险中，往往承保多种风险因素造成的保险标的损失。例如，物质部分的基本保险责任就有自然灾害、意外事故和人为危险三大类，而且包括保险标的本身的损失，如安装技术不善所引起的事故造成保险财产的损坏，即包括安装设备本身的损失和造成其他保险财产损失两部分。第三者责任部分的保险责任包括人身伤亡、疾病或财产损失。因此，建设工程保险是一种具有多功能综合保险责任的新型险种。

7.通常涉及多方当事人

在建设工程保险中，不仅会涉及到发包人和总承包人，而且还会涉及分包人、建筑工程师、材料供应商、建筑工人等。这是在普通险种中所不具备的。

（二）建设工程保险的历史沿革

1.国外建设工程保险的历史发展

与历史悠久的海上保险相比，建设工程保险的历史并不长，它距今仅有一百多年的历史。建设工程保险发源于19世纪的英国，形成于20世纪30年代的英国保险市场，自20世纪50年代开始在西方各国广泛推行。

随着工业革命的兴起和完成，19世纪的英国出现了现代化大生产的趋势。大量新技术、新设备的采用给人们带来了巨大的财富，但是，同时也带来了巨大的困扰。典型的就是锅炉和当时用作机器动力的压力装置的爆炸，常常给资本家和工人造成灾难性的损失。1858年6月8日，曼彻斯特成立了第一家锅炉保险公司——蒸汽锅炉保险公司。这家保险公司一开始就经营锅炉保险业务，并能独立地提供锅炉检修业务，很快生意兴隆起来，截至1871年，它已承保了2200台锅炉。

随后建立的另一些公司把保险范围扩展到各种压力容器、蒸汽机、起重机、电梯以及电机等，但是工程保险保障均以服务性检查为其主要支柱。自1882年英国《锅炉爆炸法令》通过以来，工程保险的发展一直与立法工作紧密相连，该法令授权当时的商业委员会对所有锅炉爆炸的原因进行调查，并向事故负有责任者索取调查费。由于保险人提供服务性检查有助于业主维护工厂安全，从而有力地促进了锅炉保险的发展。1901年通过的《工厂及工场法》，规定对工厂蒸汽锅炉执行强制性定期检查，这就大大增加了服务性检查的重要性。而后，又把强制性检查进一步扩展到矿山和采石场所使用的蒸汽锅炉。

虽然没有任何立法规定实行强制保险，但是多个法令均增加了服务性检查的要求，并规定由工程保险人提供这种服务。历经多年，保险人的这种服务已发展到相当高的技术水平，这不仅为工厂检查所必需，也使得保险人有能力对各种各样的有关工程提供保险保障。市场竞争以及工业界的需要，促使了更大范围的多功能工程保险的产生。

作为一个相对独立的险种，建设工程保险逐渐形成于20世纪初。1929年，在英国签发的承保泰晤士河上的拉姆贝斯大桥建筑工程保险单，被认为是世界上第一张建设工程保险单。由于建设工程风险因素复杂、周期长等特点，在传统财产保险的基础上，建设工程保险有针对性地设计了风险保障方案，并逐步发展形成了自己独立的体系。在“一战”和“二战”后的大规模重建中，业主和承包商都面临了难以承受的巨大风险，这为建设工程保险提供了丰富的市场资源，在这种社会背景下，建设工程保险得到了迅速发展。

1945年，英国土木建筑业者联盟、工程技术者协会以及土木技术者协会共同研究，并经若干次修改制定了承包合同标准化条款。而后。欧洲各国纷纷活跃起来，并在此条款基础上，于1957年制定了以用于海外工程为目的的国际标准合同条款，此条款中也引进了投保工程保险的内容。后来，这种合同条款逐渐流传到亚洲、中南美洲和非洲等地。

在国际组织出资援助发展中国家兴建工程的过程中，需要建设工程保险提供风险保障，建设工程保险制度在这些国家也逐步推广开来。在被国际咨询工程师联合会FIDIC作为施工合同条件的重要内容之一后，建设工程保险制度进一步走向成熟。

2. 中华人民共和国成立后我国建设工程保险的发展历程

中华人民共和国成立后至20世纪80年代，我国除了必须办理的国外保险业务以外，停办了国内的所有保险业务。改革开放后，我国保险业才逐渐得到发展。

1979年4月，国务院批转的《中国人民银行全国分行行长会议纪要》指出："开展保险业务，为国家积累资金，为国家和集体财产提供经济补偿。今后对引进的成套设备、补偿贸易的财产等，都要办理保险。"还指出"通过试点，逐步恢复国内保险"。接着，中国人民银行下发了《关于恢复国内保险业务和加强保险机构的通知》。同年，中国人民保险公司为配合恢复财产保险业务，拟定了《建筑工程一切险》和《安装工程一切险》的条款及保单。1979年8月，中国人民银行、国家计委、国家建委、财政部、外贸部和国家外汇管理总局颁发的《关于办理引进成套设备、补偿贸易等财产保险的联合通知》规定，国内基建单位应将引进的建设项目的保险费列入投资概算，向中国人民保险公司投保建筑工程险或安装工程险。可见，当时建设工程保险主要应用于一些利用外资或中外合资的工程项目。

1985年，国家计委、中国人民银行和国家审计署在联合下发的《关于基本建设项目保险问题》的通知。通知中指出："对建设项目实行强制保险加大了基建投资，增加了工程造价，这种做法不妥。"此通知还规定，国家预算内的"拨贷款"项目和国家计划用信贷资金安排的基建项目不投保财产保险，各地区、各企业、各部门自筹资金的基建项目是否投保，自主决定。自此以后的相当一段时间，建设工程保险在我国被置于可有可无的地位。当然，这与我国当时的投融资体制改革进展缓慢不无关系，许多大型工程仍由政府直接投资，致使工程的利益主体和风险主体不明确，发生损失自有政府承担。

1994年，国家建设部、中国建设银行印发了《关于调整建筑安装工程费用项目组成的若干规定》。根据该规定，建筑安装工程费用增加了保险费项目，部分保险费可列入工程成本。增加的保险费项目主要在直接工程费和间接费中计取。在直接工程费中，现场管理费所含保险费是指施工管理用财产、车辆保险，高空、井下、海上作业等特殊工种安全保险等保险费费用。在间接费中，企业管理费所含保险费是指企业财产保险、管理用车辆等保险费费用。以此为契机，我国建设工程保险逐步发展起来。

在参考和研究了大量国外的建设工程保险条款，并结合我国的具体情况，在原有条款的基础上，中国人民保险公司重新编写《建筑工程一切险条款》和《安装工程一切险条款》，经中国人民银行颁布并于1995年1月1日生效。接着，我国《保险法》《建筑法》《建设工程质量管理条例》等一系列法律、行政法规、行政规章的出台，为我国建设工程保险的有序发展提供了法律依据。随着经济的发展，人们逐渐认识到建设工程保险在建设工程风险管理中的重要作用。政府部门和有关单位以及越来越多的专家学者正在加强对建设工程保险的研究。

(三)我国建设工程保险的现状分析

建设工程保险是在利用外资兴建工程时作为一种国际惯例引入我国的。由于引入时间较短、相关研究不足以及我国市场经济和保险业的客观实际，建设工程保险在我国尚处于初步建立阶段。我国建设工程保险制度的完善任重而道远。总的来讲，我国建设工程保险的现状可从以下几方面来描述。

1.内资投资建设项目投保率较低

发达国家建设工程的投保率几乎近100%，而我国国内投资的建设项目投保率较低。以在国内保险市场领先一步的上海地区为例，外商投资建设的工程项目的投保率高达90%，他们将工程保险纳入投资预算和建设方案中，但是其中相当部分项目在境外投保或通过境内外保险公司合作共保或分保。而国内投资的建设项目的投保率还不到20%，其中标的金额越小，投保率越低，更有一些政府部门立项的重点工程，投资规模巨大却毫无保险意愿。作为市场经济中风险管理的重要措施，建设工程保险在我国建筑和保险业中

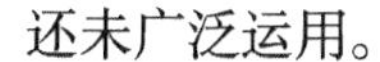

还未广泛运用。

2.建设工程保险市场不规范

对风险小的工程，在未强制要求进行工程保险的情况下，建筑企业往往不愿参与投保。而在大型建设工程项目中。建筑企业担心投保工程保险将使工程成本增加而影响中标，因而施工企业竭力回避工程保险。即使施工企业在参与投保大型工程项目保险情况下，也可能因为存在着与保险公司间的信息不对称，而自觉不自觉地隐瞒工程风险因素和自身缺陷以换取保险公司的信任和较低的保险费率，从而使保险公司承受潜在的风险损失。

3.整体素质偏低

工程项目风险管理与保险方面还存在着管理缺陷。一方面，公司内部对工程保险缺乏经验，保险人员在知识结构、理论体系、实践操作方面均存在不足，无法提供给客户令人满意的咨询服务，也难以实现公司内部工程保险业务的良性循环；另一方面，保险公司内部工程保险部门机构设置不完善，工程保险种类单一、业务内容流于形式，不适于未来建筑市场中的工程项目风险管理与保险的发展要求。

4.法规不完善

从我国目前建筑市场工程保险业宏观发展环境看，虽然存在着工程保险迅速发展的大环境.但是也存在着限制其良性发展的客观因素，主要表现在，有关法律法规中未明确限定出我国工程建设项目中必须参与投保工程保险项目的范围、投保额度以及必须参与投保的种类，导致工程保险市场缺乏统一管理，一些工程项目是否参与工程保险，仅仅成为业主或施工企业的自主管理、可有可无的规避风险的管理措施。

5.险种较少

相关险种正在进一步探索中。目前我国建设工程保险市场主要推行的是建筑工程一切险和安装工程一切险，相对于工程保险业较为发达的美国、法国等国家，我国的工程保险市场采用的强制力度还远远不够。另外，从工程保险范围来看，我国建设工程保险所能覆盖的工程风险因素还非常有限。设计责任险、雇主责任险、监理责任险等尚在进一步探索中。从发达国家的工程保险市场发展经验来看，我国的工程保险险种和承保范围还需不断拓展。

6. 工程保险专业人才奇缺

建设工程保险要求的专业性极强，从业人员除了需要掌握保险专业知识外，还须具备建设工程专业、管理专业、数学专业等方面的理论知识。但是，据中国保险协会近期提供的数据，在中国人民保险公司中从事建设工程保险的专业人士还不到1%。在社会工程保险的实际工作中，很多实务工作者缺乏专业的保险学理论基础知识，也无法单独完成有关的工程保险工作。在工程承保过程中以及出现工程险情后，保险公司不得不聘请专门从事工程项目管理的工程师或具有工程技术知识的专家来参与承保和理赔工作，使承保及理赔费用大大增加，从而影响了保险公司的经济效益。

7. 中介机构逐步介入建设工程保险领域但是实力有待提高

截至2004年3月，我国保险市场共有721家中介机构，其中保险代理公司519家，保险经纪公司86家，保险公估公司114家，保险咨询、技术公司2家。保险中介机构逐渐介入到工程保险领域，为保险供给者与需求者提供中介服务。应当看到，我国保险中介机构的营业时间普遍较短，实力还有待加强。

（四）我国推行建设工程保险的重要意义

从微观层面上讲，推行建设工程保险的重要意义主要体现在以下方面：①有利于发包人和承包人转移风险，弥补损失；②有利于减少建设工程风险的不确定性，增强建设单位的风险承受能力；③有利于提高发包人和承包人的风险管理能力。而从宏观层面看，在我国推行建设工程保险的重要意义主要有以下方面。

1. 有利于规范我国的建筑市场

在建设工程领域引入保险，保险公司作为工程利益相关者，必然关注建设工程的费用和质量，进而会关心发包人和承包人的行为，这相当于在建设工程领域又引入了一个独立的监督者。保险公司是风险的专门经营者。经过长期的实践，他们掌握了大量的建设工程领域的风险管理数据，这是我们制定建设工程领域相关制度的依据。保险公司运用他们专业的风险经营知识，对建筑市场的相关主体进行监督，可以起到建设行政部门和行业协会所不能起到的作用。

2.有利于推进保险业向纵深发展完善我国保险市场和金融体系

国际上通常使用总保险规模、保险深度和保险密度这三个指标来衡量一个国家保险市场的发达程度。自我国全面恢复开展保险业务以来，保险费收入平均每年以超过30%的速度增长，现在正处于一个快速发展的重要时期。但是，保险深度和保险密度的发展速度却远不如人意，保险市场的发展水平与国民经济发展水平和全社会固定资产投资水平尚不相适应。目前，我国工程保险市场发展还较为缓慢，保险公司竞争不规范，保费收入较少，险种结构也不完善，例如雇主责任险、设计责任险、监理责任险、工程质量责任保险等新型险种亟待发展。健全和完善工程保险制度，可以进一步开拓工程保险市场，完善工程保险险种结构，推进我国保险业向纵深发展。另外，保险市场的进一步开放，外资保险公司的涌入，会对我国民族保险公司造成极大的竞争压力，健全和完善工程保险制度，可以使我国民族保险公司积累开展工程保险业务的经验，增强我国民族工程保险业的竞争实力。

3.有利于改善投融资环境

国际投融资领域非常重视建设工程保险问题，投资人一般是在建设工程合同具备了足够的保险保障之后才肯投资。银行办理建设工程贷款时，一般也把办理建设工程保险作为贷款审批的条件。建设工程保险以较小的财务支出获得了较大的安全保障，潜在的投资者自然愿意投资这样的工程。因此，建设工程保险有利于改善企业和全社会的投融资环境.促进社会资本的良性循环。

4.有利于我国建筑企业进军国际市场

我国加入 WTO 后，一方面国外企业会更多地进入中国市场，另一方面国内企业也有机会走入国外市场。从建筑市场的情况来看，越来越多的国外投资开发商到我国投资工程项目。需要更多的配套保险服务。外国承包商大量进入我国建筑市场，但是我国尚未建立起完善的工程保险制度。因此很难对其从业活动实施有效的风险管理。我国承包商承揽国外建设工程时，必须按照国际惯例购买工程保险。由于缺乏相关经验，这会极大地影响承包商的国际竞争力，这就需要我国承包商在国内市场得到充分锻炼，增强风险意识，提高国际竞争力。

5.有助于提高工程质量

建设工程的质量问题是我国建筑市场的首要问题，也是民众和政府普遍关心的问题。推行建设工程保险制度，由于引入了独立的第三者对建设工程活动的相关主体进行监督。对提高工程质量大有裨益。例如强制推行工程质量责任保险，保险人为了避免承担保险责任，控制损失的发生，必然会千方百计地对承包人的建设行为进行监督。承包人为了能够取得保险人提供的保险并进而取得工程项目，必然积极加强工程质量建设。

四、建设工程保险的主要险种

(一) 建筑工程一切险

建筑工程一切险，简称建工险，是以土木建筑为主体的工程在建设期间因自然灾害和意外事故造成的物质损失以及被保险人对第三者人身伤害或财产损失的民事赔偿责任为保险标的的险种。这是一种集财产险和责任险为一体的综合性财产保险。建工险一般都由承包人负责投保，如果承包人因故未能办理或者拒绝办理投保，则发包人应代为投保。由于保险费要计人工程成本，最终由发包人承担，所以发包人所支付的保险费要从工程款中予以扣除。建工险的被保险人通常有很多，往往在一张保险单中可以列明多个被保险人。这些被保险人一般包括：工程所有人、工程承包人、分包人、工程师等，但是，各方接受的赔偿以其对保险标的的保险利益为限。

1.建工险的保险标的

建工险的保险标的很广，概括起来有物质损失和第三者责任两种。物质损失一般包括：施工期间的工程本身施工材料、施工机械、场地清理费、工地内临时搭建的建筑物以及发包人和承包人在工地的其他财产等。第三者责任是指在保险期限内，因发生意外事故，造成在工地及邻近地区的第三者人身伤亡、疾病或财产损失，依法应由被保险人承担的民事赔偿责任和被保险人因此而支付的诉讼费用以及事先经保险人书面同意支付的其他费用。对第三者责任一般规定有赔偿限额。

2.建工险的责任范围

建工险的保险责任范围包括各种自然灾害和意外事故。所谓“一切险”，并不是说保险人承保保险标的的一切风险，而是指除去列明的不保风险外，承保其他任何未列明的风险。这些不保风险表现在合同中就是除外责任。建工险一般规定有总除外责任以及物质损失和第三者责任的除外责任。总除外责任一般包括：战争、类似战争行为、敌对行为、武装冲突、恐怖活动、谋反、政变引起的任何损失、费用和责任；政府命令或任何公共当局的没收、征用、销毁或毁坏；罢工、暴动、民众骚乱引起的任何损失、费用和责任；被保险人及其代表的故意行为或重大过失引起的任何损失、费用和责任；核裂变、核聚变、核武器、核材料、核辐射及放射性污染引起的任何损失、费用和责任；大气、土地、水污染及其他各种污染引起的任何损失、费用和责任等。物质损失的除外责任一般包括：因设计错误引起的损失和费用；自然磨损、内在或潜在缺陷、物质本身变化、自燃、自热、氧化、锈蚀、渗漏、鼠咬、虫蛀、大气（气候或气温）变化、正常水位变化或其他渐变原因造成的保险财产自身的损失和费用；维修保养或正常检修的费用；档案、文件、账簿、票据、现金、各种有价证券、图表资料及包装物料的损失；除非另有约定，在保险工程开始以前已经存在或形成的位于工地范围内或其周围的属于被保险人的财产的损失等。第三者责任的除外责任通常包括：工程所有人、承包人或其他关系方或他们所雇用的在工地现场从事与工程有关工作的职员、工人以及他们的家庭成员的人身伤亡或疾病；本保险单物质损失项下或本应在该项下予以负责的损失及各种费用；领有公共运输行驶执照的车辆、船舶、飞机造成的事故等。

3.建工险的保险金额

建工险的保险金额通常为建筑工程的费用，施工用机器、装置和机械设备的费用以及其他由被保险人与保险人商定的费用等组成。在实务操作中，建工险的保险金额初步按合同价或者概预算造价拟定，待工程竣工决算后，按工程决算数调整保险金额。

4.建工险的保险期限

建工险的保险期限一般自保险工程在工地动工或用于保险工程的材料、设备运抵工地之日起始，至工程所有人对部分或全部工程签发完工验收证书或验收合格，或工程所有人实际占有或使用或接收该部分或全部工程之时终止. 以先发生者为准。但是，在任何情况下，建筑期保险期限的起始或终止不得超出保险单明细表中列明的建筑期保险生效日或终止日。在含有安装工程项目的建设工程中，建工险通常还要规定一个试车期间。有的建工险还对工程保修期内的物质损失和人身损害承保，此时建工险的保险期限自然应包括工程保修期在内。

5.建工险的保险费率

建工险没有固定的保险费率，其保险费率依承保风险的具体程度确定，一般为合同总价的0.2%～0.45%。保险费率的确定一般要考虑以下因素：保险责任范围的大小；工程本身的危险程度；承包人的资信水平；同类工程以往的损失记录；特种风险的赔偿限额等。从长远来看，保险费率最终应由市场竞争来形成，但是，目前我国建设工程保险机制很不完善，尚不具备建设工程保险费率市场化的条件。因此，应当根据建筑业和保险业的实际情况，由保监会、建设部等相关部门设计出一套操作性较强的建设工程保险费率厘定指导性规范。

(二) 安装工程一切险

安装工程一切险，简称安工险，是以安装工程为主体的建设工程项目在安装期间因自然灾害和意外事故造成的物质损失，以及被保险人对第三者依法应当承担的民事赔偿责任为保险标的的险种。安工险一般都由承包人负责投保，如果承包人因故未能办理或者拒绝办理投保，则发包人应代为投保，发包人所支付的保险费要从工程款中予以扣除。安工险的被保险人一般包括：工程所有人、承包人、分包人、制造商、工程师等。安工险的保单结构、条款内容等与建工险很相似，故安工险被称为是建工险的姊妹险。

和建工险一样，安工险的保险标的可以分为物质损失和第三者责任两类。物质损失包括安装项目、土木建筑工程项目、场地清理费、为安装工程施工用的承包人的机器设备等。第三者责任是指在保险期限内，因发生意外事故，造成在工地及邻近地区的第三者人身伤亡、疾病或财产损失，依法应由被保险人承担的民事赔偿责任，和被保险人因此而支付的诉讼费用以及事先经保险人书面同意支付的其他费用。上述各项保险金额之和即为安工险的保险金额。安工险的保险金额与建工险的保险金额并无多大差别。

安工险的保险责任和保险期限与建工险亦无多大差别，只是在安工险的保险期限中，试车期颇为重要。实践证明，安装工程在试车期内的损失率极高，所以在试车期内，安工险的保险费率通常较高。

在建设工程保险中，一般根据安装工程所占比重的不同，按照不同险种的保险费率收费。安装工程不足整个工程项目保额20%的，按照建筑工程一切险投保并计收保险费；介于20%～50%之间的，按照建筑工程一切险投保并按照安工险的保险费率计收保险费；超过50%的，则应单独投保安装工程一切险。安工险的保险费率比建工险的保险费率略高，一般为0.3%～0.5%。

（三）工程质量责任保险

工程质量责任保险是以合理使用年限内建筑物本身及其他有关的人身伤害和物质损失为保险标的的险种。建设工程完成后，工程本身依然存在着许多潜在的风险，而承包人在工程完成后便撤离现场甚至离开所在国，当工程潜在的缺陷造成损失时，业主并不能得到及时的补偿。工程质量责任保险就是针对工程使用周期长和承包商流动性较大的特点而设计的。在工程质量责任保险中，投保人是承包商，被保险人是业主。保险标的是在工程质量保修期间和合理使用年限内，因工程本身的缺陷而造成建筑物本身的损失以及其他相关的人身伤害和物质损失。工程质量责任保险的实质是对承包商的质量保修责任提供保障. 故工程质量责任保险属于责任保险的范围。在国际上，工程质量责任保险是建设工程保险中普遍推行的一个险种。按照各国行业规范中明确的不同建筑合理使用年限的不同，在具体操作上也有所不同。例如，法国的《建筑职业与保险》规定，工程项目竣工后，承包商应对主体部分提供十年缺陷保证责任，对设备提供两年功能保证责任。十年责任保险和两年责任保险相应而生。在法国，这两个险种属于强制保险，承包商若不投保，便不能承接工程。强制实行工程质量责任保险，保险公司将在施工阶段积极协助、监督承包商进行全面质量控制，以保证工程质量尽量不出问题。保险公司就可以不承担或少承担维修费用。承包商为了提高企业信誉，承接更多的工程，争取保险费优惠，必然加强质量管理，想方设法提高建设工程的质量水平。可见，强制推行工程质量责任保险对建设工程质量的监督和业主利益的保护都具有重要意义。但是，我国的工程质量责任保险尚处于试点阶段。

(四) 职业责任保险

责任保险是指以被保险人依法应当承担的民事赔偿责任为保险标的的保险。由于与一般财产保险一样，责任保险也属于赔偿性保险，因此责任保险被包含在广义的财产保险范围内。但是，责任保险以被保险人的责任为保险标的，实质上是代被保险人赔偿受害人，在实务操作中也有自己的特点。在国际保险市场上，责任保险通常被作为独立的保险业务。责任保险在法制健全的基础上产生，又随着法制的完善而发展。在西方国家保险业界，责任保险被称为是现代保险业发展的最高阶段。

职业责任，又称专业责任。按照国际上通行的定义，职业责任是指职业人士因自身在提供职业服务过程中的疏忽或过失造成他们的当事人或其他人的人身伤害或财产损失，依法应当承担的赔偿责任。职业责任保险是以专业技术人员因工作疏忽或过失造成第三者损害，依法应当承担的经济赔偿责任为保险标的的险种。责任保险的保险标的是责任，而责任的产生依据是法律规定，所以在职业责任保险中，责任的认定主要是以相关专业法律法规为依据。

1.职业责任保险的分类

根据专业人士的工作是否直接涉及人体.职业责任保险通常可以分为两大类：一类适用于被保险人的工作直接涉及人体，保险标的是因被保险人的工作失职所造成的损害，投保这类保险的专业人士有医生、护士、美容师等；另一类适用于被保险人的工作与人体没有直接关系，保险标的是因被保险人的错误和疏忽所造成的损害，投保这类保险的专业人员有律师、会计师、建筑师等。根据投保人不同，职业责任险又可分为法人职业责任保险和自然人职业责任保险两大类。前者的投保人是专业人员执业所在的单位组织，后者的投保人是作为自然人专业人员自己。根据专业的不同，职业责任险还可以分为律师责任险、医生责任险、建筑师责任险、会计师责任险等。在建设工程保险中，职业责任险可以分为工程勘察责任险、工程设计责任险、工程造价责任险、工程监理责任险等。

2.职业责任保险的责任范围

职业责任险的保险责任概括起来主要有两类。①因被保险人在提供服务过程中的疏忽和错误行为导致民事赔偿责任，对于其他法律责任，如刑事责任、行政责任，则不予承保。被保险人的疏忽和错误行为应是无意的，而且应是专业范围内的，对于专业人员的故意的或者非专业内的行为造成的损失则不予承保。②因保险事故引起纠纷，被保险人支付的诉讼费用以及其他事先经保险人同意支付的费用。

职业责任险中的除外责任一般包括以下内容：被保险人的故意行为；战争、罢工、核风险；被保险人所有的或由其照管和控制的财产损失；被保险人的家属、雇员的人身伤害或者财产损失；因文件灭失或损失引起的任何索赔；被保险人以及其前任专业人员、雇员以及前任雇员等的不诚实、欺骗、犯罪或者恶意行为引起的任何损失。

3.职业责任保险的承保方式

职业责任保险的承保方式通常有以事故发生为基础的承保方式、以索赔发生为基础的承保方式和以特定项目为基础的承保方式三种。以事故发生为基础的承保，是指只要在保险期限内发生所承保的保险事故，不论业主或者受损失的第三者提出索赔的时间是否在保险期限内，保险人均应承担保险责任。这种承保方式将保险人的保险责任延长至保险合同的有效期之后，通常都会对保险责任规定一个后延截止日期。职业责任风险的发生往往都会经历一个较长的时间，后延截止日期就是对这段时间的规定。后延截止日期过短，保险人承担保险责任的风险不大，责任风险得不到转移，会挫伤专业人士投保的积极性；后延截止日期过长，保险人承担保险责任的风险又过大。从国际上通行的作法来看，采用这种承保方式的，其后延截止日期一般不超过十年。

以索赔发生为基础的承保.这是指不论导致索赔的事件发生于何时，只要索赔是在保单有效期内提出的，对因过去的疏忽或过失造成的损失，保险公司均应赔偿责任。这种承保方式与以保险事故发生为基础的承保方式刚好相反，实际上是将承担保险责任的时间提前到保单有效期之前。由于工程事故发生的滞后性，引起索赔的事件一般都是在保单有效期之前进行的，但是，保险公司不可能承担保单有效期之前任何时候的责任事故的赔偿责任，故在保险合同中通常都对这种索赔设置一个追溯期。保险人仅对追溯日以后、保险期满之日前发生的，并且在保险期内提出索赔的保险事故承担保险责任。从国际上的做法来看，这个追溯期一般不超过十年。采用这种承保方式，专业人士须连续投保，以保证保险单在任何时候都是有效的，因为业主或者受损的第三者提出索赔时，如果保险单无效，则保险人不承担保险责任，专业人士的风险将无法转移出去。

以特定项目为基础的承保，是指投保人针对具体的工程项目购买职业责任保险，该保险单载明的保险金额仅限于赔偿在该工程项目中产生的职业责任，而不得用于其他工程项目的索赔或者赔偿。这种承保方式专为特定建设项目而设，不必连续投保。在这种承保方式中，一般设置有一个不超过十年的宽限期。这个十年一般是指业主接收工程后的十年，而不是指保险合同订立之后的十年。在这十年的宽限期内，如果在该建设工程中发生职业责任，保险人应予赔偿。

4.职业责任险的赔偿限额

在普通财产保险中，可以以保险价值为依据确定保险金额，但是责任保险的保险标的并非实物形态，也不容易事先确定一个保险金额，故在责任保险中，一般约定一个赔偿限额来代替保险金额。保险事故发生后，保险人仅在最高赔偿限额内承担保险责任，超过赔偿限额的部分由被保险人自己承担。在职业责任险中，这个最高赔偿限额一般与被保险人的从业记录、信誉等联系在一起。

职业责任保险中一般也约定有免赔额，在免赔额限度内的赔偿责任由被保险人自己承担，超过免赔额的赔偿责任才有保险人承担。免赔额的设定可以激励被保险人在提供专业服务时更细心谨慎，并避免被保险人因为一些较小的索赔问题而滥用保险基金。职业责任保险中的索赔处理，往往会导致被保险人执业声誉受损，因此保险人在处理索赔事件时，一般须征得被保险人的同意，不可随意处置。

（五）雇主责任险

雇主责任险是以被保险人依合同或依法对其雇员在受雇过程中，因从事与被保险人的业务有关的工作遭受意外而致受伤、死亡或患与业务有关的职业性疾病时，所应承担的民事赔偿责任为保险标的的险种。雇主责任险的投保人和被保险人均为雇主，在建设工程保险中，就是发包人或者承包人。

1.雇主责任险的责任范围

雇主责任险属于责任保险的范围，其保险标的是雇主依合同或者依法应当承担的民事赔偿责任，这些赔偿责任是因雇员在从事相关业务工作时受到损害而产生。雇员所受到的损害一般是受伤、残疾或者死亡以及相关职业病。雇主责任险中的雇员可以包括正式职工、短期工、临时工、季节工以及学徒工等。保险事故发生后，保险人通常应承担的赔偿项目有：医疗费、护理费等，如果因保险事故而发生纠纷的，还包括诉讼费等。

雇主责任险中往往还会附加第三者责任险。第三者责任险以雇员在从事相关工作时，由于意外或疏忽，造成第三者人身伤亡或财产损失，雇主因此而应承担的民事赔偿责任为保险标的。例如，承包人的职工在搬运建筑材料时，因疏忽造成第三人伤亡的，承包人依法应承担赔偿责任。如果承包人投保雇主责任险（附加第三者责任险），那么承包人对第三者依法应当承担的赔偿责任将由保险人进行赔偿。可见，雇主责任险的实质是保险人代雇主承担雇主应当承担的民事赔偿责任。

2.雇主责任险的保险金额、保险费率及保险期限

雇主责任险的保险金额一般以雇主支付给雇员的若干个月的工资、津贴、奖金等为依据。其保险费率依不同行业和不同的工作性质而有所不同。雇主责任险的保险期限由保险合同双方当事人商定，通常以一年为期。

3.雇主责任险与建筑职工意外伤害险

我国《建筑法》第四十八条规定："建筑施工企业必须为从事危险作业的职工办理意外伤害保险，支付保险费。"这是一条强制性的法律规范，建筑施工企业必须予以遵守。可见，建筑职工意外伤害险在我国属于强制性保险。由于有法律的强制性推行，建筑职工意外伤害险在我国比较成熟。建筑职工意外伤害险与雇主责任险有许多相似之处，譬如：投保人相同，而且都是以团体的形式；保险费都是由建筑施工企业支付；确定保险费率的因素基本相同等。但是，建筑职工意外伤害险与雇主责任险却有本质的不同，具体表现在如下方面：

保险标的不同。不同的保险标的是划分财产保险和人身保险等不同险

种的基本依据。雇主责任险以雇主依法应当承担的民事赔偿责任为保险标的，而建筑职工意外伤害险则以建筑职工的人身伤害为保险标的。雇主责任险属于广义上的财产保险；而建筑职工意外伤害险则属于典型的人身保险范围。

被保险人不同。雇主责任险中的被保险人是雇主，在建设工程保险中也就是建筑施工企业，而建筑职工意外伤害险的被保险人却是建筑企业的职工，也就是雇员。这一区别从根本上讲是由于二者的保险标的不同造成的。

承保范围不同。雇主责任险对雇员所患的相关职业病和第三者责任都予承保，而建筑职工意外伤害险则仅对职工的意外伤害负责，对雇员的职业病赔偿和第三者责任赔偿就只能由建筑企业自己承担。这一不同也是由于二者保险标的不同造成的。

通过以上分析，不难看出，与建筑职工意外伤害险相比较，无论是对于建筑企业还是对于建筑职工，雇主责任险的保护力度都要强些。对于建筑企业来说，雇主责任险是更为有效的风险转移措施。我国《建筑法》第四十八条规定："建筑施工企业必须为从事危险作业的职工办理意外伤害保险，支付保险费。"这条规定或许是对雇主责任险和意外伤害险的误解，在实践中容易引起分歧。事实上，由于建筑业是高风险比较集中的行业，应当大力强制推行的是雇主责任险，而不是建筑职工意外伤害险。当然，建筑企业为了吸引和留住人才，爱护职工，也可以为其职工投保人身意外伤害险。建筑企业为其职工投保的人身意外伤害险，与其他人身保险并无差别。由于人身价值的不可衡量性，人身保险中并不适用损失补偿原则，受损职工获得多大的补偿都不为过。建筑企业为其职工投保人身意外伤害险，应该被看作是建筑企业为其职工提供的福利，而不是一种风险转移措施。

4.雇主责任险与工伤保险

实际上，雇主责任险与工伤保险极为相似。工伤保险是指劳动者因工作遭受事故伤害或患职业病而获得物质帮助的一种社会保险制度。工伤保险与雇主责任险在工伤认定范围内存在很多重复的地方，而且通常其认定范围更广、待遇更多。

但是，雇主责任险与工伤保险的区别也是明显的。①工伤保险属于社会保险的范畴，而雇主责任保险则属于商业保险的范畴。②根据《工伤保险条例》的规定，工伤保险适用于各类企业和有雇工的个体工商户，而雇主责任险还可以适用于事业单位、社会团体等单位。③在工伤认定方面，工伤保险所认定的工伤比雇主责任保险所认定的范围更广，但是对于因保险事故而产生的诉讼费用以及第三者责任，工伤保险是不予承担的。④在赔付方面，工伤保险由法律规定了极为严密细致的范围和程序，例如须在定点医疗机构就医、须符合规定的住院服务标准等。但是，工伤保险的医疗费赔偿并无限额限制。雇主责任险一般规定除紧急抢救外，受伤员工须在县级以上医院或政府有关部门指定的医院就诊，同时以赔偿限额限制保险人的保险责任。工伤保险的赔付包括工伤保险基金支付的项目和用人单位支付的项目。工伤保险基金支付的项目包括工伤医疗待遇、伤残待遇和工亡待遇。用人单位支付的项目则包括住院伙食补助费、转外地治疗的交通食宿费、停工留薪期内的工资福利及陪护费、伤残津贴、一次性工伤补助金和伤残就业补助金等。

可见，工伤保险比雇主责任险更具有优势。但是，工伤保险并不能转移建筑企业所有的因雇工而产生的风险，例如对于第三者责任、因保险事故引起纠纷而产生的诉讼费、用人单位依法应支付的工伤赔付等。对于职工损害的补偿模式，世界上多数国家采取社会保险的模式，也就是工伤保险的模式，少数国家采取雇主责任保险模式。

但是，即使在采取社会保险模式的国家，也没有否定雇主责任险的存在。如德国、英国等国家和地区，虽然实行工伤保险，但是并未阻碍雇主责任险的发展，而是相辅相成。理想的模式似乎是，工伤保险与雇主责任险并存，雇主责任险是工伤保险的有效补充。

此外，为了充分而有效的转移在建设工程合同履行过程中的风险，发包人、总承包人以及分包人还可以投保其他险种，如机动车辆险、货物运输险等，只是这些险种在建设工程保险中并不具有特殊性。

第六章　建设工程合同的索赔管理

低报价、高索赔，这是国际工程承包的惯用做法。要与国际接轨，就必须加强索赔管理，这也是实行工程建设监理制的必然趋势。我国工程承包要走向世界，必须提高索赔意识，了解索赔内容，掌握索赔技能。

第一节　建设工程施工索赔概述

一、索赔的定义

索赔（Claim），在朗曼词典中是指作为合法的所有者，根据自己的权利提出的有关某一资格、财产、金钱等方面的要求；在牛津词典中是指要求承认其所有权或某种权利，或根据保险合约所要求的赔款，如损失、损坏等。索赔也就是指在合同的实施过程中，合同一方因对方不履行或未能履行合同所规定的义务而受到损失，或一方在对方要求或同意时，尽了比原合同的约定更多的义务，因而向对方提出赔偿要求。

工程索赔是当事人在合同实施过程中，根据法律、合同规定及惯例，对并非由于自己的过错，而是因应由合同对方承担的责任造成的，而且实际已经发生的损失，向对方提出给予补偿的要求。索赔事件的发生，可以由一定行为造成，也可以由不可抗力引起，可以是合同当事人一方引起的，也可以是任何第三方行为引起的。索赔的性质属于经济补偿行为，是合同一方的一种“权利”要求，而不是惩罚。索赔的损失结果与被索赔人的行为并不一定存在法律上的因果关系。它允许承包商获得不是由于承包商的原因而造成的损失补偿，也允许业主获得由于承包商的原因而造成的损失补偿。对于工程承包施工来说，索赔是维护施工合同签约者合法利益的一项根本性管理措施。对于施工合同的双方来说，索赔是维护双方合法利益的权利。它同合同条件中双方的合同责任一样，构成严密的合同制约关系。承包商可以向业主提出索赔，业主也可以向承包商提出索赔。在国际工程施工的实践习惯中，将承包商向业主的索赔称为"索赔"，而把业主向承包商的索赔称为"反索赔"，但在正式合同条件范本中一律用"索赔"二字。

在当前建筑市场激烈竞争的条件下，工程任务少，施工单位多，因此，工程施工中的绝大部分风险由承包商来承担，一旦失误，承包商就可能遭受重大的经济损失。承包商在施工过程中必须加强施工索赔管理，对于实际施工过程中发生的事件，按照工程合同条款的规定，对合同价格进行适当的公正调整，以弥补承包商不应承担的损失，尽可能使工程合同的风险分担程度合理。[①]

二、索赔的分类

(一) 按索赔的起因分类

可以导致索赔的原因很多，归纳起来主要有以下几种。

(1) 工程量变化索赔。承包商对工程量的增加或减少，提出索赔要求。

(2) 不可预见的自然条件。例如，在施工期间，承包商在现场遇到的地质条件与业主提供的资料不同，出现未预见到的软弱土层，或者有大块孤石等，是属于一个有经验的承包商也无法预见的自然条件或人为障碍。

(3) 加速施工索赔。当工程项目的施工遇到非承包商的原因引起的拖期时，可以给承包商延长工期，或要求承包商采取加速施工的措施。而采取加速施工虽然会增加工程成本，但可以使工程按计划工期建成。

(4) 工程拖期索赔。由于非承包商的原因，使工程拖期，承包商为了完成合同规定的工程花费了较原来计划更长的时间和更多的开支。

(5) 工程变更索赔。由于业主或工程师指令变更设计，增加、减少或删

---

① 托马斯 R. 施工合同索赔 [M]. 崔军，译 . 北京：机械工业出版社，2010.

除部分工程个别的实施计划，变更施工次序等，造成工期延长和费用增加。

(6) 合同文件错误索赔。由于合同文件错误、遗漏、含糊不清导致的索赔。

(7) 暂停施工或终止合同索赔。由于客观原因或违约而发生暂停施工或终止合同导致的索赔。

(8) 业主违约索赔。由于业主违约导致承包商的索赔。

(9) 业主风险索赔。由于施工中发生了应由业主承担的风险而导致承包商的索赔。

(10) 不可抗力索赔。由于战争、叛乱、罢工、放射性污染、自然灾害等原因导致的索赔。

(11) 承包商违约索赔。由于承包商违约导致业主的索赔。

(12) 缺陷责任索赔。由于承包商施工质量没有达到合同规定的标准，业主提出的索赔。

(13) 其他索赔，如汇率变化、物价上涨、法令变更、业主拖延付款等引起的索赔。

(二) 按索赔目的分类

按索赔目的划分，索赔有以下两种。[①]

(1) 工期索赔。承包商向业主要求延长工期，合理顺延合同工期。由于合理的工期延长，可以使承包商免于承担误期罚款 (或误期损害赔偿金)。

(2) 经济索赔。承包商要求取得合理的经济补偿，即要求业主补偿不应该由承包商自己承担的经济损失或额外费用，或者业主向承包商要求因为承包商违约导致业主的经济损失补偿，也称为“费用索赔”。

(三) 按索赔的合同对象分类

索赔是在合同双方之间发生的。按合同对象的不同，索赔分为以下几种。

---

① 刘力，钱雅丽.建设工程合同管理与索赔 [M].北京：机械工业出版社，2008.

(1) 业主与承包商之间的索赔。这是施工过程中最常见的形式，也是本书主要探讨的内容(在我国的施工合同示范文本中也称发包人向承包人索赔。本书所称业主即发包人，承包商即承包人)。

(2) 总承包商与分包商之间的索赔。总承包商向业主负责，分包商向总承包商负责。按照他们之间的合同，分包商只能向总承包商提出索赔要求，如果是属于业主方面的责任，则再由总承包商向业主提出索赔；如果是总承包商的责任，则由总承包商和分包商协商解决。

(3) 与供货商之间的索赔。如果供货商违反供货合同的规定，如设备的规格、数量、质量标准、供货时间等违反供货合同的规定，业主或承包商(按照合同关系)有权向供货商提出索赔要求。反之亦然。

(4) 与保险公司、运输公司之间的索赔。即业主或承包商基于运输合同与保险合同提出的索赔要求。

(四) 按索赔的主体分类

合同的双方都可以提出索赔，从提出索赔的主体出发，将索赔分为以下两类。

(1) 承包商索赔。由承包商提出的向业主的索赔。

(2) 业主索赔。由业主提出的向承包商的索赔。

(五) 按索赔的依据分类

(1) 条款明示的索赔。即索赔事项所涉及的内容在合同文件中能够找到明确的依据，业主或承包商可以据此提出索赔要求。

(2) 条款默示的索赔。即索赔事项所涉及的内容已经超过合同规定的范围，在合同文件中没有明确的文字描述，但可以根据合同条件中某些条款的含义，合理推论出有一定索赔权。这些隐含在合同条款中的要求，常称为“默示条款”。

(六) 按索赔的处理方式分类

1. 单项索赔

单项索赔也称一事一索赔，是指每一件索赔事项发生后，索赔管理人员就针对该事项，在规定的索赔有效期内向工程师提出索赔要求，要求单项解决支付，不与其他的索赔事项混在一起。单项索赔通常原因单一，责任划分明确，分析处理比较简单。

2. 总索赔

总索赔又称为一揽子索赔，是将整个工程中所发生的索赔事项，综合在一起进行索赔。采用这种方式进行索赔，是在特定的情况下被迫采用的一种索赔方法。有时候在施工过程中受到非常严重的干扰，致使承包商的全部施工活动根本无法按照原来的计划进行，原来合同中规定的工作与变更后的工作相互混淆，承包商无法为索赔保持准确而详细的成本记录资料，无法分辨哪些费用是原定的，哪些费用是新增的。在这种条件下无法采用单项索赔的方式。也就是说采用总索赔是一种无奈之举。

三、索赔成功的主要影响因素

(一) 报价及签约管理水平

索赔的处理过程、解决方法、依据、索赔值的计算方法等都要按照合同规定进行。不同的合同形式对风险分担有不同的规定，对索赔的补偿范围、条件和办法都有具体的规定，同时还涉及工程合同适用法律的问题。因此，合同签约阶段的工作对索赔成功与否具有重要作用。

一个有经验的承包商，它的合同管理人员，尤其是索赔管理人员，应该从投标准备阶段开始就研究探讨该合同项目的索赔问题。认真研究招标文件及施工图，深入进行拟投标施工项目的自然条件和政治经济条件的原始资料调查，寻找索赔机会。深入研究招标文件中涉及施工索赔的条款和规定；仔细分析可能存在的对业主的开脱性条款或免责条款；认真核对工程量，充分考虑项目可能存在的风险；详细研究竞争对手的情况；针对具体项目的实际情况做出自主报价。

(二) 承包商的合同管理水平

承包商的合同管理工作在工程项目的实施过程中占有重要地位，也是索赔成功的必要条件。承包商合同管理水平的高低主要表现在以下几个方面：①是否熟悉通晓工程项目的全部合同文件，是否能够从索赔的角度解释合同条款，不失去任何应有的索赔机会。②是否能够从投标报价阶段开始就仔细分析和掌握全部合同文件，是否能全面了解合同中存在的各种隐蔽风险，是否能够有预见地避免一切可以防范的风险，把承包商承担的风险及风险损失减少到尽可能少的程度。③是否对合同规定的工作了如指掌，是否能随时注意业主和工程师发布的变更指令或口头要求。一旦发现实际工程超出了合同规定的工作范围，是否能及时地提出索赔要求。④在编写索赔报告文件和进行索赔谈判时，是否能熟练运用合同知识来解释和论证自己的索赔权，是否能运用正确的计价方法来提出自己应得的工期延长或经济补偿。⑤是否有一整套切实的合同管理程序，并能严格执行；是否有健全有效的档案文件管理系统。

如果承包商重视合同管理，熟悉索赔业务，按合同要求进行施工，发生索赔事项时，严格按合同规定的要求和程序提出索赔，有丰富的索赔处理经验，注重索赔策略和方法的研究，就比较容易取得索赔的成功。

（三）按合同要求建好工程项目

要想索赔成功，承包商要认真按照合同要求实施工程项目，使施工质量合格，施工进度符合合同要求，并按规定的竣工日期完成工程项目建设，使业主和工程师满意。这就为索赔成功奠定了基础。为了建好工程项目，承包商应努力做好以下工作：①按照施工技术规程的要求施工，工程质量符合合同规定的要求或标准。②坚持约定的施工进度计划，尽可能保证工程项目按照原定的竣工日期竣工建成。如果因为业主或客观原因导致工程拖期，承包商要尽可能减少这些不利的影响可能给业主带来的损失，但可正当提出相应的索赔要求。③按照业主和工程师的工程变更指令进行施工，对由此产生的额外开支提出正当的索赔要求。

需要注意的是，按合同要求努力建好工程项目，并不等于无原则地一味迁就业主的无理要求。当业主的支付能力出现问题或者无故拖欠施工进度款时，承包商应该善于利用合同中相应的暂停施工甚至终止施工的合同条件来保障自己的经济利益，特别要注意避免大量垫资施工，以防止给自己带来不必要的经济损失。

（四）成本管理水平

施工项目的成本管理工作从投标阶段开始，贯穿整个施工阶段，在工程竣工投产后结束。一个有经验的承包商，深切地懂得要从招标文件中开始探索施工索赔的可能机会，并在报价书中写入将来进行施工索赔所必需的数据。

在施工阶段的成本管理工作中，通过定期的成本核算和成本分析工作进行成本控制，发现成本超支时立即分析原因。如果发现是属于计划外的成本支出，应及时提出索赔补偿要求。因此，成本管理人员应熟悉工程项目合同文件中的经济条款，并能够利用这些经济条款取得承包商应有的资金收入，维护自己合理的经济利益。为了做好施工索赔工作，工程项目成本管理应做好以下工作：①及时编报索赔款申报表。在每月申报工程进度款的同时编报索赔款申报表，以免索赔款长期拖欠累计，数额巨大，增加索赔的难度。②熟悉索赔款的计价方法，正确计算索赔款，熟悉索赔款的单价分析与价格调整方法，能够比较准确地确定索赔事项的施工新单价，使索赔计算具有说服力，不易被业主或工程师拒绝。③成本管理人员要学会积累成本资料，定期进行成本核算和分析，既能满足成本控制的需要，又能满足索赔论证的需要。

（五）善于进行索赔处理

施工索赔工作通常要持续一个相当长的时间，并通过反复的协商和谈判才能得到解决。施工索赔人员的谈判能力如何，与索赔事项的成败关系很大。索赔谈判者必须熟悉合同，懂得工程技术，并有利用合同知识论证自己索赔要求的能力。

（六）合同双方的关系

合同双方关系密切，业主对承包商的工作和工程感到满意，则索赔易于解决；如果双方关系紧张，业主和承包商互不信任，甚至敌对，则索赔难以解决。

（七）业主、监理工程师的公正性和管理水平

如果业主和工程师能够公正地处理承包商的索赔要求，索赔问题就比较容易解决。如果不讲信誉，办事不公正，索赔问题就很难解决。承包商最后就只能采取仲裁或诉讼的方式来解决合同纠纷，对双方来说都费时、费力，又费钱。同样，如果业主和监理工程师管理水平较高，又能公平公正地处理问题，则索赔问题较易于解决。

四、索赔的主要依据和索赔起因

（一）索赔的主要依据

为了达到索赔成功的目的，承包商必须进行大量的索赔论证工作，以大量的证据来证明自己拥有索赔的权利和应得的索赔款额和索赔工期。在进行施工索赔时，承包商应善于从合同文件和施工记录等资料中寻找索赔的依据，在提出索赔要求的同时，提出必需的证据资料。可以作为索赔依据的主要资料介绍如下。

1. 招标文件、合同文本及附件

招标文件中所包括的合同文本如FIDIC《施工合同条件》中的通用条件和专用条件，以及我国《建设工程施工合同（示范文本）》中的通用合同条款和专用合同条款、施工技术规范、工程范围说明、现场水文地质资料和工程量表、标前会议和澄清会议资料等，不仅是承包商投标报价的依据和构成工程合同文件的基础，而且是施工索赔时计算索赔费用的依据。

2. 施工合同协议书及附属文件

施工合同协议书及附属文件是合同双方在签约前就中标价格、施工计划、合同条件等问题进行的各种讨论纪要文件，以及其他各种签约的备忘录和修正等资料，都可以作为承包商索赔计价的依据。

3. 投标文件和中标通知书

在投标文件中，承包商提出主要分部分项工程的施工方案，按照工程量清单进行施工单价分析计算，对施工效率和施工进度进行分析，对施工所需的材料与设备列出数量和单价，从而成为承包商编标报价的成果文件。中标后，投标文件成为合同文件的组成部分，也就成为施工索赔依据之一。当采用单价合同时，如FIDIC《施工合同条件》，业主按照实际工程量与承包商在投标文件中所报单价的乘积来支付工程款。投标文件中的单价就成为索赔时索赔费用计算的一个重要依据。

索赔的处理首先以合同为依据。工程合同行政管制多，合同文件多，文件规范多，交易习惯多。工程合同应该整体解释，探究合同整体的真实意思。也就是把全部合同的各项条款以及各个构成部分作为一个完整的整体，根据各个条款以及各个部分的相互关联性，争议的条款与整个合同的关系，在合同中所处的地位等各方面因素进行考虑，以确定所争议的合同条款的含义。

4. 往来的书面文件

在合同实施过程中，会有大量的业主、承包商、工程师之间的往来书面文件，如业主的各种认可信与通知，工程师或业主发出的各种指令，如工程变更令、加速施工令等，以及对承包商提出问题的书面回答和口头指令的确认信等，这些信函（包括电传、传真资料等）都将成为索赔的证据。因此，往来的信件一定要留存，自己的回复则要留底。同时，要注意对工程师的口头指令及时书面确认。

5. 会议记录

会议记录主要包括标前会议和决标前的澄清会的会议纪要，在合同实施过程中业主、工程师和承包商定期和不定期的工地会议，如施工协调会议、施工进度变更会议、施工技术讨论会议等，在这些会议上研究实际情况做出决议或决定等。这些会议记录均构成索赔的依据，但应注意这些记录若想成为证据，必须经各方签署才有法律效力。因此，对于会议应建立审阅制度，即由做纪要的一方写好纪要稿后，送交参会各方传阅核签，如果有不同意见须在规定期限内提出或直接修改，若不提出意见则视为同意（这个程序需由各方在项目开始前商定）。

6. 批准的施工进度计划和实际进度记录

经过业主或工程师批准的施工进度计划和修改计划、实际进度记录和月进度报表是进行索赔的重要证据。进度计划中不仅指明施工顺序和工作计划持续时间，而且还直接影响到劳动力、材料、施工机械和设备的计划安

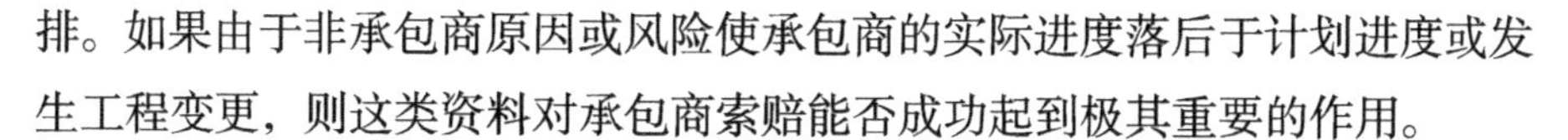

排。如果由于非承包商原因或风险使承包商的实际进度落后于计划进度或发生工程变更，则这类资料对承包商索赔能否成功起到极其重要的作用。

7. 施工现场工程文件

施工现场工程文件包括现场施工记录、施工备忘录、各种施工台账、工时记录、质量检查记录、施工设备使用记录、建筑材料进场和使用记录、工长或检查员以及技术人员的工作日记、监理工程师填写的施工记录和各种签证，各种工程统计资料如周报、月报，工地的各种交接记录如施工图交接记录、施工场地交接记录、工程中停电停水记录等资料，这些资料构成工程实际状态的证据，是工程索赔时必不可少的依据。

8. 工程照片、录像资料

工程照片和录像作为索赔证据最为直观，并且在照片上最好注明日期。其内容可以包括工程进度照片和录像、隐蔽工程覆盖前的照片和录像、业主责任或风险造成的返工或工程损坏的照片和录像等。

9. 检查验收报告和技术鉴定报告

在工程中的各种检查验收报告如隐蔽工程验收报告、材料试验报告、试桩报告、材料设备开箱验收报告、工程验收报告以及事故鉴定报告等，这些报告构成对承包商工程质量的证明文件，因此成为工程索赔的重要依据。

10. 工程财务记录文件

工人劳动计时卡和工资单、工资报表、工程款账单、各种收付款原始凭证、总分类账、管理费用报表、工程成本报表、材料和零配件采购单等财务记录文件，是对工程成本的开支和工程款的历次收入所做的详细记录，是工程索赔中必不可少的索赔款额计算的依据。

11. 现场气象记录

工程水文气象条件变化，经常引起工程施工的中断或工效降低，甚至造成在建工程的破损，从而引起工期索赔或费用索赔。尤其是遇到恶劣的天气，一定要做好记录，并且请工程师签字。这方面的记录内容通常包括每月降水量、风力、气温、水位、施工基坑地下水状况等，对地震、海啸和台风等特殊自然灾害更要随时做好记录。

12. 市场行情资料

市场行情资料，包括市场价格、官方公布的物价指数、工资指数、中央银行的外汇比率等资料，是索赔费用计算的重要依据。

（二）索赔起因

工程建设与一般工业产品的生产相比较，具有特殊的技术经济特点，具体表现为工期长、规模大、生产过程复杂、参与建设的单位多、建设的环节多。因此，建设施工过程中，由于水文地质条件变化影响，设计变更和各种人为干扰等多种原因，都会造成工程项目的实际工期和造价与计划的不一致，从而影响到合同各方的利益。这是由其建筑产品及其生产过程、建筑产品市场的经营方式等方面的特点所决定的。

因此，在工程建设中，索赔经常发生。分析其原因，可归纳如下。

1. 合同缺陷

由于建设工程承包合同是在工程开始建设前签订的，一般来说，是基于对未来情况的预测和历史经验做出的。而工程本身和工程环境有许多不确定性，合同不可能对所有的问题做出预见和规定，合同中总会出现一些考虑不周的条款、缺陷和不足，如合同措辞不当、说明不清楚、二义性、构成合同文件的各部分文件规定不一致等，从而导致合同履行过程中其中一方合同当事人的利益受到损害而向另一方提出索赔。

2. 合同理解差异

由于合同文件复杂，分析困难，合同双方的立场和角度不同，以及工程经验，尤其在国际工程承包工程中，由于合同双方可能来自不同的国家，使用不同的语言，采用不同的工程习惯，以及不同的法律体系，使得合同双方对合同理解产生差异，从而造成工程实施行为的失调，而引起索赔。

3. 业主或承包商违约

合同规定合同当事人双方的权利、义务和责任，由于合同当事人双方中的一方违约，造成合同的另一方损失，则其可以向违约方要求赔偿，即索赔。如业主未按规定时限向承包商支付工程款，工程师未按规定时间提供施工图等，承包商有权就这些业主方的原因而引起的施工费用增加或工期延长向业主提出索赔。反之，如果发生承包商未按合同约定的质量或工期交付工程等情况，业主也可以向承包商索赔。

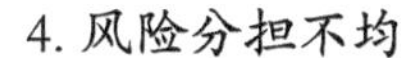

4. 风险分担不均

土木工程建设市场在相当长的时期内一直是买方市场，虽然施工的风险相对于施工合同的双方均存在，但是业主和承包商承担的合同风险并不均等，承包商承担着更大的风险。因此，承包商必须通过施工索赔，弥补风险引起的损失。

5. 工程变更

在土木工程施工中，经常会发现许多招标文件中没有考虑或估算不准确的工程量，因而不得不改变施工项目或增减工程量，或者由于一些客观原因，当工程师发现设计、质量标准或施工顺序等方面的问题时，通常会进行工程变更，指示增加新工作、暂停施工或加速施工、改变材料或工程质量等，这些变更指令往往导致工程费用增加或工期拖延，使承包商蒙受损失。因此，承包商应提出索赔要求以弥补自己不该承担的损失。

6. 施工条件变化

由于土木工程承包施工工期长，受环境影响大。而在招标投标阶段，业主不可能将极其准确的施工条件（如工程地质条件资料）提供给承包商，而承包商也不可能通过现场查勘等方式将施工条件准确无误地确定下来。况且还有很多的自然条件和技术经济条件，不是人力所能控制得了的，因此，即使有经验的承包商也不可能将所有施工条件的变化情况都预见到，而由于施工现场条件的变化，往往会导致设计变更、暂停施工或工程成本的大幅度上升，从而使承包商蒙受损失。因此，承包商只有通过索赔来弥补自己不应承担的损失。

7. 工程拖期

在土木工程施工中，由于受到气候、水文地质等自然条件和设计施工图等影响，经常造成工程不能按原计划进行，从而使得工程竣工时间拖延。如果拖延的责任由业主承担，则承包商有权就工期和费用的损失提出索赔。如果拖延的责任在承包商一方，则业主有权向承包商提出索赔，即由承包商承担误期损害赔偿费。

8. 工程所在国法令法规变化

工程所在国家的法令和法规的变化，如外汇管制、税率提高、提出更严格的强制性质量标准等，都可能使施工成本发生变化。如果法令法规的变化是在承包商投标报价前发生的（如 FIDIC 合同条件中规定为投标截止日的 28 天以前），则认为此种变化已经在投标时考虑了。若此种变化在此时间之后发生，则按国际惯例，允许调整合同价格，此时，就会发生索赔。

9. 土木工程特殊的技术经济特点

由于土木工程本身具有工期长、技术结构复杂、露天作业、投资多、材料设备需求量大、涉及的单位和环节多、影响工程本身和其环境的因素多等特殊的技术经济特点，使工程施工中经常会出现工程本身发生变化，如设计变更或者工程环境发生变化，自然条件变化或建筑市场物价变化等，这些变化均造成工程费用的变化，因此，都可能引起索赔。

10. 工程参与单位多，关系复杂

由于土木工程项目建设中，参与的单位多，除了承包商与业主之外，可能还有其他的承包商、分包商、材料设备供应商，还有设计单位，在工程施工过程中，可能由于某一个单位的工作出现失误，造成一系列的连锁反应，造成其他方面的损失，从而引起索赔。

11. 物价波动

建筑产品由于生产周期比较长，在施工过程中，市场物价的变化会对工程成本产生比较大的影响。当物价上涨时，承包商的成本增加，会提出索赔要求（可调价合同），如果市场物价下降，则应该由业主受益。

五、索赔程序和索赔文件的编写

（一）索赔的一般程序

按照我国《建设工程施工合同（示范文本）》的规定，发包人未能按合同约定履行自己的各项义务或发生错误以及应由发包人承担责任的其他情况，造成工期延误和（或）承包人不能及时得到合同价款及承包人的其他经济损失，承包人可以书面形式向发包人索赔。在合同实施阶段，所出现的每一个施工索赔事项，都应按照合同条件的具体规定，抓紧时间进行处理，并与工程进度款的结算同时支付，按月清理。承包商索赔的一般程序如下：①按合同规定期限提出索赔要求。②按合同规定期限报送索赔资料和索赔报告。③协商解决索赔问题。④争端裁决委员会调解。⑤仲裁或诉讼。

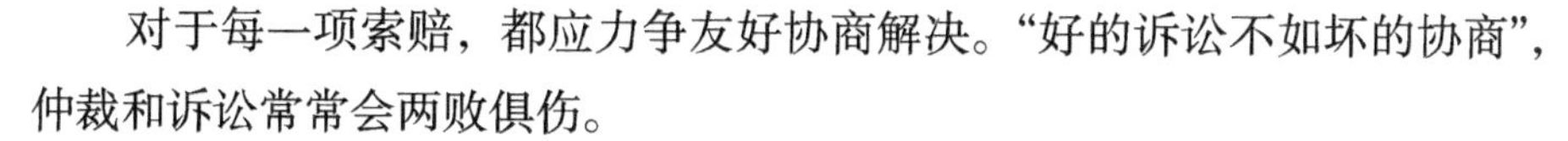

对于每一项索赔，都应力争友好协商解决。“好的诉讼不如坏的协商”，仲裁和诉讼常常会两败俱伤。

1. 提出索赔要求

按照国际国内相关合同条件的规定，由于业主或工程师方面的原因或者由其承担的风险事件导致承包商的损失，承包商有权提出索赔要求。

提出索赔要求是索赔处理过程中非常重要的程序，是承包商保证自己的索赔权合理有效的必要手段。按照我国《建设工程施工合同（示范文本）》的规定，承包人在知道或应当知道索赔事件发生后28天内，向监理人递交索赔意向通知书，并说明发生索赔事件的事由。承包人未在前述28天内发出索赔意向通知书的，丧失要求追加付款和（或）延长工期的权利。按照FIDIC《施工合同条件》的规定，这个书面的索赔通知书应在索赔事项发生后的28天以内，向工程师正式提出，并抄送业主。否则，逾期再报，承包商的索赔要求将遭到业主和工程师的拒绝。其他的合同条件也有类似的规定。因此，当索赔事项发生时，一定要及时提出索赔要求。

承包商通常是以索赔通知书的形式提出索赔要求。索赔通知书没有统一的要求，一般包括以下内容：①索赔事件发生的时间、地点。②事件发生的原因、性质，责任。③承包商在事件发生后所采取的控制事件进一步发展的措施。④说明索赔事件的发生可能给承包商带来的后果，如工期的延长、费用的增加。⑤指明合同依据，申明保留索赔的权利。

索赔通知书的内容不一定非常复杂，只要说明索赔事项的名称，引证相应的合同条款，提出自己的索赔要求即可。

2. 报送索赔资料和索赔报告

按照我国《建设工程施工合同（示范文本）》的规定，承包人应在发出索赔意向通知书后28天内，向监理人正式递交索赔报告。索赔报告应详细说明索赔理由以及要求追加的付款金额和（或）延长的工期，并附必要的记录和证明材料。索赔事件具有持续影响的，承包人应按合理时间间隔继续递交延续索赔通知，说明持续影响的实际情况和记录，列出累计的追加付款金额和（或）工期延长天数。在索赔事件影响结束后的28天内，承包人应向监理人递交最终索赔报告，说明最终要求索赔的追加付款金额和延长的工期，并附必要的记录和证明材料。监理人收到承包人提交的索赔报告后，应及时审查索赔报告的内容、查验承包人的记录和证明材料，必要时监理人可要求承包人提交全部原始记录副本。按照 FIDIC《施工合同条件》的规定，如果承包商认为根据本条件任何条款或与合同有关的其他文件，他有权得到竣工时间的任何延长期和（或）任何追加付款，承包商应向工程师发出通知，说明引起索赔的事件的情况。该通知应尽快在承包商察觉或应已察觉该事件或情况后 28 天内发出。也就是说，引起索赔的事件发生之后，要求承包商做同期记录。如承包商能邀请工程师检查上述记录，并请工程师说明他是否要求承包商做其他记录，这对承包商是有利的。同时，FIDIC《施工合同条件》还规定，如果承包商未能在上述 28 天的期限内发出索赔通知，则竣工时间不得延长，承包商无权获得追加付款，而雇主应免除有关该索赔的全部责任。同时，应要求承包商提交所有有关此事件或情况的合同要求的任何其他通知，以及支持索赔的详细资料。承包商应在现场或工程师认可的其他地点，保持用以证明任何索赔可能需要的此类同期记录。工程师收到根据本款发出的任何通知后，未承认雇主责任前，可检查记录保持情况，并可指示承包商保持进一步的同期记录。承包商应允许工程师检查所有记录，并应向工程师（若有指示要求）提供复印件。也就是说，作为承包商，对于自己现场所发生的索赔事件，要进行详细的现场记录，提交索赔通知书以后，还要按照工程师的要求继续进一步保持现场记录，以便工程师进行检查。FIDIC《施工合同条件》还规定，在承包商察觉（或应已察觉）引起索赔的事件或情况后 42 天内，或在承包商可能建议并经工程师认可的其他期限内，承包商应向工程师递交一份充分详细的索赔报告，包括索赔的依据、要求延长的时间和（或）追加付款的全部详细资料。如果引起索赔的事件或情况具有连续性，则上述充分详细的索赔报告应被视为中间报告。承包商应按月递交进一步的中间索赔报告，说明累计索赔的延误时间和（或）金额，以及工程师可能合理要求的此类进一步详细资料；相应地，承包商在索赔的事件或情况产生影响结束后 28 天内，或在承包商可能建议并经工程师认可的此类其他期限内，递交一份最终索赔报告。

一个完整的索赔报告书，一般包括四个部分：①综述，概括地叙述索赔事项的情况。②合同论证，叙述索赔的依据。③索赔计算，论证索赔款额和（或）工期延长的数据计算过程。④证据部分，指明索赔事项相关的证据材料，如合同条款等。工程师在接到承包商的索赔报告书和证据资料后，应迅速审阅研究，如果不能明确确认责任人，可要求承包商补充必要的资料，论证索赔的原因，仔细研究有关的合同条款；同时，工程师与业主协商处理意见，争取尽快做出答复，以免长期拖延而使施工进展受到影响或者影响双方的协作。如果索赔款的具体数额有待核实，无法立即加以确定，工程师应原则地通知承包商，允诺日后处理。如果工程师或业主对承包商的索赔要求，无论合理与否，或一律驳回，或长期置之不理，这样不仅违背合同责任，还会加剧业主与承包商之间的矛盾，甚至影响工程的进展，导致合同争端。

3. 协商解决索赔问题

按照我国《建设工程施工合同（示范文本）》的规定，“工程师在收到承包人送交的索赔报告和有关资料后 28 天内未予答复或未对承包人做进一步要求，视为该项索赔已经认可”。但是，一般来说，索赔问题的解决不会这么简单，而需要采取合同双方面对面地讨论，将未解决的索赔问题列为会议协商的专题，提交会议协商解决。这种会议一般由工程师主持，承包商与业主的代表均出席讨论。

第一次协商一般采取非正式的形式，双方交换意见，互相探索立场观点，了解可能的解决方案，争取达到一致的见解，解决索赔问题。如果需要举行正式会谈，双方应做好准备，提出论证依据及有关资料，内定可以接受的方案，友好求实地协商，争取通过一次或数次会谈，达成解决索赔问题的协议。谈判要讲究技巧，不仅要熟悉有关法律条款，了解工程项目的技术经济情况和施工过程，而且要善于同对手斗脑力，在不失原则的前提下善于灵活退让，最终达成双方满意的协议。

在友好协商地解决索赔争端的过程中，工程师起着重要的作用，合同双方发生索赔或任何争端后，都要向工程师提出，工程师应与每一方协商，尽量达成协议。如达不成协议，工程师应对所有有关情况给予应有的考虑后，按照合同做出公正的决定。如果工程师做出的决定合同双方有一方或者双方都不能接受，则可以调解。按照我国《建设工程施工合同（示范文本）》的规定，“发包人与承包人在履行合同时发生争议，可以和解或者要求有关主管部门调解。”也就是说，合同双方如果不能达成一致，可以请上级主管部门，如建设行政主管部门或者造价管理部门进行调解。

4. 第三方调解

当争议双方直接谈判无法取得一致意见时，可以由争议双方协商邀请中间人进行调解，以争取通过友好协商的方式解决索赔争端。这种调解的方式有时也能够比较满意地解决索赔争端问题。第三方调解的这个"第三方"，可以是争议双方都熟悉的专业人士，如工程技术专家、造价工程师、工程方面的律师或其他有威望的人士，也可以是一个专门的组织，如争议评审小组或争端裁决委员会。第三方通过与争议双方个别及共同交换意见，在全面调查研究的基础上，提出一个比较公正而合理的方案。这个调解意见只作为一个调解建议，对争议双方没有约束力，除非双方事先约定以该调解作为最终解决方案。

为了保证调解的成功，第三方必须站在公正的立场上，公平合理地处理索赔事项，同时应善于疏导，能够提出合理的、易于被双方接受的解决方案。此外，还要善于与争议双方分别交换意见并给双方保密，不要把双方的意见透露给对方。第三方调解是合同双方为了争取通过友好协商的方式解决索赔争议的一个途径。有关专家或部门在全面调查研究的基础上，可以提出一个比较公正而合理的解决索赔问题的意见。在索赔实践中也有不少成功的经验。按照我国《建设工程施工合同（示范文本）》，增加了争议评审解决制度。文本中第20.3款规定，合同当事人在专用合同条款中约定采取争议评审方式解决争议以及评审规则，并按第20.3.1、20.3.2和20.3.3款约定执行。FIDIC《施工合同条件》中则可以由争端裁决委员会（DAB）来调解。

5. 仲裁或诉讼

按照我国《建设工程施工合同（示范文本）》的规定，如上述方式均不能使争议得到解决，则双方可以在专用合同条款中约定以下一种方式解决争议。第一种解决方式：向约定的仲裁委员会申请仲裁。当事双方可以在专用合同条款中选定仲裁委员会，并约定请求仲裁的事项，仲裁程序按该仲裁委员会的仲裁规则进行，仲裁是终局的。第二种解决方式：向有管辖权的人民法院起诉。双方当事人约定争议可以向仲裁机构申请仲裁，也可以向人民法院起诉。如果当事人提请诉讼，则仲裁协议无效。

在FIDIC《施工合同条件》中也列有仲裁条款，但没有把诉讼列为合同争端的最终解决办法。像任何合同争端一样，对于索赔争端，最终的解决途径是通过仲裁或法院诉讼来解决。虽然这不是一个理想的解决办法，但当一切协商和调解都不能奏效时，仍不失为一个有效的最终解决途径。因为仲裁或诉讼的判决都具有法律权威，对争议双方都有约束力，甚至可以强制执行。在这两种法律解决方式中，在国际工程上，一般国家均尽量减少通过法院诉讼判决的方式，而强调采用国际仲裁的方式。当合同争端不能通过调解达成一致时，可按工程项目合同文件中的规定，将争端提交仲裁机关解决。工程项目合同文件中通常规定了仲裁机构、仲裁地点及仲裁所使用的语言等。至于具体的仲裁规则、程序及费用支付等问题，则按照该仲裁机构的章程办理。

FIDIC《施工合同条件》第 20.6 款对仲裁做出了明确的规定，“经 DAB 对之做出的决定未能成为最终的和有约束力的任何争端，除非已经获得友好解决，应通过国际仲裁对其做出最终解决。”如果双方没有另外的协议，则争端应根据国际商会仲裁规则，由 DAB 的仲裁人员负责，按照合同规定的交流语言进行最终解决。仲裁人员应该有全权公开、审查和修改与该争端有关的工程师发出的任何证书、确定、指示、意见，或者估价以及 DAB 的任何决定。任何事项都不应该否定工程师对与争端有关的任何事项被传为证人并向仲裁人提供证据的资格。任何一方在仲裁或诉讼中，应该不受以前为获得 DAB 的决定而向其提供的证据或论据，或在其表示不满的通知中提出的不满意理由的限制。DAB 的任何决定都可以作为仲裁的证据。仲裁在竣工以前或者竣工以后都可以着手进行。合同双方、工程师和 DAB 的义务不得因在工程进行过程中正在进行任何仲裁而改变。此外，如果合同双方在取得争端裁决委员会的决定后规定时间内均未发出表示不满的通知，因而 DAB 的有关决定已经成为最终的、有约束力的决定后，合同双方中有一方未遵守上述决定，则这时另一方可以在不损害其可能拥有的其他权利的情况下，根据前述第 20.6 款的规定，将上述未遵守决定的事项提交仲裁。

最近几年国内的工程索赔纠纷案中，采用仲裁的比例也在逐年上升，越来越多的企业了解了仲裁的方法，也逐渐接受通过仲裁的方式来处理索赔争端。有关工程索赔方面的仲裁案件也呈逐年上升的趋势。在我国，按照《仲裁法》由仲裁委员会对合同争执进行裁决。仲裁实行一裁终局制度。裁决做出后，当事人若就同一争执再次申请仲裁或向人民法院起诉，则不再受理仲裁。申请和受理仲裁的前提条件是，当事人之间要有仲裁协议。它可以是在合同中订立的仲裁条款，也可以是在争执发生后达成的请求仲裁的书面协议。

仲裁的程序通常如下：①申请和受理。当事人向约定的仲裁委员会递交仲裁协议、仲裁申请书及副本。②仲裁委员会在收到仲裁申请书之日起5日内，如认为符合受理条件，应当受理，并通知当事人；如认为不符合受理条件，也应通知当事人，并说明不受理的理由。仲裁委员会受理仲裁申请后，应在仲裁规则规定的期限内将仲裁规则和仲裁员名册送达申请人，并将仲裁申请书副本、仲裁规则、仲裁员名册送达被申请人。被申请人收到仲裁申请书副本后，应在仲裁规则规定的期限内向仲裁委员会提交答辩书。仲裁委员会收到答辩书后，应当在仲裁规则规定期限内将答辩书副本送达申请人。当事人申请仲裁后，仍可以自行和解，达成和解协议。申请人可以放弃或变更仲裁请求，被申请人可以承认或者反驳仲裁请求。③组成仲裁庭。仲裁庭可以由三名或一名仲裁员组成。若设三名仲裁员，则必须设首席仲裁员。三名仲裁员中由合同双方各选一人，或各自委托仲裁委员会主任指定一名仲裁员，由当事人共同选定或共同委托仲裁委员会主任指定第三名仲裁员作为首席仲裁员。若仅由一名仲裁员成立仲裁庭，则这名仲裁员应当由当事人共同选定或委托仲裁委员会主任指定。④开庭和裁决。仲裁应按仲裁规则开庭进行，或按当事人协议不开庭，而按仲裁申请书、答辩书及其他材料做出裁决。仲裁前可以先行调解。若双方达成调解协议，则协议书与仲裁书具有同等的法律效力。仲裁时，当事人可以提供证据，仲裁庭可以通过调查收集证据，或进行专门鉴定。仲裁决定按多数仲裁员的意见给出。⑤执行。仲裁决定在做出之日起即产生法律效力，当事人应当履行裁决。若一方当事人不履行，则另一方可以依照《中华人民共和国民事诉讼法》的规定向人民法院申请执行。

诉讼也是一种司法程序。国内的工程项目，由于不存在司法程序管辖权的问题，因此，可以采用诉讼方式解决合同争端。采用诉讼方式要按照法律规定的时效进行。国际工程涉及数个国家的人员，因而要特别注意司法程序的管辖权和适用法律问题，一定要慎用法院判决来解决合同争端。

(二) 索赔文件的编写

1. 索赔工作的内部处理程序

上面主要讲述了索赔工作的一般程序。在承包商或者业主内部，一旦发现有干扰事件发生，就应该进行索赔的处理工作，直到正式向工程师提出索赔报告。

2. 索赔文件的构成

按照我国《建设工程施工合同 (示范文本)》和 FIDIC《施工合同条件》的规定，在每一索赔事项的影响结束后，承包商应在 28 天内写出该索赔事项的总结性的索赔报告书，正式报送给工程师和业主，要求审定并支付索赔款。索赔报告书的具体内容，随该项索赔事项的性质和特点而有所不同。但在每个索赔报告书的必要内容和文字结构方面，必须包括以下几个组成部分 (至于每个部分的文字长短，则根据每个索赔事项的具体情况和需要来决定)。

(1) 索赔综述

在索赔报告书的开始，应该对该索赔事项进行综述，对索赔事项发生的时间、地点或者施工过程进行概要的描述；而承包商按照合同规定的义务，为了减轻该索赔事项造成的损失，进行了如何的努力；由于索赔事项的发生及承包商为减轻该损失，对承包商施工增加的额外费用以及自己的索赔要求。一般索赔综述部分包括前言、索赔事项描述、具体的索赔要求等内容。

(2) 合同论证

承包商对索赔事件的发生造成的影响具有索赔权，这是索赔成立的基础。在合同论证部分，承包商主要根据工程项目的合同条件以及工程所在国的有关此项索赔的法律规定，申明自己理应得到工期延长和 (或) 经济补偿，充分论证自己的索赔权。对于重要的合同条款，如不可预见的自然条件、合同范围以外的额外工程、业主风险、不可抗力、因为物价变化的调整、因为法律变化的调整等，都应在索赔报告书中做详细的论证叙述。对于同一个合同条款，合同双方从自身的利益出发，经常会有不同的解释，这经常成为施工索赔争议的焦点，要引用有说服力的证据资料，证明自己的索赔权。尤其是合同条款的含糊、缺漏、前后矛盾、错误等，更是索赔事项“多发地段”，更要引起特别注意。

对于索赔事项的发生、发展及解决的过程、对承包商施工过程的影响，承包商应客观地描述事实，防止夸大其词或牢骚抱怨，以免引起工程师和业主的怀疑和反感。在国际工程上，尤其是普通法系的国家，索赔的处理可以援引案例。因此，如果承包商了解到有类似的索赔案例，可以作为例证提出来，进一步论述自己的索赔要求。合同论证部分一般包括：①索赔事项处理过程的简要描述；②发出索赔通知书的时间；③论证索赔要求依据的合同条款；④指明所附的证据资料。

(3) 索赔款计算

作为经济索赔报告，论证了索赔权后，就应该接着计算索赔款的具体数额，也就是以具体的计价方法和计算过程说明承包商应得到的经济补偿款的数量。

索赔款的计算，在写法结构上按照国际惯例可以首先写出索赔的结果，列出索赔款总额，再分项论述各组成部分的计算过程，指出所依据的证据资料的名称和编号。索赔款计算部分的篇幅可能比较大，要论述各项计算的合理性，详细写出计算方法并引证相应的证据资料，并在此基础上累计出索赔款总额。通过详细的论证和计算，使业主和工程师对索赔款的合理性有充分的了解，以利于索赔要求的迅速解决。

(4) 工期延长计算

作为工期索赔报告，论证了索赔权以后，应接着计算索赔工期的具体数量。获得了工期的延长，可以使承包商免于承担误期损害的罚金，还可能在此基础上，探索获得经济补偿的可能性。承包商在索赔报告中，应该对工期延长、实际工期和理论工期等工期的长短进行详细的论述，说明自己要求工期延长天数的根据。

(5) 附件部分

在附件中包括了该索赔事项所涉及的一切有关证据资料以及对这些证据的说明。索赔证据资料的范围很广，可能包括工程项目施工过程中所涉及的有关政治、经济、技术、财务等方面的资料。这些资料承包商应该在整个施工过程中持续不断地搜集整理，分类储存。在施工索赔工作中可能用到的证据资料很多，主要有：①工程所在国的政治经济资料，如重大自然灾害、

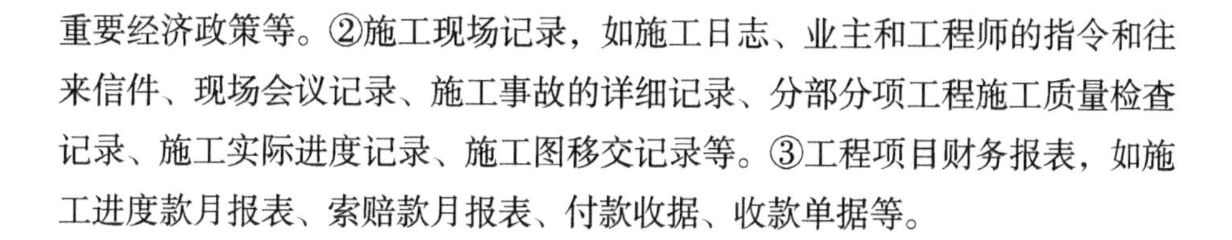

重要经济政策等。②施工现场记录，如施工日志、业主和工程师的指令和往来信件、现场会议记录、施工事故的详细记录、分部分项工程施工质量检查记录、施工实际进度记录、施工图移交记录等。③工程项目财务报表，如施工进度款月报表、索赔款月报表、付款收据、收款单据等。

第二节 建设工程经济索赔与工期索赔分析

一、经济索赔分析

经济索赔是承包商向业主要求补偿不应该由承包商自己承担的经济损失或额外开支，以取得合理的经济补偿。也就是说，在实际施工过程中所发生的施工费用超过了投标报价书中该项工作所确定的费用，而这项费用的超支责任不是承包商方面的原因，也不属于承包商的风险范围。一般来讲，施工费用超支的原因主要有两种情况：①承包商的施工受到了干扰，致使工作效率降低；②由于业主方指令工程变更或者增加了额外工程，导致工程成本的增加。这两种情况导致新增费用或者额外费用，承包商有权提出索赔要求。

(一) 责任分析

施工索赔是允许承包商获得不是由于承包商的原因而造成的损失补偿。所以，一个索赔事项发生以后，承包商首先要明确责任归属。确定不是承包商的责任以后，还要明确是不是承包商的风险，这就要进行具体的合同分析。

(二) 合同分析

承包商要论证自己的经济索赔要求，最重要的就是要在合同条件中寻找相应的合同依据，并据此判断承包商有索赔权。

1. 条款明示的索赔

条款明示的索赔是指承包商所提出的索赔要求，在该工程项目的合同文件中有明确的文字依据，承包商可以据此提出索赔要求，取得经济补偿。这些在合同文件中有文字规定的合同条款，称为“明示条款”或“明文条款”。例如，FIDIC《施工合同条件》中有：①在施工过程中遇到了“不可预见的自然条件”(第4.12款)；②工程师发布工程变更指令使承包商发生了额外的施工费用(第13款)；③施工中遇到了业主应该承担的风险，已经由承包商承担完成了施工(第17.3款)；④业主方面违约引起承包商支付额外的费用(第16款)；⑤不可抗力(第19款)等。我国的《建设工程施工合同(示范文本)》中也有一些相应的明示条款，如在开工和延期、工期的延误、检查和返工、合同价款的调整与支付等方面都有明确的规定。这些有明确规定的合同条款都是承包商进行索赔的最直接的依据。

这些工程项目合同条件中有明示条款的索赔都属于合同规定的索赔，一般发生时不容易产生纠纷，处理起来比较容易。

2. 条款隐含的索赔

条款隐含的索赔是指承包商的索赔要求虽然在工程项目的合同条件中没有专门的文字叙述，但可以根据该合同条件的某些条款的含义推论出承包商有索赔权，有权得到相应的经济补偿。这种有经济补偿含义的合同条款称为“默示条款”或者“隐含条款”。

默示条款是一个广泛的合同概念，它包括合同明示条款中没有写入但符合合同双方签订合同时的设想、愿望和当时的环境条件的一切条款。这些默示条款或者从明示条款所表述的设想愿望中引导出来，或者从合同双方在法律上的合同关系中引导出来，经合同双方协商一致或被法律、法规所指明，都成为合同文件的有效条款，要求合同双方遵照执行。例如，FIDIC的《施工合同条件》第1.5款指出，构成合同的文件要认为是相互做出说明的。为了解释的目的，给出了构成合同文件的优先次序：合同协议书—中标函—投标函—专用条件—通用条件—规范—设计图—资料表和构成合同组成部分的其他文件。当工程是由于工程师指示违背上述优先顺序且已经给承包商造成损失时，承包商可以提出索赔。

3. 可推定的”合同条款

在解释合同条件时，美国率先使用了“可推定的”合同条款这一概念，并在合同争端的法院判决词中使用。当前在其他国家的合同解释中也逐步开始采用这个说法。

所谓“可推定的”，就是指“实际上已经形成的”，而且是合同双方均“已经知道的”。例如，在施工进行过程中，业主方面的领导人员或工程师口头指示承包商进行某种施工变更或要求进行追加工作，承包商已经照办，业主方面的主要合同管理人员也已经知道，这一工程变更便已经形成为“可推定的工程变更”，它的合法性已经得到业主的认可，因而应该得到相应的经济补偿。当然承包商要提出相应的证据证明业主方面曾经下过指示，在实施变更过程中工程师曾到施工现场对正在实施的变更进行过检查和指导等。FIDIC 的《施工合同条件》第 3.3 款指出，工程师可以在任何时候按照合同规定向承包商发出指令，以及发出实施工程和修补缺陷可能需要的附加或修正图。承包商应接受工程师或工程师委托给以适当权力的助手的指令。如果指令构成一项变更，应按照变更和调整的规定办理。承包商应遵循工程师或受托助手对合同有关的任何事项发出的指令。只要实际可靠，他们应采用书面形式。如果工程师或受托助手给出口头指令，在给出指令后两个工作日内收到承包商（或其代表）对指令的书面确认，以及在收到书面确认后两个工作日内未通过发出书面拒绝和（或）指令进行答复，这时该确认应成为工程师或受托助手的书面指令。

除了工程项目的全部合同文件外，承包商还可以依据下面两方面的规定或者事实来论证自己的索赔权。

4. 工程所在国的法律或规定

由于工程项目的合同文件适用于工程所在国的法律，所以该国的法律、命令、规定中有关承包商索赔的条文都可以引用来证明自己的索赔权。所以承包商必须熟悉工程所在国的有关法律规定，善于利用它来确定自己的索赔权。

5. 类似情况成功的索赔案例

许多国家工程项目合同文件采用 FIDIC 合同条件、ICE 合同条件或者其他属于世界普通法系的合同条件，在普通法系国家，这些合同条件实行“案例裁决”的原则，在裁决时可以参照类似的先例。因此承包商可以通过调查研究或查阅相关案例来论证自己有索赔权。

(三) 常见费用索赔分析

这里要注意理解在FIDIC合同条件下的费用的概念。FIDIC的《施工合同条件》第1.1.4.4款指出，“成本(费用)”是指承包商在现场内外发生的(或)将发生的所有合理开支，包括管理费用及类似的支出，但不包括利润。

1. 工程范围变更

工程范围变更是指业主和工程师指令承包商完成某项工作，而承包商认为该项工作已超出原合同的工作范围或者超出他投标时估计的施工条件，要求业主补偿其新增的开支。

(1) 变更的范围

FIDIC《施工合同条件》第13.1款规定变更的范围主要包括以下方面：①合同中包括的任何工作内容的数量的改变。②任何工作内容的质量或其他条件的改变。③任何部分工程的标高位置和(或)尺寸的改变。④任何工作的删减，但要交他人实施的工作除外。⑤永久工作所需的任何附加工作、生产设备、材料或服务，包括任何有关的竣工试验、钻孔或其他试验或勘探工作。⑥实施工程的顺序或时间安排的改变。

(2) 变更工程单价的确定方式

①按照报价书中的单价计算工程款。工程师在综合考虑变更工程的性质、数量，变更工程对施工开办费的影响程度，发布工程变更指令的时间，变更工程的施工方法，以及变更工程的位置与原合同工程的差异程度等方面以后，如果工程师认为投标的单价适合于此项变更工程，他可以决定按投标单价计算新的单价。则变更工程款额为：

变更工程款额 = 合同中相应单价 × 实际完成的工程量

②参照投标单价确定新单价。如果原单价与变更工程的性质、数量、地点、施工方法等差别较大，不适用原单价时，可以参照原单价数额确定一个合理的新单价，这时可以用直线插入法或按比例分配法确定新单价。

③重新确定新单价。如果变更工程与合同范围内的工作性质完全不同，不能参照采用投标单价，则由工程师邀请业主及承包商进行充分协商，共同确定一个合理的新单价。如果工程师与承包商不能协商一致，则由工程师确定一个他认为合理的单价，通知承包商并抄报给业主。

如果工程师指示有上述工作发生，按照FIDIC《施工合同条件》第13.3款，“如果工程师在发出变更指示前要求承包商提出一份建议书，承包商应尽快做出书面回应，或提出他不能照办的理由，或提交对建议要完成工作的说明，以及实施的进度计划，对原定的进度计划和竣工时间提出必要修改的建议书和对变更估价的建议书”。工程师收到此类建议书后应尽快给予回复。

按照FIDIC《施工合同条件》第12.3款，如果“对于FIDIC中第13款规定指示的工作，合同中没有规定该项工作的费率或价格”，以及“由于工作性质不同，或在与合同中任何工作不同的条件下实施，未规定适宜的费率或价格”，也就是说当工程师认为任何变更工程的性质或数量与原合同工程有重大差异，而使原单价或价格不宜采用时，则相关的费率或价格“应根据实施该工作的合理成本和合理利润，并考虑其他相关事项后得出”。因此，为了正确地确定这些新单价或者价格，必须要懂得这些单价的组成部分，能进行新的单价分析，并具备确定价格的可靠知识。

④变更超过10%，进行合同价调整。FIDIC《施工合同条件》第12.3款规定，如果“该项工作测出的数量变化超过工程量表或其他资料表中所列数量的10%以上”，且“此数量变化与该项工作规定的费率的乘积超过中标合同金额的0.01%”，同时，“此数量变化直接改变该项工作的单位成本超过1%”，而合同中没有规定该项工作为“固定费率项目”，那么应该通过协商对合同价进行调整。不过，在实际工程中，如果专用合同条款中规定得不同，则以专用合同条款中的规定为准。

对于工程范围的变化，尤其要注意新增工程。这些新增工程可能包括各种不同的范围和规模，工程量也很大。按照其是否属于工程项目合同范围以内，将新增工程分为“附加工程”和“额外工程”。

附加工程也可以称为“合同内的新增工程”，是指该工程为合同项目所必不可少的工程，如果缺少了这些工程，该合同项目便不能发挥合同预期的作用。这种附加工程是承包商在接到工程师的工程变更指令后必须完成的工作，无论这些工作是否列入该工程项目的合同文件的工程量表中。对于合同内的附加工程，承包商无权拒绝，价格的计算也以原中标合同报价作为依据，参考本节前面所述。

额外工程也可以称为“合同外的新增工程”，是指工程项目合同文件中的工作范围中没包括的工作，缺少了这些工作原订合同工程项目仍然可以运行并发挥效益。因此，额外工程实际上是一个新增的工程项目，而不是原来合同项目工程量表中的一个施工项目。有时业主通过新增工程增加工程范围，仍想按原中标合同价支付工程款。在这种情况下，因为合同单价是按工程开始前的条件确定的，施工过程中物价等因素可能已经上涨，因此价格有可能会与实际市场价格背离，尤其是不可调价合同。同时，由于竞争的压力，承包商会采用压低报价以求中标，所以合同单价相对较低。对于合同外的新增工程，承包商有权拒绝执行，或者要求重新签订协议，重新确定价格，使承包商可以在现在的市场价格基础上计算新增工程的价格。

在工程项目的合同管理和索赔工作中，应该严格区分“附加工程”和“额外工程”，不能把它们混为一谈。因为在合同管理工作中，处理这两种工作范围不同的工程时，有不同的合同手续和做法。

在确定合同工程的工作范围时，如果是包括在招标文件中的工程范围中所列的工作，并在工程量表、技术规程及施工图中所标明的工程，属于“附加工程”；工程师指示进行的工程变更如属于根本性的变更，就属于“额外工程”；如果发生工程变更的工程量或款额超过了一定的界限，超出了“附加工程”的范围，就应属于“额外工程”。如果属于“附加工程”，则在计算工程款时应按照投标文件工程量表中所列的单价进行计算，或参照近似工作的单价计算。如果确定属于“额外工程”，则应重新议定单价，按新单价支付工程款。

(3) 我国《建设工程施工合同（示范文本）》对变更工程的规定

①变更工程的范围。具体如下：a. 增加或减少合同中任何工作，或追加额外的工作。b. 取消合同中任何工作，但转由他人实施的工作除外。c. 改变合同中任何工作的质量标准或其他特性。d. 改变工程的基线、标高、位置和尺寸。e. 改变工程的时间安排或实施顺序。

②变更的程序。具体如下：业主（建设单位）和监理工程师均可以提出变更。变更指标均通过监理工程师发出，但监理工程师发出变更指示前应征得业主同意。承包商收到经业主签认的变更指示后，方可实施变更。未经许可，承包商不得擅自对工程的任何部分进行变更。涉及设计变更的，应由设计单位提供变更后的施工图和说明。如变更超过原设计标准或批准的建设规

模，则建设单位需及时办理规划、设计变更等审批手续。

承包商可以向监理工程师提交合理化建议说明，说明建议的内容和理由，以及实施该建议对合同价格和工期的影响。监理工程师审查并提请业主批准后，可发出变更指示。业主提出变更的，应通过监理工程师向承包商发出变更指示，并在变更指示中说明计划变更的工程范围和变更的内容。监理工程师提出变更建议的，需要向业主以书面形式提出变更计划，说明计划变更工程范围和变更的内容、理由，以及实施该变更对合同价格和工期的影响。业主同意变更的，由监理工程师向承包人发出变更指示。业主不同意变更的，监理工程师无权擅自发出变更指示。承包商收到监理工程师下达的变更指示后，认为不能执行，应立即提出不能执行该变更指示的理由。承包商认为可以执行变更的，应当书面说明实施该变更指示对合同价格和工期的影响，并按合同约定的程序和方法确定变更估价。

③变更估价的原则。具体如下：a. 已标价工程量清单或预算书中有相同项目的，按照相同项目单价认定。b. 已标价工程量清单或预算书中无相同项目，但有类似项目的，参照类似项目的单价认定。c. 变更导致实际完成的变更工程量与已标价工程量清单或预算书中列明的该项目工程量的变化幅度超过 15% 的，或已标价工程量清单或预算书中无相同项目及类似项目单价的，按照合理的成本与利润构成的原则，由业主与承包商按照合同规定的程序确定变更工作的单价。d. 变更估价的程序。承包商应在收到变更指示后 14 天内，向监理工程师提交变更估价申请。监理工程师应在收到承包商提交的变更估价申请后 7 天内审查完毕并报送业主，监理工程师对变更估价申请有异议的，通知承包商修改后重新提交。业主应在承包商提交变更估价申请后 14 天内审批完毕。业主逾期未完成审批或未提出异议的，视为认可承包商提交的变更估价申请。

因变更引起的价格调整应计入最近一期的进度款中支付。

2. 施工条件变化

如果在施工过程中，承包商遇到了“不可预见的自然条件”，承包商为完成合同规定的工作要用超出原定的时间和花费计划外的额外开支。这里的“自然条件”是指承包商在现场施工时遇到的自然条件和人为的及其他自然障碍和污染物，包括地下和水文条件，但不包括气候条件（FIDIC《施工合同条件》第4.12款）。如果承包商遇到他认为不可预见的不利的自然条件，应尽快通知工程师，在通知中应说明遇到了什么样的自然条件，以便工程师进行检验，并应提出承包商认为是不可预见的理由。承包商应该采取适应现有自然条件的合理措施继续施工，并应遵循工程师可能给出的任何指示，如果某项指示构成工程变更，则要按照变更和调整的相应条款规定处理。如果承包商遇到了不可预见的自然条件，并按规定发出通知，而这些条件达到遭受延误和（或）增加费用的程度，则承包商有权根据索赔的相应条款的规定，要求对任何此类延误给予延长工期（注意：应是使竣工时间已经或将要受到延误），并有权对任何此类费用得到相应补偿。

施工现场条件的变化主要是指施工现场的地下条件的变化，如地质条件、地基情况、地下水及土壤条件的变化等，导致项目实施的严重困难。而这些不利的条件或者障碍要么同招标文件中的描述相差极大，要么根本没有提到。例如，在开挖现场挖出的岩石或砾石的位置和高程与招标文件中所述的程度差别甚大；招标文件钻孔资料注明是坚硬岩石的部位或高程上出现的是松软材料等，都属于招标文件描述现场条件失误，也就是说在招标文件中对施工现场存在的不利条件虽然已经提出，但严重失实或位置差异极大或严重程度相差极大，从而对承包商的施工方案造成误导。还有一些不利的现场条件是在招标文件中根本没有提到，而且按该工程的一般施工实践是一个有经验的承包商难以预见的情况，如在开挖基础时遇到了古代建筑遗迹、古物或者化石，遇到了高度腐蚀性的地下水或有毒气体，给承包商的施工人员和设备造成意外的损失，在隧洞开挖过程中遇到类似地质条件下隧洞施工中罕见的强大的地下水流等情况。对于这些不利的现场条件，都是一般施工实践中承包商难以预料的，会给承包商施工带来严重困难，并引起相应施工费用的增加以及工期的延长，从合同责任上说不属于承包商的责任，应该给予相应的经济补偿和工期延长。

工程师收到此类通知后，要对该自然条件进行检验和研究，然后与承包商进行商定或确定此类自然条件是否不可预见，达到不可预见的程度，然后据此确定应给以承包商的工期延长和费用补偿的额度。同时，FIDIC合同条件中也提出，工程师在最终确定上述不可预见的自然条件造成的延误和费用增加以前，还要考虑工程类似部分的其他自然条件是否比承包商提交投标书时能合理预见的更为有利，如果达到更为有利条件的程度，则工程师可以按相应规定，商定或确定因这些条件引起的费用扣减，也计入合同价格和付款证书。但是这部分扣减额的净作用，不应造成合同价格净减少的结果。

此外，在 FIDIC 的《施工合同条件》第 4.24 款对于化石等物的发现也有明确的规定，“在现场发现的所有化石、硬币、有价值的物品或文物，以及具有地质或考古意义的结构物和其他遗迹或物品，应置于雇主的照管和权限下。承包商应采取合理的预防措施，防止承包商人员或其他人员移动或损坏任何此类发现物”，“一旦发现任何上述物品，承包商应立即通知工程师，工程师应就处理上述物品发出指示。如承包商因执行这些指示遭受延误和（或）增加费用，承包商应向工程师再次发出通知”。根据 FIDIC《施工合同条件》第 20.1 款的规定，如果竣工已经或将受到延误，对任何此类延误，承包商有权要求相应工期延长，任何此类费用应计入合同价格，给予支付。这两种情况，承包商都是可以索赔“任何此类费用”，但是不包括利润。

3. 加速施工

当工程项目的施工计划进度受到干扰，致使工程不能按时建成，而工期延误的责任不是由于承包商的原因时，业主要面临两种选择：①如果加速施工引起的成本的增加大于工程延期投入所产生的效益，业主就会允许承包商拖后竣工的时间，使工程项目较晚些发挥经济效益；②要求承包商采取加速施工措施，宁可增加工程成本也要按计划工期建成投产。

如果业主决定采取加速施工，则应该向承包商发出书面的加速施工指令，审核承包商提出的加速施工措施，明确加速施工费用的支付问题。而作为承包商，则要就加速施工所增加的成本开支提出书面的索赔报告。

（1）加速施工要考虑的成本增加

采取加速施工时，承包商要相应加大资源投入量，使原计划工程成本相应增加，这些增加的成本主要有：①采购或租赁新增加的施工机械和有关设备的费用。②加班施工或增加施工人员数量导致人工费的增加。③增加建筑材料、生活物资供应导致相应投资费用的增加。④工地管理费的增加。⑤为提高劳动生产率增加的相应奖励费用等。

（2）确定加速施工费用的计算

加速施工费用的计算可以双方协商，也可以以奖金的方式支付。这取决于合同的约定或双方协商的结果。

(3) 加速施工索赔的证据

承包商在进行直接加速施工索赔时，应当提供如下证据：①工程师（业主）发出了口头或者合同要求的书面的加速施工指令。②承包商采取了合理的措施以实现加速施工。③加速施工已经发生。④承包商承担了额外的损失。

4. 可补偿延误

工程施工中的延误可以分为可原谅的拖期和不可原谅的拖期。对于承包商来说，如果工程拖期不是由于承包商的责任，而是由于业主原因或客观影响引起工程拖期建成，承包商是可以得到原谅的。如果工程拖期是由承包商自身的原因引起的，如施工组织不好、施工效率不高、设备材料供应不足等原因，以及应由承包商承担的风险，如一般性的天气不好等影响工程施工进度，承包商是不能得到原谅的，也无权提出索赔要求。

对于可原谅的拖期，如果是由业主方面的原因引起的工期延长，就属于可原谅和应予补偿的拖期，承包商既有权得到工期延长，又能够得到附加开支的经济补偿。如果属于客观原因引起的工期延长，既不是承包商的责任，也不是业主所能控制的，则这种延误属于可原谅但不予以补偿的拖期，承包商有权获得工期延长但不能得到经济补偿。但是通常情况下，对于以下情况，一般承包商可以得到相应的经济补偿：①工程师书面指令的工程变更，或推定的工程变更指令，可以获得工期延长及额外的费用补偿。②业主命令停工，但停工的原因不属于承包商的过失，而是业主出于自己方面的原因，如资金匮乏、规划设计的重大变更等，给承包商带来经济损失。③业主命令暂停施工或者指示采用低效率的施工方法和施工顺序，从而造成工期拖延并给承包商带来经济损失。④业主提供的施工图或施工技术规程有错误或含糊矛盾之处，承包商据其施工造成返工浪费或成本增加。⑤业主不能按照合同规定的时间向承包商提供施工现场，或不能按时提供合同中规定的应由业主提供的建筑材料，从而引起工期拖延和额外经济亏损。⑥工程师不能按规定时间向承包商发放施工详图，使承包商等待检查或试验的时间无故拖延，影响施工进度并给承包商造成经济损失。⑦业主不按照合同规定的时间向承包商支付工程款等。

5. 不可抗力与业主风险

不可抗力是指施工过程中发生的某种异常事件或情况，而这些事件或情况是一方无法控制的，在签订合同之前也不能对其进行合理的准备，发生后又不能合理避免或克服，而且这些事件或情况也不是由对方的原因造成的。一般不可抗力造成的影响是属于雇主承担的风险。对于工程承包的风险分担，FIDIC《施工合同条件》第 17.3 款的“雇主风险”列出了属于业主方面承担的风险，雇主风险主要有：①战争、敌对行动（不论宣战与否）、入侵、外敌行动。②工程所在国国内的叛乱、恐怖主义、革命、暴动、军事政变或篡夺政权、内战。③承包商人员及承包商和分包商的其他雇员以外的人员在工程所在国国内的暴乱、骚动或混乱。④工程所在国国内的战争军火、爆炸物资、电离辐射或放射性引起的污染，但可能由承包商使用此类军火、炸药、辐射或放射性引起的除外。⑤由声速或超声速飞行的飞机或飞行装置所产生的压力波。⑥除合同规定以外，雇主使用或占有的永久工程的任何部分。⑦由雇主人员或雇主对其负责的其他人员所做的工程任何部分的设计。⑧不可预见的或不能合理预期一个有经验的承包商已采取适宜预防措施的任何自然力的作用。

如果上述列举的任何风险达到对多种货物，或承包商设备造成损失或损害的情况，则承包商应立即通知工程师，并应按照工程师的要求修正此类损失或损害。如果因修正此类损失或损害使承包商遭受延误和（或）招致增加费用，承包商应进一步通知工程师，同时根据承包商索赔的有关规定，若竣工时间已经或将受到延误，承包商有权要求对任何此类延误给予延长工期；由此所发生的任何此类费用应计入合同价格，给予支付，对于前述第⑥和⑦）两项情况，还可以获得相应的利润补偿。在我国《建设工程施工合同（示范文本）》中也有类似的规定。

6. 物价变化

在工程施工过程中，由于工程所在国物价变化，对于工期在一年以上的工程项目，就应该在合同条件中考虑物价变化的价格调整问题。FIDIC《施工合同条件》通用条件第 70.1 款专门规定了物价调整的问题。我国的《建设工程施工合同（示范文本）》第 11 条也对物价变化对合同价款的调整有明确的规定。

工程建设项目中合同周期较长的项目，经常受到物价浮动等多种因素的影响，像人工费、材料费、施工机械费等都会发生变化。为了避免承包商或者业主在价格波动中遭受损失，维护合同双方的正当权益，应该对价格的变化进行必要的调整。综合国内外的情况，一般有以下几种调整方法。

(1) 造价指数调整法

如果业主和承包商按照当时的预算定额单价计算工程承包合同价，则在竣工时，可以根据合理的工期及当地工程造价管理部门所公布的当时的工程造价指数对原承包合同价进行调整，重点调整那些由于实际人工费、材料费、施工机械费等费用上涨造成的价差，给承包商合理的调价补偿。

$$\text{工程价差调整额} = \text{工程合同价} \times \left(\frac{\text{竣工时工程造价指数}}{\text{签订合同时工程造价指数}}\right) - 1$$

(2) 实际价格调整法

实际价格调整法就是对钢材、木材、水泥等大宗材料的价格采取按照实际价格和合同中的价格进行价差调整的方法。

(3) 调价文件计算法

调价文件计算法是指业主和承包商采取按照当时当地的预算价格承包，在合同工期内按照造价管理部门的调价文件的规定，对同期内完成的工程按照实际用量进行差价的调整。

7. 业主拖期付款

《建设工程施工合同（示范文本）》第 10.5 款规定：“承包人应在每个付款周期后 7 日内，按监理人批准的格式和份数，向监理人提交进度付款申请，并附相应的支持性证明文件，委托了造价咨询人的，承包人可以按照发包人的指示，将上述文件提交给造价咨询人。”进度付款申请应包括下列内容：①截至本次付款周期已完成工作对应的金额。②根据第 10 条“变更”应增加和扣减的变更金额。③根据第 12.2 款“预付款”约定应支付的预付款和扣减的返还预付款。④根据第 15.3 款“质量保证金”约定应扣减的质量保证金。⑤根据第 19 条“索赔”应增加和扣减的索赔金额。⑥对已签发的进度款支付证书中出现错误的修正，应在本次进度付款中支付或扣除的金额。⑦根据合同约定应增加和扣减的其他金额。

除专用合同条款另有约定外，监理人应在收到承包人进度付款申请单以及相关资料后 7 天内完成审查并报送发包人，发包人应在收到后 7 天内完成审批并签发进度款支付证书。发包人逾期未完成审批且未提出异议的，视为已签发进度款支付证书。发包人和监理人对承包人的进度付款申请单有异议的，有权要求承包人修正和提供补充资料，承包人应提交修正后的进度付款申请单。监理人应在收到承包人修正后的进度付款申请单及相关资料后7天内完成审查并报送发包人，发包人应在收到监理人报送的进度付款申请单及相关资料后7天内，向承包人签发无异议部分的临时进度款支付证书。存在争议的部分，按照第20条“争议解决”的约定处理。

FIDIC《施工合同条件》第14.7款规定，雇主应在中标函颁发后42天或者在收到履约担保和预付款保函后的21天两者中较晚的日期内，向承包商支付首期预付款；要在工程师收到报表和证明文件后56天内，支付各期中的付款证书确认的金额；要在雇主收到最终付款证书后的56天内支付最终付款证书确认的金额。如果承包商没有在上述规定时间收到付款，则承包商有权就未付款额按月计算复利，收取延误期的融资费用。延误期从规定的支付日期算起，而不是颁发任何期中付款证书的日期。如果专用条件中没有规定，则融资费用应以高出支付货币所在国中央银行的贴现率三个百分点的年利率进行计算，并应用同种货币支付。

在很多情况下，业主往往拖付工程进度款和索赔款，有时候甚至拖期半年或更久，由此导致承包商融资成本的增加。为此，承包商有权要求业主按拖付款时间及一定的利率支付利息。对于拖付款利息索赔，最难解决的是索赔款拖付的利息。一般来说，业主或工程师在对索赔事项进行处理的期间是不计算利息的，除非有明确的证据证明是由于业主的责任造成索赔问题不能及时处理。这在很多时候是很难有明显的证据的。

8. 由承包商暂停工作和终止合同

(1) 承包商暂停工作

FIDIC《施工合同条件》第16条规定，如果工程师未能按照合同规定确认并签发付款证书，雇主未能按合同规定的付款时间进行付款，则承包商可在不少于21天前通知业主，暂停工作（或放慢工作速度），除非或直到承包商根据情况和通知中所述收到了付款证书、合理的证明或付款为止。如果因此项原因暂停工作（或放慢工作速度），使承包商遭受延误和（或）招致增加费用，承包商应向工程师发出通知，有权要求相应的工期延长和任何此类费用补偿，并可进行合理利润的索赔。

(2) 承包商终止合同

承包商在以下情况下有权终止合同：①承包商按规定通知业主暂停施工42天以内，仍未收到合理的证明。②工程师未能在收到报表和证明文件后56天内发出有关的付款证书。③承包商在规定付款时间到期后42天内，承包商仍未收到根据期中付款证书中规定的付款额。④业主实质上未能根据合同规定履行其义务。⑤业主不遵守合同协议书的规定或者未按规定进行权益转让。⑥业主因非承包商的原因暂停施工已持续84天以上，从而影响了整个工程。⑦业主破产或无力偿债，停业清理，已有对其财产的接管令或管理令，与债权人达成和解，或为其债权人的利益在财产接管人、受托人或管理人的监督下营业，或采取了任何行动，或发生任何事件（根据有关适用法律）具有与前述行动或事件相似的效果。

在上述任何事件或情况下，承包商可通知雇主，14天后终止合同。但在第⑥和第⑦两项情况下，承包商可通知雇主立即终止合同。

承包商按照规定发出的终止通知生效后，雇主应迅速将履约担保退还承包商，由工程师确定已完成工作的价值，并发出包括以下各项的付款证书，向承包商付款，同时还要付给承包商因此项终止而蒙受的任何利润损失、其他损失或损害的款额：①承包商已经完成的、合同中有价格规定的任何工作的应付金额。②为工程订购的、已交付给承包商或承包商有责任接受交付的生产设备、材料和费用。当雇主支付上述费用后，此项生产设备和材料应成为雇主的财产（风险也由其承担），承包商应将其交由雇主处置。③在承包商原预期要完成的工程的情况下，合理导致的任何其他费用或债务。④将临时工程和承包商的设备撤离现场，并运回承包商本国工作地点的费用（或运往任何其他目的地，但其费用不得超过前者）。⑤将终止日期时的完全为工程雇用的承包商的员工遣返回国的费用。

我国《建设工程施工合同（示范文本）》第7.8.1项规定，因发包人原因引起暂停施工的，监理人经发包人同意后，应及时下达暂停施工指示。情况紧急且监理人未及时下达暂停施工指示的，按照第7.8.4项“紧急情况下的暂停施工”执行。

因发包人原因引起的暂停施工，发包人应承担由此增加的费用和（或）

延误的工期，并支付承包人合理的利润。

《建设工程施工合同（示范文本）》第7.8.4项“紧急情况下的暂停施工”规定，因紧急情况需暂停施工，且监理人未及时下达暂停施工指示的，承包人可先暂停施工，并及时通知监理人。监理人应在接到通知后24小时内发出指示，逾期未发出指示，视为同意承包人暂停施工。监理人不同意承包人暂停施工的，应说明理由，承包人对监理人的答复有异议，按照第20条“争议解决”的约定处理。

9. 政府法令变更

对于基准日期（递交投标书截止日期前28天的日期）以后工程所在国的法律有改变（包括适用新的法律、废除或修改现有法律）或对此类法律的司法或政府解释有改变，使承包商履行合同规定的义务产生影响的，合同价格应考虑上述改变导致的任何费用增减，进行调整。如果由于这些基准日期后做出的法律或此类解释的改变，使承包商已经（或将要）遭受延误和（或）招致增加费用，承包商应向工程师发出通知，并根据索赔条款的规定要求相应工期的延长及任何此类费用的补偿，但一般不能要求利润的补偿。

10. 业主暂停施工和终止合同

（1）业主暂停施工

按照FIDIC《施工合同条件》第8.8款，在施工过程中，工程师可以随时指示承包商暂停工程某一部分或全部的施工。在暂停期间，承包商应保护、保管并保证该部分或全部工程不致产生任何变质、损失或损害。这里所说的暂停的原因不是由于承包商的原因。如果承包商因执行工程师发出的暂停施工的指示，以及因为复工，而遭受延误和（或）招致增加费用，承包商应向工程师发出通知，根据索赔的规定要求相应工期延长和补偿任何此类费用的损失。因承包商未能按照规定对暂停工程加以保护、保管或保证安全而带来的后果，承包商无权得到工期的延长或招致的费用的支付。

（2）业主终止合同

如果承包商有下列行为，业主有权终止合同：①未能遵守履约担保的规定，或者承包商未能根据合同履行任何义务，工程师通知其在合理时间内纠正而没有纠正。②放弃工程或明确表示不继续按照合同履行其义务的意向。③无合理解释未能按照开工、延期和暂停的规定进行工程。④对被工程师拒收，并要求修复缺陷的任何生产设备、材料或工艺，收到通知后28天内不能遵守通知要求，不按照工程师的要求修复。⑤工程师按合同规定指示承包商进行的修补工作，收到通知后28天未能遵守通知要求，不按照工程师要求修复。⑥未经必要的许可，将整个工程分包出去或将合同转让他人。⑦承包商破产或无力偿债，停业清理，已有对其财产的接管令或管理令，与债权人达成和解，或为其债权人的利益在财产接管人、受托人或管理人的监督下营业，或采取了任何行动，或发生任何事件（根据有关适用法律），具有与前述行动或事件相似的效果。⑧直接或间接向任何人付给或企图付给任何贿赂、礼品、赏金、回扣或其他贵重物品，以引诱或报偿他人采取或不采取有关合同的任何行动，或者对与合同有关的任何人做出或不做出有利或不利的表示。

上述任何事件或情况发生时，雇主可以提前14天向承包商发生通知，终止合同，并要求其离开现场。对于第⑦和第⑧两项情况，雇主可以发出通知立即终止合同。

业主发出终止通知生效后，工程师应及时按照合同规定商定或确定工程、货物和承包商文件的价值，以及承包商按照合同实施的工作应得的任何其他款项。在确定施工、竣工和修补任何缺陷的费用、因延误竣工的损害赔偿费，以及由业主负担的全部其他费用前暂不向承包商支付进一步付款。根据合同终止以后的估价，应付给承包商的任何款额，应先从中收回业主蒙受的任何损失和损害赔偿费，以及完成工程所需的任何额外费用。在收回任何此类损失、损害赔偿费和额外费用以后，业主应将任何余额付给承包商。

二、工期索赔分析

（一）工期索赔的目的

在工程施工中，常常会发生一些未能预见的干扰事件，使得施工不能顺利进行。工期延长意味着工程成本的增加，对合同双方都会造成损失：业主会因工程不能及时投入使用、投入生产而不能实现预计的投资目的，减少盈利的机会，同时会增加各种管理费的开支；承包商则会因为工期延长而增加支付工人工资、施工机械使用费、工地管理费及其他一些费用，如果超出

合同工期，最终可能还要支付合同规定的拖期的违约金。

因此，承包商进行工期索赔的目的，一个是弥补工期拖延造成的费用损失，另一个是免去自己对已经形成的工期延长的合同责任，使自己不必支付或尽可能少支付工期延长的违约金（误期损害赔偿金）。

(二) 工期索赔原因分析

造成工期索赔的原因主要有三个方面：①业主方面的原因，这里也包括由于工程师的原因造成的工期延误，如修改设计、工程变更、提前占用部分工程等；②客观方面的原因，这些客观的原因无论是业主还是承包商都是无力改变的，如不可抗力、不可预见的自然条件等；③承包商自身的原因，如施工组织不好、设备材料供应不足等。按照工期拖延的原因不同，通常可以把工期延误分成以下两大类。

1. 可原谅的拖期

对于承包商来说，可原谅的拖期是指不是由于承包商的责任造成的工期延误，如下列情况，一般属于可原谅的拖期：①业主未能按照合同规定的时间向承包商提供施工现场或施工道路。②工程师未能按照合同规定的施工进度提供施工图或发出必要的指令。③施工中遇到了不可预见的自然条件。④业主要求暂停施工或由于业主的原因造成被迫的暂停施工。⑤业主和工程师发出工程变更指令，而该指令所述的工程是超出合同范围的工作。⑥由于业主风险或者不可抗力引起工期延误或工程损害。⑦由于业主过多干涉施工进展，使施工受到了干扰或阻碍等。

对于可原谅的拖期，如果责任者是业主或工程师，则承包商不仅可以得到工期延长，还可以得到相应的经济补偿，这种拖期被称为“可原谅可补偿的拖期”；如果拖期的责任者不是业主或工程师，而是由客观原因造成的，则承包商可以得到工期延长，但不能得到经济补偿，这种拖期被称为“可原谅不补偿的拖期”。

2. 不可原谅的拖期

如果工期拖延的责任者是承包商，而不是业主方面或客观的原因，则承包商不但不能得到工期的延长和经济补偿，这种延误造成的损失全部要由承包商负担，承包商还要选择或者采取赶工措施，增加施工力量，延长工作时间，把延误的工期抢回来，或者任其拖延，承担误期损害赔偿，甚至有可能被业主终止合同，承担有关损失。

(三) 延误的有效期

在实际施工过程中，单一的原因造成的索赔是很少见的，经常是几种原因同时发生，交错影响，形成所谓的“共同延误”。在共同延误情况下，要确定延误的责任是比较复杂的，要具体分析哪一种情况的延误是有效的，承包商可以得到工期延长，或者还可以同时得到经济补偿。在这种情况下必须确定工期延误的有效期。确定延误的有效期，可以按照以下原则执行。

1. 确定初始延误

确定初始延误就是在共同延误的情况下判断哪种原因是最先发生的，找出初始延误者，在初始延误发生作用的期间，不考虑其他延误造成的影响。这时候主要按照初始延误确定导致延误的责任者。

2. 初始延误者是业主

如果初始延误者是业主或者工程师，在该影响持续期内，若这个延误在关键线路上，则承包商不仅可以得到相应的工期延长，还可以得到相应的经济补偿；若不在关键线路上，而该线路又有足够的时差可以利用，则承包商不能得到工期延长。如果在非关键线路上，但是线路时差不够用，则要经过重新计算，确定合理的工期延长天数。

3. 初始延误者属于客观原因

如果工期拖延的原因既不是业主，也不是承包商，而是客观原因，则承包商可以得到工期的延长，但不能得到经济补偿。

(四) 工期延误的原因分析

索赔事项对工期的影响有多大，工期延长的索赔值有多少天，一般可以通过对网络计划的分析确定。

工程的进展是按照原定的网络计划进行的。在发生干扰事件后，网络中的某些施工过程会受到干扰，如持续时间的延长，施工过程之间的逻辑关系会发生变化，有新增加的工作等。把这些影响放入原来的网络计划中，重新进行网络分析，可以得到一个新的网络工期。新工期与原工期之间的差量

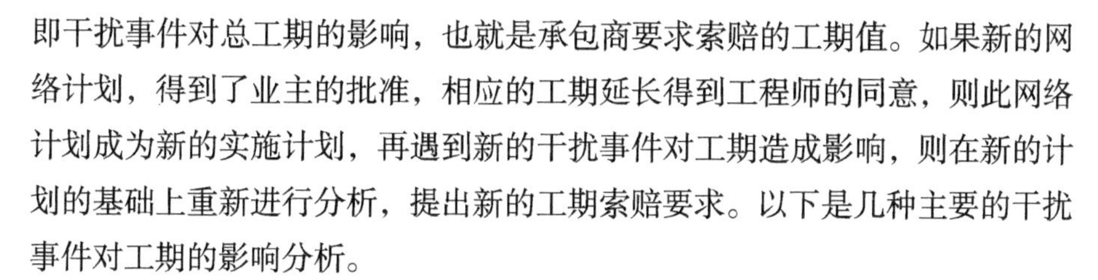
即干扰事件对总工期的影响，也就是承包商要求索赔的工期值。如果新的网络计划，得到了业主的批准，相应的工期延长得到工程师的同意，则此网络计划成为新的实施计划，再遇到新的干扰事件对工期造成影响，则在新的计划的基础上重新进行分析，提出新的工期索赔要求。以下是几种主要的干扰事件对工期的影响分析。

1. 工程拖延的影响

在工程施工过程中，业主有时会不能按时提供设计图、建筑场地、现场道路等，这些拖交都会直接造成工程项目推迟或者暂时中断，影响整个工期。这一类推迟，可以直接作为要求工期延长的索赔天数，可以现场的实际记录作为证据资料。

2. 工程量增加的影响

在实际施工中，如果工程量超过合同中工程量表中的工程量，承包商为完成工程就要花费更多的时间，一般合同里如果有规定，承包商应该承担工程量增加导致的工期风险。超过这个范围，承包商可以按照工程量增加的同等比例要求工期的延长。

3. 新增工程的影响

新增工程，无论是附加工程还是额外工程，都可能要在网络中加进一个原来没有计划的工作，这必然导致网络计划时间的变化，合同双方要商讨新的工作的持续时间和新工作与其他工作之间的逻辑关系，确定新的网络计划工期。

4. 业主指令变更施工顺序的影响

业主指令变更施工顺序会改变网络图中原有的逻辑关系，从而对网络计划工期产生影响，因此必须对网络计划进行调整，通过对新旧网络计划的比较确定对实际工期的影响。

5. 由于业主原因的暂停施工、窝工、返工等的影响

业主原因的暂停施工，可以按照工程师的指示和实际工程记录确定工期的延长，这里还要考虑到重新复工可能发生的施工准备时间。窝工和返工，也要按照实际记录，通过网络分析确定对工期的实际影响量作为工期索赔值。

6. 业主风险和不可抗力的影响

由于受到业主风险和不可抗力的影响，如果导致施工现场的全面停工，则可以按照工程师填写或签认的实际现场的记录，要求延长工期。如果使部分工程受到影响，则要通过网络分析确定影响的程度。

以上列举了几种主要的影响因素，实际施工中会遇到各种各样的问题，导致施工现场的工期延长，可以按照干扰事件的主要原因，参照上面几种情况进行处理。

(五) 工期延长论证

承包商在索赔过程中，要对工期的延长进行论证，一个是获得展延工期，使承包商免于承担误期的罚金，另一个是可以探讨承包商获得经济补偿的可能性。

在进行工期延长论证时，承包商要明确以下几个基本工期。

1. 合同计划工期

合同计划工期是承包商在投标报价文件中所确定的施工期，是为了完成招标文件中所规定的工作内容，承诺完成的工期。一般来说是业主在招标文件中所提出的施工期，是从工程开工之日起到建成工程并竣工验收所需要的施工天数。

2. 实际施工工期

实际施工工期是在工程项目的施工过程中，在具体的施工条件下，建成“全部工作内容”实际所花费的施工天数。实际的施工天数因为受到各种施工干扰因素的影响，会超出合同计划工期。如果实际工期的增加是由 非承包商的原因造成的，则承包商有权得到相应的工期补偿。

3. 理论工期

理论工期是指在施工过程中，假定按照原定施工效率完成“全部工作内容”，理论上所需要的工作时间。在实际施工工期和理论工期中所讲的“全部工作内容”是指实际上完成的全部工作，既包括合同范围以内的工作，也包括工程量的增加和超出合同范围以外的工作。所以：

工期的延长 = 实际工期 − 合同计划工期

如果在实际工作中，承包商完全按照合同原定的施工效率施工，则实

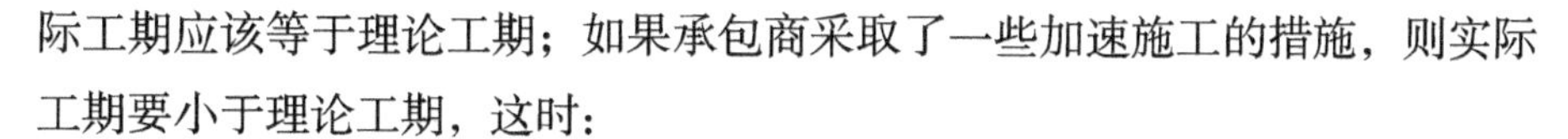

际工期应该等于理论工期；如果承包商采取了一些加速施工的措施，则实际工期要小于理论工期，这时：

加速施工挽回的工期 = 理论工期 − 实际工期

第三节　建设工程索赔的预防与反驳

不论业主还是承包商，索赔管理都是其项目管理中的一个非常重要的工作。索赔管理的任务不能简单地理解为对已方已发生的损失的追索，还应该包括预防索赔发生和对对方提出索赔的反驳。

所谓预防索赔，是指防止对方提出索赔；而反驳索赔是指通过索赔管理，反击对方提出的索赔要求，从而减少由于对方索赔对己方的不利影响。在工程项目的实施过程中，施工合同的双方，即业主和承包商之间不可避免地会发生索赔事件，承包商向业主提出索赔或业主向承包商提出索赔。因此，除了抓住索赔机会向对方索赔以维护自己的权益外，如何减少对方索赔的机会或降低对方的索赔要求，也是业主或承包商必须重视的问题。实际上，规避索赔与进行索赔同样重要。

预防和反驳索赔在索赔管理中具有十分重要的作用。业主或承包商通过加强合同管理，采取一系列预防对方索赔的措施，如严格依据合同履行义务，防止自己违约，从而就可以避免由于自己违约引起对方索赔。再如，通过加强协调与沟通，及时发现问题，采取措施避免由于自己的失误或协调不力而引起对方索赔，从而防止和减少损失的发生。

一、索赔的预防

在合同的履行过程中，不论是承包商还是业主，索赔的预防都是索赔管理的重要内容。所谓索赔的预防，也就是采取各种可行的措施来预防索赔事件的发生，尤其是尽量避免由于己方失误所造成的对方索赔。

(一) 业主方预防承包商索赔的措施

在施工过程中，承包商索赔成立的先决条件是，非承包商原因或其承担的风险所造成的损失。因此，业主预防承包商索赔的措施就要放在业主方的原因或其承担的风险方面。由于在项目实施过程中，通常业主委托（监理）工程师代表业主进行项目施工过程中的项目管理活动。因此，业主方预防承包商索赔的措施许多是由业主与工程师共同来进行的。具体来讲，业主方可以从以下几个方面采取有效措施。

1. 签订全面、细致、准确的施工合同

与承包商签订全面、细致、准确的合同是预防索赔的基础。所谓全面，是指合同条款覆盖整个工程内容，对可能引起变化的条件，如政策变化、地质变化、设计变更、市场变化等因素尽可能考虑周全，尽量避免合同规定之外的事件发生。所谓细致，是指合同条款要细致入微。所谓准确，是指合同条款必须文字含义准确，对一词多义，要有准确注释，不能含糊其辞，模棱两可，以避免合同争议。①

2. 及时取得现场进入和占用权

取得合同中规定的各种法律上的许可，及时按合同要求向承包商提供现场进入和占用权。因为如果业主不能按合同要求取得许可并及时向承包商提供现场进入和占用权，可能会导致工程不能按照预定的时间开工或者工程拖期，从而引起承包商就工期和其费用损失的索赔。所以，业主为了更好地维护自己的利益，使工程顺利进行，就必须事先取得规划、区域划定等法律要求的各种应由业主办理的各种许可和现场的占用权，从而按合同要求及时提供给承包商使用，让工程能够按照计划顺利进行。

3. 严格控制工程变更

通常，工程变更都会伴随着计划的改变，因而会造成费用的变动和时间的变化。如果变更是由非承包商的原因引起的，则会造成承包商的索赔。因此，业主或工程师应严格控制工程变更指令的签发。这就要求业主和工程师对可以事先控制的工程变更原因进行分析，预先采取有效措施加以控制。例如，施工图错误引起的变更，可以通过预先认真审图来加以控制。在工程开工后，对项目的功能，工程各部分的位置和尺寸，设计采用的材料、构件

① 林立.工程合同法律规则与实践 [M].北京：北京大学出版社，2016.

等不要轻易变更，从而减少由于工程变更引起的索赔。

4. 按时支付工程款

业主一定要依据合同按时支付工程款。拖欠工程款，除了会引起承包商对工程款及其利息的索赔外，如果长期大量拖欠支付工程款，还会造成承包商流动资金困难，增加承包商的融资成本，或者导致承包商依据合同暂停施工或放慢施工速度甚至终止合同的情况发生，由此带来一系列的承包商的索赔。因此，业主一定要注意合同中对工程款支付的条款规定。业主一定要注意其中的时间限制，以避免未遵守合同中关于付款时限规定引起的承包商索赔，以及由此带来的一系列问题而引起的有关索赔事项的发生。

5. 不要干扰承包商的施工进度

业主不可随意指示承包商改变作业顺序或由于业主负责的原因造成承包商的进度延误，如合同规定由业主负责的设计图或业主负责供应的材料等的延误，从而引起承包商的工程拖期索赔或实施业主加速施工指令的索赔等。因此，为了减少承包商索赔，业主要尽量提供施工条件，尤其是要按照合同规定认真履行业主的义务，使承包商能够按照批准的进度计划施工。

6. 加强协调与沟通，尽量避免索赔事件的发生

在施工中，实际上许多索赔事件都是由协调与沟通不畅造成的。例如，现场上不同承包商之间相互干扰的问题可能是进度计划协调不好，如业主应该提供的施工条件不及时，若提前沟通可能就会避免，从而不会影响到承包商的施工进度计划。再如，对合同条款或技术规范或施工图中的要求理解差异，如果经常沟通，则可能在施工之前就发现，从而通过协调来解决。因此，在实际施工过程中，工程师应与承包商及时沟通，在承包商的损失发生之前采取措施，就可以避免索赔事件的发生。

（二）承包商预防业主索赔的措施

虽然索赔是承包商获取经济利益的一个重要的手段，但承包商还必须记住的一点是，如果承包商自身的原因或责任所造成的己方损失是不能得到补偿的。而且，如果对业主造成额外的损失，还会遭到业主的索赔。因此，承包商除了自己注意采用索赔来维护自己的正当权益外，还必须采取措施防止业主索赔。承包商在预防业主索赔方面，可以采取以下措施。

1. 加强计划管理

制订切实可行的进度计划，并建立完善的进度控制体系，可避免由于进度计划不合理或进度管理不善造成工期延误，从而引起竣工时间的延误或由于修订计划引起业主的附加费用开支，如增加的监理费。这些都会引起业主对工期延误和业主附加费用开支的索赔。因此，如果承包商加强计划管理，切实按照预先确定的合理进度计划进行施工，就可以避免工期方面的业主索赔。而对于其他原因造成的工程拖期，承包商可以依据合同向业主提出索赔要求。

2. 加强质量管理

质量缺陷是业主索赔的一个很重要的原因。例如，FIDIC《施工合同条件》第7.5、9.4、11.3、11.4、11.5款均是业主索赔时与质量缺陷有关的依据条款。因此，为了避免由于质量缺陷造成的业主索赔，承包商要加强质量管理。首先，应当制定合理的施工方案和各项保证质量的技术组织措施，严格按照施工技术规程和设计图施工。然后，还要建立切实的质量保证体系和内部奖惩制度，将质量责任落实到每个人、每个班组。通过这一系列的质量控制工作，承包商就可以有效控制由于自身原因造成的质量缺陷，因此也就有效地避免了业主的索赔。同时，承包商施工质量好，实际上也是承包商成功索赔的重要前提。

3. 严格履行合同，避免违约

业主的索赔有些是由承包商的违约造成的，预防这方面的索赔，承包商就要认真履约，不发生违约。例如，在FIDIC《施工合同条件》中规定，承包商应保障并保持使雇主免受因货物运输引起的所有损害赔偿费、损失和开支（包括法律费用和开支）的伤害，并应协商和支付由于货物运输引起的所有索赔。这样，承包商在投标时就应针对这种风险进行评估，在货物运输时采取必要的措施，从而避免因受到道路部门等的索赔和其他伤害。再如，合同中规定由承包商负责的保险，承包商要加强管理，避免其过期或失效，从而避免因重新申办这些保险所发生费用的业主索赔。

4. 处理好与工程师的关系

在工程承包施工中，合同双方应密切配合。工程师受业主的委托进行工程项目的管理，处理索赔问题。因此，如果与工程师处于对抗的地位，对

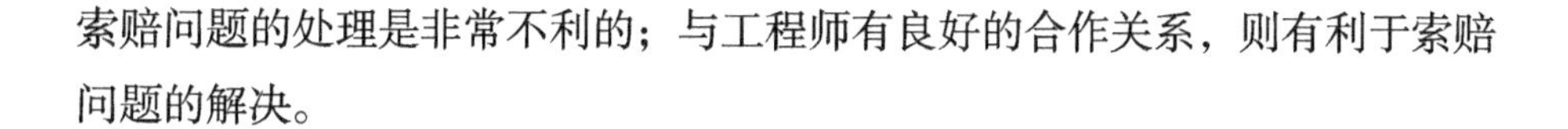

索赔问题的处理是非常不利的；与工程师有良好的合作关系，则有利于索赔问题的解决。

二、索赔的反驳

（一）业主对承包商索赔的反驳

1. 承包商索赔权的反驳

工程师在接到承包商的索赔通知和索赔报告后，首先应当审查承包商是否具有索赔权。索赔权可以分为两种。第一种是合同内索赔权，即在合同内可以找到某合同条款，明确指出承包商有权获得相应的经济补偿和（或）相应的工期延长。这是最主要的一种索赔权。第二种是非合同索赔权，即按照合同某些条款可推定出承包商有权索赔，也称依据默示条款的索赔权。或者参照国际工程施工索赔的实践惯例或业主所在国的有关法规进行索赔的索赔权。判断承包商是否具有索赔权，主要根据以下事实。①

（1）承包商的此项索赔是否具有合同依据

如果合同是按照 FIDIC《施工合同条件》的通用条件签订的，则承包商具有索赔权。如果合同是按照我国《建设工程施工合同（不范文本）》签订的，则承包商具有索赔权。否则，除非承包商有充分的理由论证该项索赔属于合同内可推定的索赔权或非合同索赔权的索赔范围。

在审查索赔是否具有合同依据时，应当注意合同的专用条件（款）是针对具体项目对通用条件（款）的修正和补充，因此，在合同的优先次序上也是专用条件（款）在前，通用条件（款）在后。

（2）索赔事项的发生是否属于承包商的责任

只有非承包商原因造成的损失，承包商才有权索赔。因此，只要属于承包商责任的索赔事项，业主均应予以拒绝。如果此事项同时造成了业主的损失，业主还可以向承包商进行索赔。当然，工程师或业主必须论证此事项确实是承包商的责任。否则，可能会导致争端的发生。

---

① 刘力. 建设工程合同管理与索赔 [M]. 北京：机械工业出版社，2012.

在实际工程实施过程中出现的很多问题，业主和承包商可能双方均有一定的责任。在这种情况下，就需要划分主要责任者或按照各方责任的后果，由双方协商确定承包商应当承担责任的比例，而这一部分，承包商就不具备索赔权。

(3) 承包商是否遵循了合同中规定的承包商的索赔程序

按照 FIDIC《施工合同条件》第 20.1 款第 2 段的规定，如果承包商察觉或应已察觉某事件或情况他有权索赔后的 28 天内未发出索赔通知，则竣工时间不得延长，承包商无权得到追加付款，而雇主应免除有关该索赔的全部责任，即承包商完全失去其索赔权。但如果承包商未能遵循第 20.1 款其他段的规定，则其索赔的权利也会受到一定的影响。

(4) 索赔事项初发时承包商是否采取了控制措施

根据国际工程施工承包惯例，如果遇到偶然事故影响到工程施工，则承包商有责任及时通知工程师，并采取有效措施以控制事态发展，以免造成更大的损失。若承包商未采取控制措施，任由损失扩大，则扩大的损失承包商不具备索赔权。

(5) 索赔事项的发生是否属于承包商的风险范畴

在施工合同中，业主和承包商都承担着相应的风险，在合同中以明确的条款予以确定或可从合同的默示条款中推定。例如，在 FIDIC《施工合同条件》第 17.3 款“雇主的风险”第（h）条中规定：不可预见的或不能合理预期一个有经验的承包商已采取适宜预防措施的任何自然力的作用。从此条就可以推定出，如果一个有经验的承包商可以预见到的自然力的作用所造成的损失就属于承包商的风险。例如，某地在某季节经常发生的大雨、大风等。

(6) 索赔证据是否充分

如果承包商索赔时不能提供有效的证据证明索赔事件的真实性，或提供的索赔证据与工程师的记录不相符，业主和工程师就可以要求承包商进一步补充证据。只要是没有充分证据的索赔要求，业主（工程师）就有权拒绝。

工程师或业主对承包商索赔证据的审查主要是看证据是否真正经得起推敲，是否能够说明事件的全过程，是否各项证据之间可以互相说明而不是互相矛盾，是否具有法律证明力，是否与工程师的记录一致。

(7) 变更价款的要求是否按合同规定提出

按照我国《建设工程施工合同(示范文本)》第10.4.2款的规定，承包人在双方确定变更后14天内不向工程师提出变更工程价款报告时，视为该项变更不涉及合同价款的变更。因此，按照此文本签订的承包合同，如果承包商没有遵守这一规定，则失去向业主提出由工程变更带来费用损失补偿的权利，即索赔权。

2. 索赔事件的影响分析

分析索赔事件对费用和工期是否产生影响和其影响的程度如何，直接影响着索赔值的计算。因为索赔值的计算原则是以弥补承包商的实际损失为原则的。所以，如果事件未造成承包商的实际费用损失或工期延误，则不需要对承包商进行补偿。

对于工期延长期的计算，可根据网络计划分析来判断。如果延误的工作是位于非关键线路上的非关键工作，则要根据工作所具有的时差来分析，如果延误的工作时间在时差范围内，则不存在对总工期的影响，也就不存在工期延长期补偿。但如果延误的工作时间超出了时差值，则需要计算对总工期的影响程度，这时总工期的延长时间才是应补偿的工期延长时间。例如，由于业主供应施工图延误造成承包商某项工作推迟进行4天，这是由业主原因造成的，因此，按合同规定，承包商有权索赔工期。但如果此项工作是位于非关键线路上的非关键工作，总时差为5天，则这时施工图延误不会造成总工期的延误，承包商就不能进行工期的索赔。但如果此项工作的总时差只有2天，由于施工图供应的延误按照进度计划计算会造成总工期拖后2天，那么承包商就有权得到2天的工期延长期。但如果此项工作为关键工作，则由于施工图供应延误会造成总工期拖期4天，因此承包商就有权得到4天的工期延长期。由此可见，虽然同为业主供应施工图造成某工作的延误，但承包商所能得到的工期索赔值是不同的。因此，工程师对于承包商提出的工期索赔要求，一定要具体情况具体分析，可借助网络计划技术对索赔事件的影响进行分析。对承包商的工期索赔要求进行反驳，从而确定一个合理的索赔值。

对于承包商经济索赔的要求，也必须进行影响分析才能做出确定是否应该索赔和索赔额的多少。例如，在索赔费用计算中，如果造成损失，承包商也应当承担部分责任时，业主就要对这部分责任所造成的影响进行分析，从而从承包商的损失索赔额中扣除承包商应当承担的费用。又如，由于业主原因造成承包商的自有机械停工，这时承包商的损失就不包括设备使用费，而应当是按台班折旧费确定损失额。如果承包商按全部机械的台班费来计算索赔额，则工程师应当对承包商的索赔额进行反驳。

3. 仔细核定索赔款计算，削减索赔额

在已经肯定了承包商的索赔权的前提下，业主和工程师还必须对索赔报告中的索赔款计算进行逐项分析与核对。包括是否有承包商责任的损失也列入了索赔款额，是否有索赔款计算方法不对，或计算依据不完善，或者计算数值错误，以及重复计算等。通过仔细审核，就可以大大减少承包商的索赔款总额。

从业主反驳承包商索赔的角度来说，工程师或业主对承包商提出的索赔款计算的审核，就是从业主的立场出发，对承包商索赔款计算中的各费用项目的真实性、准确性进行分析，提出修改、反驳或核定。索赔款计算审查时，要注意索赔值计算的基础是合同报价，或在合同报价的基础上，按合同规定进行调整。而承包商经常按照自己实际的生产效率、价格水平等进行计算，而过高地计算索赔值。业主或工程师对国际工程项目索赔费用的审查主要包括以下内容。

(1) 新增的现场劳动时间的审核

新增现场劳动时间主要发生在工程范围扩大或劳动效率降低的时候。首先，应当将索赔要求中承包商应当负责的部分扣除，如承包商设备故障、劳动力调配不畅，或者属于承包商保证质量的技术措施等增加的劳动时间。然后，对其他部分再审核计算的依据，对于没有足够的证据支持的计算，就不能认可或要求其补充证据。业主或工程师有权审核承包商的工时记录，并对其记录的真实性和准确性进行质疑。

(2) 工效降低而增加的劳动时间的审核

首先，应当将工效降低的原因进行分析，确定责任者。如果是承包商的责任，如管理不善，或承包商在报价时应当预见到的原因造成的，则不能计入索赔款。但如果是业主应当承担责任的原因造成的，则需要进一步审核工效降低率。由于工效降低的数据很难确定，如果承包商投标报价中有工效的数据，工程师可以通过核查承包商的施工记录中有关施工设备、工时记录等各种台账，以及施工组织的具体情况，将实际工效数据与承包商投标报价计算书中的工效数据进行比较，审核降低的比率是否合理，计算的方法是否正确等。如果承包商的投标报价中没有工效的数据，或者没有有效的证据证明工效降低，则工程师或业主可以拒绝此索赔额。

(3) 增加的人工费的审核

对人工费增加额的审核，首先要扣除由于承包商原因造成的人工费增加额，如承包商原因造成的赶工所增加的人工费。人工费的增加往往是由于工程变更或完成工程师指示进行的额外工程或附加工程，或者是按照工程师的加速施工指令而加班，或者是法定人工费的增长，或者是由非承包商责任造成的工程延误导致的窝工费，或者是由工效降低等原因造成的。对不同的原因造成的人工费的增加额计算就要区别情况进行处理。例如，对法定人工费增长的审核，就要审查工资提高的指数文件是否可靠，提高的比率是否合适。再如，对非承包商责任造成的工程延误导致的窝工费，如果窝工工人调做其他工作，则只能补偿工效差值，而不能按原人工费单价计算。

(4) 增加的材料费的审核

首先审查材料费增加是否应由承包商承担责任，如果是承包商原因，则应扣除。材料费的增加原因主要有两个：一个是由于索赔事项材料实际用量超过计划用量而增加的材料费；另一个是材料的单价提高。这时，工程师应该审查承包商计算的材料增加数量是否准确，原备料数量是否未达到应备料数量，是否存在材料的浪费或丢失，是否有意在施工期从别的工地调来高价材料，新增材料的价格是否可靠，购货单据是否可靠，购进材料日期的材料价格指数是否与官方公布的指数相符，是否将公司总部的库存材料调来，调价方法是否与合同规定的方法相一致。

(5) 分包费用增加额的审核

当分包范围的工作量增加或生产效率降低时，会产生分包费用的增加。如果是由业主原因造成的，则承包商有权索赔。此时，工程师应审核分包合同，新增的工程量是否准确，证据是否充分，生产效率的降低率确定是否合理，通过检查施工记录和台账，核实增加的用工数量，从而扣减承包商计算中的不合理部分。

(6) 施工机械增加费的审核

首先扣除承包商原因造成的施工机械增加费，并且应区别是租赁机械还是承包商的自有机械。对于租赁机械，应审核所增的设备租赁费是否合理；租赁单据是否准确，证据是否充分；施工记录上的租赁数量与时间是否一致；是否由于应备的机械不足而租用新机械；对于承包商的自有机械，应审查承包商在投标文件中所列的施工机械设备是否已如数进入施工现场；已有设备是否已充分利用；施工机械的使用效率是否太低；施工机械费的证明单据是否充分可靠。对于由于业主方原因造成的机械停工的窝工费是否是按全部台班费计算的。

(7) 工地管理费的审核

工地管理费应分为固定部分和可变部分。对于固定部分，对于施工范围变更和加速施工索赔来说，承包商并不发生损失，因此，不应列入索赔款计算中。在审核时，应认真分析承包商是否发生工地管理费的额外支出，防止扩大款额；工地管理费计算时是否与报价书中的费率一致等。

(8) 总部管理费的审核

总部管理费也应分为固定部分和可变部分。在审核时，应认真分析承包商是否发生总部管理费的额外支出。通常索赔款中只可列入可变部分。同时，应审查总部管理费的费率计算是否超过投标报价时列入的总部管理费的比率。

(9) 利息和融资成本的审核

只有在业主拖欠工程付款和索赔款、业主错误扣款以及工程变更和工期延误增加贷款利息时才可以索赔利息。重点审查利率是否按照合同约定计算，所增贷款是否属实。

(10) 利润的审核

只有在合同文件中明确指出可以补偿利润损失时，工程师才会审核利润值的计算。而且利润率不能超过投标报价文件中的利润率。如果业主方有失误，并且此失误造成了承包商的损失，承包商才可以索赔利润。

4. 以反索赔对抗承包商的索赔

通过反索赔不仅可以否定对方的索赔要求，同时还可以重新发现索赔的机会，找到向承包商索赔的理由。从而用业主的索赔来对抗承包商的索

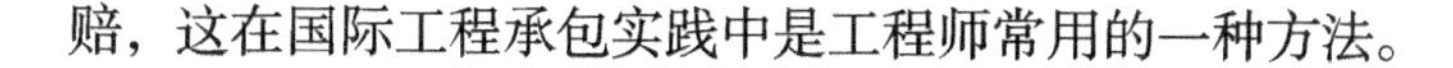

赔，这在国际工程承包实践中是工程师常用的一种方法。

(二) 承包商对业主索赔的反驳

虽然业主对承包商的索赔主要是由工程师发出通知或不需通知即可扣款，但是业主索赔也必须符合合同条款的规定。所以，如果承包商认为业主的索赔不合理，就要向工程师提出理由和证据。具体包括以下内容。

1. 反驳业主的索赔理由

按照合同规定，当承包商违约或应承担风险所造成业主的损失时，业主才可以向承包商索赔。所以，承包商对业主的索赔理由的反驳主要是提出证据证明己方不该对业主的损失负责，因为索赔事件不是或不完全是承包商的责任或风险范畴。

2. 反驳业主的索赔计算

对业主的索赔计算方法和计算数值的反驳，也是反驳业主索赔的重要方面。其主要是对业主索赔计算时所依据的费率、单价等的合理性进行核算，提出自己的不同意见。

3. 对业主不遵守索赔程序的反驳

在我国《建设工程施工合同(示范文本)》中有明确的索赔程序和时限的要求，在 FIDIC《施工合同条件》中也有由工程师向承包商发出通知的要求。如果业主不遵循合同中的这些规定，承包商可以提出反驳。

(三) 反驳索赔的报告编写

不论业主还是承包商在上述反驳索赔的分析基础上，往往通过编写正式的反驳索赔的报告，向对方提出书面的反驳意见。此报告是对上述反驳的意见总结，是向对方(索赔者) 表明自己对索赔要求的不同看法和分析结论，以及反驳的依据与证据。根据索赔事件的性质、索赔事件的复杂程度、索赔值计算的方法与数值大小，以及对索赔要求反驳与认可的程度，反驳索赔的报告内容差别也很大，并没有规定的格式与标准。但是，报告中必须明确反驳的依据与证据，要具有说服力，同时列出自己的详细计算书。

第四节 建设工程索赔谈判

索赔首先是通过正式的书面函件往来，然后通过谈判解决的。索赔谈判通常是业主和承包商或受业主委托的监理工程师和承包商的工地代理人——项目经理之间谈判的主要事项。索赔谈判是合同双方面对面的较量，是索赔能否取得成功的首要一环。一切索赔的计划和策略都要在谈判桌上体现和接受检验，索赔谈判不仅需要有丰富的法律和合同方面的知识，还需要有公共关系方面的知识和经验。索赔谈判能否取得好的效果，完全有赖于政策性、技术性和艺术性的有机结合和统一。因此，在谈判之前双方均应充分准备，分析谈判的可能过程。例如，预先设计怎样保持谈判的友好和谐气氛，估计对方在谈判过程中可能提出的问题与采取的行动和策略，我方应采取的措施，以及如何抓住有利时机和占有主动权。

一、索赔谈判的类型

索赔谈判可分为建设型谈判和进攻型谈判两种类型。

（一）建设型谈判

建设型谈判主要有以下特征：①基本态度和行为是建设性的，希望通过谈判建立起相互尊重、相互信任的建设型关系，希望双方为共同利益进行建设性的工作。②谈判的气氛是亲切、友好、合作的，谈判者诚心诚意和讲求实效。③在谈判过程中注意运用创造性思维去开发更多的可行设想和选择性方案，以期创造共同探讨的局面，适当妥协，以达成双方都能接受的协议。④绝不强加于人，谈判中避免相互指责或谩骂攻击，防止冲突和破裂。[①]

当然，采用建设型谈判并不意味着无原则地迁就对方或委曲求全，而是坚持以理服人，通过有理有据的分析，使对方改变立场，以达到谈判的目的。

① 王林清.建设工程合同纠纷裁判思路 [M].北京：法律出版社，2014.

(二) 进攻型谈判

进攻型谈判主要有以下特征：①基本态度和行为都是进攻性的。谈判时持有怀疑和不信任的态度，千方百计压服或说服对方退让或放弃自己的利益。②谈判的气氛是紧张的。固执、进攻和咄咄逼人是采用这种方式的谈判者的典型特征。③在谈判过程中，谈判者从不开诚布公，而是深藏不露。按照设定的谈判界限不妥协、不出界，施加压力，迫使对方让步。

在工程索赔谈判中，通常承包商宜采用建设型谈判，并有限度地采用进攻型谈判，以维护本身利益。而业主和工程师却常常采用进攻型谈判。

二、索赔谈判的策略

(一) 休会策略

休会策略是指在谈判过程中，当出现低潮、遇到障碍或陷入僵局时，由谈判双方或一方提出休会，以便缓和气氛，各自审慎回顾和总结，避免矛盾和冲突的进一步激化。休会的时机是很重要的，选择合适的时机休会，可以使谈判者利用休会时机，冷静与客观地分析形势，及时调整谈判策略和谈判方案，求同存异，提出明智的选择性方案，创造新的谈判氛围，从而可以取得谈判的成功。这个策略对于业主方和承包商来说都是一个索赔谈判可以采用的好策略。

(二) 苛求策略

苛求策略是利用心理攻势来换取对方妥协和让步的一种策略。采用此策略的谈判者在制定谈判方案时，预先考虑到可以让步的方面，有意识地先向对方提出较苛刻的条件，然后在谈判中逐渐让步，使对方得到满足，产生心理效应。在此基础上，以换取对方的妥协与让步，但是此策略要慎用。因为，过高的苛求可能会激怒对方，使对方认为谈判无诚意，以致中止谈判，从而导致谈判破裂。

（三）场外谈判的策略

当谈判出现严重分歧或陷入僵局时，请有决策权的高层领导出面调停，有时也是缓和矛盾、调解分歧和突破僵局的可行策略。例如，在索赔谈判陷入僵局时，可请承包商公司经理与监理公司经理进行调停。这种方式常常通过特殊安排，在谈判双方高层领导之间进行私下接触或秘密商谈，从而达成妥协、谅解或默许，从而推动正常谈判取得突破性进展。

（四）最后通牒策略

最后通牒就是规定一个最后期限，采用这种最后期限的心理压力迫使对手快速做出决定的一种策略。例如，在 FIDIC《施工合同条件》和我国《建设施工合同（示范文本）》中均确定了许多法定程序及其时限规定的条款，如结算与付款等方面的有关条款。这些条款是索赔谈判人员运用最后通牒策略的有效武器。例如，承包商在与工程师或业主进行工程款长期拖欠的索赔谈判中就可以利用最后通牒策略，利用合同中终止合同的权利规定一个最后期限，从而迫使其付款。

（五）以权压人策略

以权压人策略是进攻型谈判时常采用的策略。其通过权力压制给对方造成自卑心理，以使己方在心理上占上风，在谈判过程中增加控制和垄断力度。这是业主和监理工程师在索赔谈判中常用的一种策略。

（六）引证法律策略

引证法律或借口法律限制是谈判中常用的一种策略。在索赔谈判中利用有关法律、国际惯例和合同条款，巧妙地利用法律来达到目的和谋求利益，或以法律限制为借口，形成无法再商议的局面，迫使对方就范，从而达成有利于自己的协议。因此，在大型国际工程索赔谈判中常聘请高水平的法律顾问或请律师当代理人。

（七）谋求折中策略

谋求折中，即合理妥协。它是一个有经验的谈判者常用的策略。通常，谋求折中的时间是在争论激烈的关键时刻或谈判的尾声。成功的谈判者不会轻易让谈判破裂，而是寻求双方潜在的共同利益，说服对方共同做出适当的让步，从而达成双方均能接受的协议。这种策略是承包商和业主方在索赔谈判中最常用的策略。

（八）聘用专家策略

聘用专家策略是指在谈判时，聘用一些索赔专家、高级顾问参加谈判，利用人们对专家的信服，从而在谈判中处于有利地位的策略。在重大的索赔谈判中，承包商常常采用此种策略。

（九）声东击西的策略

声东击西的策略是在谈判过程中有意识地将会谈议题引到不重要的问题上，从而分散对方对主要问题的注意力，从而实现自己意图的一种策略。这种策略的目的不外乎是想在不重要的问题上先做些让步，造成对方心理上的满足，从而为会谈创造气氛；或者想将某一议题的讨论暂时搁置，以便有时间做更深入的了解，查询更多的信息和资料，研究对策；或者作为缓兵之计，延缓对方采取的行动，以便找出更妥善的解决对策。

（十）据理力争的策略

据理力争策略是指当面对对手的无理要求和无理指责时，或者在一些原则问题上蛮横无理时，不能无原则地一味妥协与退让，使对手得寸进尺。在策略上必须针锋相对，据理力争，但方式方法上要机智，从而维护自己的利益。

（十一）澄清说明的策略

索赔谈判中，由于工程师或业主与承包商对合同条件或技术规范的理解可能产生差异，特别是国际工程项目施工中，由于谈判是在不同国家的谈判人员之间进行的，其文化背景、习俗和语言障碍等都会导致双方的分歧与误解。这时，如果谈判者能及时地运用澄清说明的策略，就能很快消除分歧与误解，从而推动谈判的顺利进行。

（十二）先易后难的策略

先易后难的策略是创造谈判氛围、增强谈判信心和加快谈判进程的一种有效策略。它是指谈判先从双方容易达成一致意见的议题入手，从而双方可以在较短的时间内，在轻松愉快和相互信任的气氛中很快取得谈判成果，为接下来的谈判建立好的基础。

（十三）谋求共同利益的策略

谋求共同利益策略是指在谈判时着眼于利益而非立场。谈判双方在谈判过程中虽然有对抗性立场和冲突性利益，但也蕴含着潜在的共同利益。因此，谈判双方以共同利益而不是对抗立场出发去谈判，从而双方做出合理的让步，达成双方都可以接受的协议。

（十四）假设策略

假设策略是用以缓和气氛，探测对方反应和意图的一种策略。在谈判过程中，谈判双方难免出现分歧和争论。此时，往往谈判的一方主动提出一些妥协条件，提出解决问题的选择性方案，供双方进一步商谈。这是索赔谈判中较常采用的策略之一。这种策略既可避免谈判陷入僵局，又可探出对方意图，是一个很好的谈判策略。

三、索赔谈判中应注意的问题

（一）谈判目的必须明确

谈判双方应严格按照合同条件的规定进行谈判，对谈判要达到的目标心中有数。会谈双方均应信守一个原则，就是力争通过协商和谈判友好地解决索赔争端，避免把谈判引入尖锐对抗的死胡同，最后靠国际仲裁或法庭诉讼来解决。实践证明，仲裁或诉讼往往造成两败俱伤。

(二) 谈判态度要端正

谈判双方应客观冷静，以理服人，为通过谈判解决问题创造一个和谐的气氛；切忌将谈判变为指责、争吵与谩骂。谈判要有耐心，不宜轻易宣布谈判破裂。

(三) 谈判准备要充分

谈判双方在谈判前要做好充分的准备，拟好谈判提纲，准备好充分的证据。

(四) 谈判策略要适当

谈判要讲究策略。根据实际情况，可以选择前述的14种策略中的几种在索赔谈判中使用。必须学会在谈判桌上熟练地论述你的索赔权利，论证你提出的索赔要求合理合法，以机智取胜。

参 考 文 献

[1] 刘力. 建设工程合同管理与索赔 [M]. 北京：机械工业出版社，2012.

[2] 林立. 工程合同法律规则与实践 [M]. 北京：北京大学出版社，2016.

[3] 托马斯 R. 施工合同索赔 [M]. 崔军，译. 北京：机械工业出版社，2010.

[4] 王林清. 建设工程合同纠纷裁判思路 [M]. 北京：法律出版社，2014.

[5] 张广兄.建设工程合同纠纷诉讼指引与实务解答 [M].北京：2 版 . 法律出版社，2017.

[6] 梁振田.建设工程合同管理与法律风险防范 [M].北京：知识产权出版社，2012.

[7] 成虎，虞华. 工程合同管理 3 版 [M]. 北京：中国建筑工业出版社，2014.

[8] 刘伊生. 建设工程招投标与合同管理 [M]. 2 版北京：北京交通大学出版社，2014.

[9] 李丽红，李朔.工程招投标与合同管理 [M].北京：化学工业出版社，2016.

[10] 刘庭江.建设工程合同管理 [M].北京：北京大学出版社，2013.

[11] 刘冬学. 工程招投标与合同管理 [M]. 武汉：华中科技大学出版社，2016.

[12] 严玲.建设工程合同价款管理及案例分析 [M].北京：机械工业出版社，2017.

[13] 刘力，钱雅丽.建设工程合同管理与索赔 [M].北京：机械工业出版社，2008.

[14] 张宜松.建设工程合同管理 [M].北京：化学工业出版社，2010.
[15] 宋宗宇. 建设工程合同风险管理 [M]. 上海：同济大学出版社出版，2007.
[16] 张艾. 建设工程风险防范与裁判规则 [M]. 北京：法律出版社，2017.
[17] 中国法制出版社. 建设工程案件 [M]. 北京：中国法制出版社，2005.
[18] 何红锋.建设工程施工合同纠纷案例评析 [M].北京：知识产权出版社，2005.
[19] 宋宗宇，刘云生.民法学 [M].重庆：重庆大学出版社，2006.
[20] 赵浩. 建设工程索赔理论与实务 [M]. 北京：中国电力出版社，2006.
[21] 宋春岩. 建设工程招投标与合同管理 [M]. 3 版北京：北京大学出版社，2014.
[22] 张李英. 工程招投标与合同管理 [M]. 厦门：厦门大学出版社，2016.
[23] 王平.工程招投标与合同管理 [M].北京：清华大学出版社，2015.
[24] 中国建设监理行业协会.建设工程合同管理 [M].北京：知识产权出版社，2009.
[25] 张正勤. 建设工程施工合同（示范文本）解读大全 [M]. 北京：中国建筑工业出版社，2012.
[26] 宋宗宇.建设工程法规 [M].重庆：重庆大学出版社，2006.
[27] 王兆俊. 国际建筑工程项目索赔案例详解 [M]. 北京：海洋出版社，2007.
[28] 黄文杰.建设工程合同管理 [M].北京：知识产权出版社，2009.
[29] 汪金敏，朱月英.工程索赔 100 招 [M].北京：中国建筑工业出版社，2009.